高等职业教育教材

电工基础技术

■ 丛书主编 吴建宁　　■ 主编 姚正武

　　■ 副主编 竺兴妹　部绍海　姚龙

电子工业出版社
Publishing House of Electronics Industry
北京·BEIJING

内 容 简 介

本教材以项目为主题编写，全书共有 5 个项目，分别为：三组单管 LED 可充电照明手电筒的设计与装调；电桥电路的设计、制作与调试；家居室内照明线路的设计、安装与调试；加工车间三相供配电装置的设计、制作与调试；触摸式延时开关的设计与制作。

本教材基于国内外职业教育的先进理念和成功经验，通过深化改革课程内容和教材编写模式，以使教材能适应现代职教理念和项目教学法的采用实施。根据实践导向课程的设计思想，通过选择和开发技术性强且有一定综合度的项目，来承载电工基础技术理论和电工基础能力的培养以及职业素质的养成教育，符合课改的主流趋势。通过开展工作任务引领型的项目实施活动，使学生在实际项目的制作中掌握和巩固电工基础理论，提升专业理论知识的综合运用能力和职业竞争能力。

本教材编写内容不仅注意纳入了新技术、新工艺、新材料的知识，而且也注意把专业技术内容和职业资格鉴定考工取证要求有机结合起来，因此不仅满足了对职业院校大中专学生教学需求，而且适合社会上从事电类专业工作的有关人员自学需要。

本教材含配套教材《电工基础技术项目工作手册》，一并发行，欢迎使用。

未经许可，不得以任何方式复制或抄袭本书之部分或全部内容。
版权所有，侵权必究。

图书在版编目（CIP）数据

电工基础技术 / 姚正武主编. —北京：电子工业出版社，2013.1
高等职业教育教材
ISBN 978-7-121-18778-0

Ⅰ. ①电… Ⅱ. ①姚… Ⅲ. ①电工技术－高等职业教育－教材 Ⅳ. ①TM

中国版本图书馆 CIP 数据核字（2012）第 250426 号

策划编辑：施玉新
责任编辑：陈晓莉
印　　刷：北京虎彩文化传播有限公司
装　　订：北京虎彩文化传播有限公司
出版发行：电子工业出版社
　　　　　北京市海淀区万寿路 173 信箱　邮编 100036
开　　本：787×1 092　1/16　印张：16.75　字数：488 千字
版　　次：2013 年 1 月第 1 版
印　　次：2019 年 8 月第 5 次印刷
定　　价：34.00 元

凡所购买电子工业出版社图书有缺损问题，请向购买书店调换。若书店售缺，请与本社发行部联系，联系及邮购电话：(010) 88254888，88258888。
质量投诉请发邮件至 zlts@phei.com.cn，盗版侵权举报请发邮件至 dbqq@phei.com.cn。
本书咨询联系方式：(010) 88254598。

前　　言

"电工基础技术"课程是电类专业的一门重要专业基础课程，是培养学生掌握电工技术基础理论和科学实践活动的基础能力，促进学生良好的职业素质的养成以及学习其他电类专业课程技术的基础。而当前与课程配套的传统教材往往因使用周期过长，难以满足时代发展的要求，使得我们培养的学生因知识的陈旧、理论的综合应用能力和基础实践能力弱、社会职业的适应能力差、技术水平不高而落后于形势和社会的需要。为了实现高等职业教育培养高素质高技能人才的培养目标，使学生能适应社会职业需求，我们结合当前国内外职业教育的先进理念和成功经验，通过深化改革课程内容和教材编写模式，以适应现代先进职教理念和项目教学的实施需要编写了这本教材。

本教材根据实践导向课程的设计思想，编者结合多年的工程实践和教学实践经验，通过选择和开发技术性较强且有一定综合度的项目，来承载电工基础技术理论和电工基础能力的培养以及职业素质的养成教育，符合课改的主流趋势。教材采用项目教材模式，共编写了 5 个项目，即三组单颗 LED 可充电照明手电筒的设计与装调；电桥电路的设计、制作与调试；家居室内照明线路的设计、安装与调试；加工车间三相供配电装置的设计、制作与调试；触摸式延时开关的设计与制作。教材配合课程教学通过开展工作任务引领型的项目实施活动，使学生在实际项目的制作中掌握和巩固电工基础理论，提升专业理论知识的综合运用能力和职业竞争能力。

教育部《关于全面提高高等职业教育教学质量的若干意见》提出：要大力推行工学结合，突出实践能力培养，改革人才培养模式。根据这个文件精神，为能在校内也能有效实现"工学结合"的教育模式，教材按企业一般的生产工艺流程和管理要求编写项目实施过程，使课程教学与生产性实践有机结合起来。本教材编写中注重了对学生工作评价的多元性，编写时包含了知识水平考核、项目实施过程评价、学生自评、学生互评等 4 种评价方式。教材在项目实施内容和实施过程的编写中强调了学生学习的主体地位和项目组协作学习要求，为学生探究性学习和自主性学习提供了有效平台，提高了学生团队协作意识和创新能力。教材在编写风格上生动活泼、图文并茂、语言精练、通俗易懂，教材在知识内容上注重趣味性、通用性、实用性，注重拓宽学生的视野。

另外，本教材编写内容不仅注意纳入了新技术、新工艺、新材料的知识，而且也注意把专业技术内容和职业资格鉴定考工取证要求有机结合起来，因此不仅满足了对职业院校大中专学生教学需求，而且适合社会上从事电类专业工作的有关人员自学需要。

本教材是江苏联合职业技术学院应用电子专业协作委员会组织各分院老师编写的系列教材之一，丛书主编吴建宁，本教材主编姚正武，副主编竺兴妹、部绍海。项目一由姚正武、刘四妹编写，项目二由姚正武、席志凤，项目三由姚正武、竺兴妹编写，项目四由石鑫、吴晓云、姚正武编写，项目五由姚正武、时代编写。教材主要参编人员还有石鑫、席志凤、吴晓云、时代、刘四妹、李丽、叶俊等。另外姚正云、叶小平、李春林、方海燕、李春兰等同志也参与了教材编写的部分工作。

教材在编写过程中得到了江苏联合职业技术学院机电类专业协作委员会秘书长葛金印教授的亲切指导，葛老对项目教材的编写格式和内容等都提出了宝贵的意见，在此表示深深的感谢。另外教材编写也得到了江苏联合职业技术学院院领导、南京工程分院校领导、南京分院校领导的亲切指导和大力关心，在此一并表示诚挚的谢意！

由于书稿编写时间仓促和作者水平有限，书中不足和不妥之处难免，恳请广大读者谅解并提出宝贵意见，以便修订和完善。

编　者

2012 年 10 月

目　　录

项目一　三组单颗 LED 可充电照明手电筒的设计与装调　(1)
　项目介绍　(1)
　任务一　项目实施文件制定及工作准备　(3)
　　一、项目实施文件制定　(3)
　　二、工作准备　(4)
　　三、工作评价　(5)
　任务二　单组 LED 灯工作电路的设计、制作与调试　(5)
　　一、任务准备　(5)
　　　(一) 教师准备　(5)
　　　(二) 学生准备　(5)
　　　(三) 实践应用知识的学习　(5)
　　　知识学习内容 1　电路和电路模型　(5)
　　　知识学习内容 2　电路的基本物理量及其参考方向　(9)
　　　知识学习内容 3　电阻元件　(11)
　　　知识学习内容 4　电源及其电路模型　(14)
　　　知识学习内容 5　单管 LED 发光电路的设计分析　(15)
　　　知识学习内容 6　测量误差及数据处理　(18)
　　二、任务实施　(20)
　　三、工作评价　(23)
　任务三　两组 LED 灯工作电路的设计、制作与调试　(24)
　　一、任务准备　(24)
　　　(一) 教师准备　(24)
　　　(二) 学生准备　(25)
　　　(三) 实践应用知识的学习　(25)
　　　知识学习内容 1　全电路欧姆定律　(25)
　　　知识学习内容 2　电阻的串、并联和混联电路　(26)
　　二、任务实施　(29)
　　三、工作评价　(32)
　任务四　三组 LED 手电筒照明电路的设计、制作与调试以及整体装配　(33)
　　一、任务准备　(33)
　　　(一) 教师准备　(33)
　　　(二) 学生准备　(33)
　　　(三) 实践应用知识的学习　(33)
　　　知识学习内容 1　最大功率传输定理　(33)
　　二、任务实施　(34)
　　三、工作评价　(38)
　任务五　成果验收以及验收报告和项目完成报告的制定　(39)
　　一、任务准备　(39)
　　二、任务实施　(40)
　　三、工作评价　(41)
　知识拓展　(41)

　　　　知识拓展 1　伏安法测电阻两种测量接法 (41)
　　　　知识拓展 2　电阻的星形与三角形连接及等效变换 (42)
　思考与练习 (43)
项目二　电桥电路的设计、制作与调试 (44)
　项目介绍 (44)
　任务一　项目实施文件制定及工作准备 (45)
　　一、项目实施文件制定 (45)
　　二、工作准备 (45)
　　三、工作评价 (46)
　任务二　不平衡电桥电路的设计、制作与调试 (47)
　　一、任务准备 (47)
　　　（一）教师准备 (47)
　　　（二）学生准备 (47)
　　　（三）实践应用知识的学习 (47)
　　　　知识学习内容 1　电路的 4 个基本概念 (47)
　　　　知识学习内容 2　基尔霍夫定律 (48)
　　　　知识学习内容 3　戴维南定理和诺顿定理 (49)
　　　　知识学习内容 4　非平衡电桥的分析设计 (52)
　　　　知识学习内容 5　不平衡电桥测量热敏电阻的温度特性 (55)
　　二、任务实施 (56)
　　三、工作评价 (60)
　任务三　单臂平衡电桥电路的设计、制作与调试 (61)
　　一、任务准备 (61)
　　　（一）教师准备 (61)
　　　（二）学生准备 (61)
　　　（三）实践应用知识的学习 (61)
　　　　知识学习内容 1　支路电流法 (61)
　　　　知识学习内容 2　节点电压法 (63)
　　　　知识学习内容 3　单臂电桥电路工作过程分析 (65)
　　　　知识学习内容 4　制作电阻箱 (69)
　　　　知识学习内容 5　制作多倍率电桥 (70)
　　二、任务实施 (70)
　　三、工作评价 (73)
　任务四　双臂电桥电路的设计、制作与调试 (73)
　　一、任务准备 (73)
　　　（一）教师准备 (73)
　　　（二）学生准备 (73)
　　　（三）实践应用知识的学习 (74)
　　　　知识学习内容 1　网孔电流法 (74)
　　　　知识学习内容 2　回路电流法 (76)
　　　　知识学习内容 3　双臂平衡电桥工作过程分析 (76)
　　二、任务实施 (78)
　　三、工作评价 (81)
　任务五　成果验收、验收报告和项目完成报告的制定 (82)
　　一、任务准备 (82)

二、任务实施 ………………………………………………………………………………（82）
　　三、工作评价 ………………………………………………………………………………（83）
知识技能拓展 …………………………………………………………………………………（83）
　　知识技能拓展 1　叠加定理的验证 …………………………………………………………（83）
　　一、任务准备 ………………………………………………………………………………（83）
　　　（一）教师准备 ……………………………………………………………………………（83）
　　　（二）学生准备 ……………………………………………………………………………（83）
　　　（三）实践应用知识的学习 ………………………………………………………………（84）
　　　知识学习准备 1　叠加定理 ………………………………………………………………（84）
　　　知识学习准备 2　叠加定理应用 …………………………………………………………（84）
　　二、任务实施 ………………………………………………………………………………（86）
　　三、工作评价 ………………………………………………………………………………（87）
　　知识技能拓展 2　受控源研究 ………………………………………………………………（87）
　　一、任务准备 ………………………………………………………………………………（87）
　　　（一）教师准备 ……………………………………………………………………………（87）
　　　（二）学生准备 ……………………………………………………………………………（87）
　　　（三）实践应用知识的学习 ………………………………………………………………（88）
　　　知识学习准备 1　受控源 …………………………………………………………………（88）
　　二、任务实施 ………………………………………………………………………………（90）
　　三、工作评价 ………………………………………………………………………………（92）
思考与练习 ……………………………………………………………………………………（92）

项目三　家居室内照明线路的设计、安装与调试 ……………………………………………（93）
　项目介绍 ………………………………………………………………………………………（93）
　任务一　岗前学习准备 1　测量正弦交流电 …………………………………………………（94）
　　一、任务准备 ………………………………………………………………………………（94）
　　　（一）教师准备 ……………………………………………………………………………（94）
　　　（二）学生准备 ……………………………………………………………………………（95）
　　　（三）实践应用知识的学习 ………………………………………………………………（95）
　　　知识学习内容 1　正弦交流电的概念 ……………………………………………………（95）
　　　知识学习内容 2　同频率正弦量的相位差 ………………………………………………（97）
　　　知识学习内容 3　复数的形式及其运算 …………………………………………………（98）
　　　知识学习内容 4　正弦量的相量表示方法 ………………………………………………（99）
　　　知识学习内容 5　正弦交流电的表示方法 ………………………………………………（100）
　　　知识学习内容 6　示波器的基本结构及二踪显示原理 …………………………………（101）
　　　知识学习内容 7　CS-4125A 型双踪示波器的应用方法 ………………………………（102）
　　　知识学习内容 8　SB-10 型普通示波器的使用与维护 …………………………………（107）
　　　知识学习内容 9　磁电系仪表的基本知识和选用方法 …………………………………（108）
　　　知识学习内容 10　电流表的基本知识和使用方法 ……………………………………（110）
　　　知识学习内容 11　电压表的基本知识和使用方法 ……………………………………（112）
　　二、任务实施 ………………………………………………………………………………（113）
　　三、工作评价 ………………………………………………………………………………（117）
　任务二　岗前学习准备 2　电感器、电容器的识别与选用 …………………………………（117）
　　一、任务准备 ………………………………………………………………………………（117）
　　　（一）教师准备 ……………………………………………………………………………（117）
　　　（二）学生准备 ……………………………………………………………………………（118）

    （三）实践应用知识的学习 ……………………………………………………………（118）
      知识学习内容 1 电感器的识别、使用和维护 ………………………………（118）
      知识学习内容 2 电容器的识别、使用和维护 ………………………………（122）
   二、任务实施 ……………………………………………………………………………（126）
   三、工作评价 ……………………………………………………………………………（126）
  任务三 岗前学习准备 3 测试并分析正弦信号激励下的 RLC 特性 ……………………（127）
   一、任务准备 ……………………………………………………………………………（127）
    （一）教师准备 …………………………………………………………………………（127）
    （二）学生准备 …………………………………………………………………………（128）
    （三）实践应用知识的学习 ……………………………………………………………（128）
      知识学习内容 1 正弦交流电路的阻抗 ………………………………………（128）
      知识学习内容 2 正弦交流电路的相量分析法 ………………………………（131）
      知识学习内容 3 RLC 正弦交流电路的分析基础 ……………………………（132）
   二、任务实施 ……………………………………………………………………………（134）
   三、工作评价 ……………………………………………………………………………（136）
  任务四 项目实施文件制定及工作准备 ……………………………………………………（136）
   一、项目实施文件制定 …………………………………………………………………（136）
   二、工作准备 ……………………………………………………………………………（137）
   三、工作评价 ……………………………………………………………………………（138）
  任务五 典型简单家居室内照明线路的设计与安装 …………………………………………（138）
   一、任务准备 ……………………………………………………………………………（138）
    （一）教师准备 …………………………………………………………………………（138）
    （二）学生准备 …………………………………………………………………………（138）
    （三）实践应用知识的学习 ……………………………………………………………（138）
      知识学习内容 1 家居照明设计的基本知识 ……………………………………（138）
      知识学习内容 2 照明灯具安装的一般要求 ……………………………………（140）
      知识学习内容 3 常用照明灯具安装的具体要求 ………………………………（140）
      知识学习内容 4 照明灯具的维护 ……………………………………………（141）
      知识学习内容 5 常用照明灯具的安装方法和步骤 ……………………………（142）
   二、任务实施 ……………………………………………………………………………（144）
   三、工作评价 ……………………………………………………………………………（145）
  任务六 家居室内荧光灯照明线路的调试与故障排除 ………………………………………（145）
   一、任务准备 ……………………………………………………………………………（145）
    （一）教师准备 …………………………………………………………………………（145）
    （二）学生准备 …………………………………………………………………………（146）
    （三）实践应用知识的学习 ……………………………………………………………（146）
      知识学习内容 1 荧光灯电路的组成及工作原理 ………………………………（146）
      知识学习内容 2 荧光灯电路的故障处理 ………………………………………（147）
   二、任务实施 ……………………………………………………………………………（148）
   三、工作评价 ……………………………………………………………………………（149）
  任务七 优化设计提高家居室内照明线路的功率因数 ………………………………………（149）
   一、任务准备 ……………………………………………………………………………（149）
    （一）教师准备 …………………………………………………………………………（149）
    （二）学生准备 …………………………………………………………………………（149）
    （三）实践应用知识的学习 ……………………………………………………………（150）

　　　　知识学习内容1　正弦交流电路的功率 ……………………………………………… (150)
　　　　知识学习内容2　正弦交流电路参数测定的基础 ……………………………………… (151)
　　　　知识学习内容3　提高电路的功率因数 ………………………………………………… (152)
　　二、任务实施 …………………………………………………………………………………… (154)
　　三、工作评价 …………………………………………………………………………………… (156)
　任务八　成果验收以及验收报告和项目完成报告的制定 ………………………………………… (156)
　　一、任务准备 …………………………………………………………………………………… (156)
　　　（一）师生准备 ………………………………………………………………………………… (156)
　　　（二）实践应用知识的学习 …………………………………………………………………… (156)
　　　　知识学习内容1　照明工程交接与验收 ………………………………………………… (156)
　　二、任务实施 …………………………………………………………………………………… (157)
　　三、工作评价 …………………………………………………………………………………… (157)
　知识技能拓展 ………………………………………………………………………………………… (158)
　　　知识技能拓展1　谐振电路谐振特性分析及测试 ……………………………………………… (158)
　　一、任务准备 …………………………………………………………………………………… (158)
　　　（一）教师准备 ………………………………………………………………………………… (158)
　　　（二）学生准备 ………………………………………………………………………………… (159)
　　　（三）实践应用知识的学习 …………………………………………………………………… (159)
　　　　知识学习内容1　相量形式的基本定理 ………………………………………………… (159)
　　　　知识学习内容2　串联电路的谐振 ……………………………………………………… (161)
　　　　知识学习内容3　并联谐振电路 ………………………………………………………… (165)
　　二、任务实施 …………………………………………………………………………………… (166)
　　三、工作评价 …………………………………………………………………………………… (167)
　思考与练习 …………………………………………………………………………………………… (167)
项目四　加工车间三相供配电装置的设计、制作与调试 ……………………………………………… (168)
　项目介绍 ……………………………………………………………………………………………… (168)
　任务一　项目实施文件制定及工作准备 …………………………………………………………… (169)
　　一、项目实施文件制定 ………………………………………………………………………… (169)
　　二、工作准备 …………………………………………………………………………………… (169)
　　三、工作评价 …………………………………………………………………………………… (171)
　任务二　加工车间三相供配电装置动力负载电路的设计、安装和调试 ……………………… (171)
　　一、任务准备 …………………………………………………………………………………… (171)
　　　（一）教师准备 ………………………………………………………………………………… (171)
　　　（二）学生准备 ………………………………………………………………………………… (171)
　　　（三）实践应用知识的学习 …………………………………………………………………… (171)
　　　　知识学习内容1　认识三相对称交流电源 ……………………………………………… (171)
　　　　知识学习内容2　三相对称动力负载的连接 …………………………………………… (174)
　　　　知识学习内容3　典型的三相对称动力负载 …………………………………………… (176)
　　二、任务实施 …………………………………………………………………………………… (179)
　　三、工作评价 …………………………………………………………………………………… (181)
　任务三　加工车间三相供配电装置照明和插座电路的设计、安装和调试 …………………… (181)
　　一、任务准备 …………………………………………………………………………………… (181)
　　　（一）教师准备 ………………………………………………………………………………… (181)
　　　（二）学生准备 ………………………………………………………………………………… (181)
　　　（三）实践应用知识的学习 …………………………………………………………………… (181)

知识学习内容1 三相星形连接不对称负载 (181)
　　二、任务实施 (184)
　　三、工作评价 (185)
任务四 加工车间三相供配电装置的设计制作与调试 (186)
　　一、任务准备 (186)
　　　（一）教师准备 (186)
　　　（二）学生准备 (186)
　　　（三）实践应用知识的学习 (186)
　　　知识学习内容1 三相负载的功率计算 (186)
　　　知识学习内容2 三相负载功率的测量 (188)
　　　知识学习内容3 三相供电电路的无功补偿 (189)
　　二、任务实施 (190)
　　三、工作评价 (192)
任务五 成果验收以及验收报告和项目完成报告的制定 (193)
　　一、任务准备 (193)
　　二、任务实施 (193)
　　三、工作评价 (194)
知识拓展 (194)
　　知识拓展1 电椅和爱迪生 (194)
　　知识拓展2 电磁铁与门铃 (195)
　　知识拓展3 磁路及其基本定律 (196)
思考与练习 (200)

项目五 触摸式延时开关的设计与制作 (201)
项目介绍 (201)
任务一 项目实施文件制定及工作准备 (202)
　　一、项目实施文件制定 (202)
　　二、工作准备 (202)
　　三、工作评价 (203)
任务二 触摸开关主电路和直流稳压电源的设计与制作 (203)
　　一、任务准备 (203)
　　　（一）教师准备 (203)
　　　（二）学生准备 (203)
　　　（三）实践应用知识的学习 (203)
　　　知识学习内容1 二极管应用的基本知识 (203)
　　　知识学习内容2 特殊二极管的基本知识 (206)
　　　知识学习内容3 二极管桥式整流电路分析 (209)
　　　知识学习内容4 稳压管并联型稳压电源及发光指示电路分析 (211)
　　二、任务实施 (212)
　　三、工作评价 (212)
任务三 触摸采样控制电路的设计与制作 (213)
　　一、任务准备 (213)
　　　（一）教师准备 (213)
　　　（二）学生准备 (213)
　　　（三）实践应用知识的学习 (213)
　　　知识学习内容1 三极管应用的基本知识 (213)

    知识学习内容 2　人体电荷的基本知识 (218)
    知识学习内容 3　三极管触摸采样放大电路 (221)
  二、任务实施 (221)
  三、工作评价 (222)
任务四　小电流晶闸管延时触发信号电路的设计与制作 (223)
  一、任务准备 (223)
   （一）教师准备 (223)
   （二）学生准备 (223)
   （三）实践应用知识的学习 (223)
    知识学习内容 1　普通晶闸管及其应用的基本知识 (223)
    知识学习内容 2　一阶动态 RC 电路分析 (227)
    知识学习内容 3　晶闸管触发延时信号电路分析 (235)
  二、任务实施 (237)
  三、工作评价 (241)
任务五　成果验收、验收报告和项目完成报告的制定 (241)
  一、任务准备 (241)
  二、任务实施 (242)
  三、工作评价 (242)
知识技能拓展 (242)
  知识技能拓展 1　一阶 RL 串联电路的暂态响应分析 (242)
  知识技能拓展 2　三极管放大电路的发明 (244)
  知识技能拓展 3　RC 积分和微分电路的应用分析 (245)
  一、任务准备 (245)
   （一）教师准备 (245)
   （二）学生准备 (245)
   （三）实践应用知识的学习 (246)
    知识学习准备　RC 积分电路和微分电路的工作原理 (246)
  二、任务实施 (248)
  三、工作评价 (249)
思考与练习 (250)
附录 A　实验实训操作基本规程 (250)
附录 B　电气照明装置施工及验收规范（GB 50259—1996） (251)
参考文献 (256)

项目一　三组单颗 LED 可充电照明手电筒的设计与装调

 项目介绍

100 年前的一天，从俄国移民到美国的康拉德·休伯特下班回家，一位朋友自豪的向他展示了一个闪光的花盆。原来，他在花盆里装了一节电池和一个小灯泡。开关一开，灯泡照亮了花朵，显得光彩夺目。休伯特看得入了迷，这件事给他以启示。他想到有时在夜晚黑暗中走路，高一脚低一脚很不方便，而且就在不久前他还不得不提着笨重的油灯到漆黑的地下室找东西。如果能用电灯随身照明，不是既实用又很方便吗？于是，休伯特把电池和灯泡放在一个管子里，结果第一个手电筒问世了，从此给人们在黑暗中行走带来了光明。

手电筒是一种手持式电子照明工具。一个典型的手电筒由一个经由电池供电的灯泡、聚焦反射镜、电源开关，以及供手持用的手把式外壳等组成。虽然它是相当简单的设计，但却一直至 19 世纪末期才被发明，原因是它必须结合电池与电灯泡的发明。在早期，因为电池的蓄电力不足，因此在英文中它被称为"flashlight"，意即短暂的灯。

自 19 世纪末手电筒发明以来，在人类社会一直得到广泛应用，随着电池、发光体、材料、电子技术、模具技术等的发展，手电筒发光体由传统的普通灯泡逐步演变为近几年的 LED 发光二极管等，结构形式也由传统的圆筒形演变为各种各样的结构形式，电池也由传统的干电池演变为现在可充电的蓄电池、镍氢电池、锂电池等，在使用的环境和范围上除了具有照明的基本功能外，还拓展了有恫吓、报警和高压自卫等功能（如有照明功能的电警棍）。

现在发光二极管（LED）作为一种高效照明已经不断的走进我们的生活。随着前几年小功率的 LED 手电筒的出现到现在的单灯 1W、3W 大功率的出现，不断丰富了人们的手电选择。尤其是航空铝合金的金属手电的出现更让我们心动。现在的 LED 手电已经降到了十几元一支了，除大功率的单灯是新产品，价格相对高些外，这样的价格已经很能适合很多的用户了。

LED 充电手电筒是以发光二极管作为光源的一种新型照明工具，它具有省电、耐用、亮度强等优点。LED 手电用多组发光二极管组成，色温很高，给人的视觉感受是非常的亮，这是其特点。还有就是它很节能，耗电量少，LED 单颗功率只有 0.03～0.06W，蓄电池一次充电能持续亮十多个小时。LED 单颗平均寿命长，平均寿命可达 6～10 万小时，比传统光源寿命长 10 倍以上。这个产品最大的不足就是照射距离很小，通常约二十几米，远了就看不清了，但这样的距离对一般日常生活使用已经足够了。

会设计和制作一个 LED 可充电式手电筒在我们的生活中有着较高的现实意义。本项目就是设计和装调一个市场常见的三组 LED 发光的可充电的小功率手电筒，如图 1.0.1 所示，要求：

（1）电池采用市场可售小容量可充电铅酸蓄电池（4V，400mAH），如图 1.0.2 所示。

图 1.0.1　三组 LED 可充电手电筒　　　　图 1.0.2　LED 手电筒蓄电池

（2）充电器电路采用市场可售的主要由 4 只 IN4007 二极管构成的桥式可控整流电路，图 1.0.3（a）为原理图，（b）是实物图，其工作原理可在完成项目五时，自行分析。充电器电路充电插头是如图 1.0.4 所示的可伸缩滑动接触插头。

（3）采用市场可售的拨动开关，主要技术参数：型号 SK-12D01，最高耐压 500V，额定发热电流 0.5A，机械寿命 10000 次。如图 1.0.5 所示。

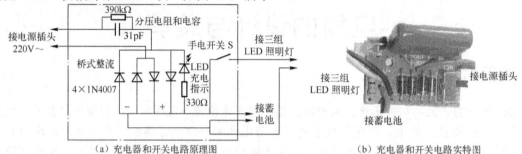

(a) 充电器和开关电路原理图　　　　　　(b) 充电器和开关电路实特图

图 1.0.3　手电筒充电器和开关电路图

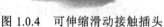

图 1.0.4　可伸缩滑动接触插头　　　　图 1.0.5　手电筒拨动开关

（4）拨动开关时无论在充电还是蓄电池供电，三组 LED 灯均要发光，每组 LED 均只有一颗 LED，在蓄电池新充满电时每组发光功率要不低于 0.06W，手电筒发光效率（灯发光时输出功率与蓄电池对灯的输入功率之比）不低于 80%，一次满充电后，可持续工作 6~8 小时。

（5）LED 单颗发光时工作电压要能在 1.5~3.6V 范围内可调。

（6）根据所设计电路要求，购买或定制塑料成品外壳和配件，完成手电筒的装配制作。

项目实施步骤：

（1）项目实施文件制定及实施准备；

（2）单组 LED 灯工作电路的设计、制作与调试；

（3）二组 LED 灯工作电路的设计、制作与调试；

（4）三组 LED 灯工作电路的设计、制作与调试；

（5）三组 LED 可充电手电筒的装配和调试；

（6）成果验收并制定验收报告和项目完成报告。

项目实施必备的知识、技能主要包括：

（1）具有电阻器识别和选用的基本知识和基本应用能力；

（2）具有发光二极管（LED）识别和选用的基本知识和基本应用能力；

（3）具有元器件安装和导线连接的基本技能；

（4）具备直流电压、电流测量以及数据处理和分析的基本能力；

（5）具有欧姆定律、伏安特性、电源外特性、功率计算等简单直流电路的分析应用知识；

（6）具有直流串联、并联、混联等基本电路分析的知识和应用能力。

通过本项目的实施训练，最终达到知识、能力、素养的培养目标如下：

（1）掌握电阻器识别和选用的基本知识，会用色环法识读电阻值，会用万用表测量电阻的阻值；

（2）掌握电路组成、工作状态等基本知识以及电位、电压、电流、电功率等概念的物理意义；

（3）掌握电路模型与电路图、理想元件与实际元件、参考方向与实际方向等概念之间的区别和联系；

（4）会正确使用直流电压表、直流电流表或万用表等常用电工仪表来测量简单的直流照明电路；

(5) 掌握发光二极管（LED）等非线性元件应用的基本知识，并会正确识别和选用；

(6) 掌握欧姆定律、负载伏安特性、电源外特性等基本知识，会测量负载的伏安特性、电源的外特性，会验证欧姆定律；

(7) 掌握串联、并联、混联等直流电路的基本知识，会分析、归纳、总结电路的特点，会测算分析不同连接形式的电路电功率；

(8) 会设计、制作、分析研究 LED 发光电路，掌握直流电路设计的基本方法；

(9) 培养学生实验数据的测量、处理和分析进行科学实践研究的基础能力；

(10) 使学生能够熟悉企业生产的基本工艺流程和管理方法，培养学生基本的职业素养；

(11) 培养学生严肃认真的科学态度；

(12) 开发学生的创新设计能力，培养学生观察、思考和分析解决问题的思维能力；

(13) 培养学生相互协作、与人沟通的能力以及集体荣誉感和团队精神；

(14) 树立学生安全、质量意识；

(15) 培养学生专业技术学习和应用的自信心，激发学生自我价值实现的成就感。

任务一　项目实施文件制定及工作准备

一、项目实施文件制定

1. 项目工作单

表 1.1.1　项目工作单

项目编号	XMZX-JS-20□□□□□□		项目名称	三组单颗 LED 可充电照明手电筒的设计与装调
项目等级	宽松（　）　一般（√）　较急（　）　紧急（　）　特急（　） 不重要（　）　普通（√）　重要（　）　关键（　） 暂缓（　）　普通（　）　尽快（√）　立即（　）			
项目发布部门			项目执行部门	
项目执行组			项目执行人	
项目协办人			协办人职责	协助任务组长认真完成工作任务
项目工作 内容描述	(1) 项目实施文件制定及工作准备。 ① 填写项目工作单；② 分析项目工作内容并制定生产工作计划；③ 拟定组织保障、安全技术措施；④ 拟定资金落实及管理措施；⑤ 拟定人员安排方案；⑥ 安排好工作场地；⑦ 准备好生产材料、设备、工具等；⑧ 准备好仪器仪表；⑨ 搜集整理好技术资料（图纸、使用说明书、技术规范、技术标准、技术书籍等）。 (2) 单组 LED 灯工作电路的设计、制作与调试。 (3) 二组 LED 灯工作电路的设计、制作与调试。 (4) 三组 LED 灯工作电路的设计、制作与调试以及三组 LED 可充电手电筒的装配和调试。 (5) 项目小组之间完成成果验收，并对所验收的小组认真填写好验收报告，填写好本组项目完成报告，撰写好工作小结			
项目实施步骤	① 制定好项目实施文件；② 完成项目工作准备；③ 单组 LED 灯工作电路的设计、制作与调试；④ 二组 LED 灯工作电路的设计、制作与调试；⑤ 三组 LED 灯工作电路的设计、制作与调试；⑥ 三组 LED 可充电手电筒的装配和调试；⑦ 小组之间成果验收；⑧ 编写任务完成报告和验收报告；⑨ 工作评价			
计划开始日期			计划完成日期	
工时定额	项目文件制定		1.5 工时 *	
	项目实施准备		0.5 工时	
	项目实施		12 工时	
	成果验收及验收报告制定		1 工时	
	项目完成报告制定		2 工时（课后）	
	工作场地整理、技术资料和项目文件归档		1 工时（课后）	
理解与承诺			执行人（签字）： 　　　　　　　　年　　月　　日	
备注				

* 备注：表中 1 工时在组织教学时，可按 1 课时对等，以下同。

2. 生产工作计划

（1）填写好项目工作单，并熟悉工作内容及工作步骤，1工时；

（2）分析项目工作内容，制定生产工作计划，拟定组织保障、安全技术措施和人员安排方案，0.5工时；

（3）项目实施工作准备，0.5工时；

（4）单组LED灯工作电路的设计、制作与调试，5工时；

（5）二组LED灯工作电路的设计、制作与调试，3工时；

（6）三组LED灯工作电路的设计、制作与调试，3工时；

（7）三组LED可充电手电筒的装配和调试，1工时；

（8）完成对规定的项目工作小组成果验收，并完成验收报告制定，1工时；

（9）本组项目完成报告的制定，2工时（课后）；

（10）工作场地整理、技术资料和项目文件归档，1工时（课后）。

组织保障措施、安全技术措施、资金落实措施、人员具体安排方案等由教师按照企业生产要求指导学生完成。

二、工作准备

1. 工作场地检查

教师首先去任务实施的实验实训室巡视检查，并与实验实训室管理员联系，在任务实施期间是否与其他教学活动冲突，请管理员安排好场地，保证实验实训室整洁、明亮，有专业职业特色。检查教具等设施保证能正常工作。

2. 项目实施材料、工具、生产设备、仪器仪表等准备

每个项目小组按表1.1.2物资清单准备好材料、工具、生产设备、仪器仪表等。

表1.1.2 物资清单

序号	材料、工具、生产设备、仪器仪表	规格、型号	数量	备注
1	电工实验台		1张	含220V交流电源插座，有漏电空气开关、熔断器等保护电器
2	钢丝钳	150mm	1把	
3	尖嘴钳	130mm	1把	
4	剥线钳	140mm	1把	
5	一字螺钉旋具	100mm	1把	
6	十字螺钉旋具	100mm	1把	
7	验电笔	电子数显	1支	
8	万用表	MF-47（指针）或MS8261（数显）	1只	含直流mA挡
9	直流毫安表		1只	规格视实际条件自定
10	直流电压表		1只	规格视实际条件自定
11	小容量可充电铅酸蓄电池	4V，400mAH	1块	或根据情况自定
12	IN4007二极管桥式整流电路块	输入端串接阻容并联电路降压（电阻390k，电容310J 250V）	1块	根据购买或定制情况自定
13	可伸缩滑动接触插头		1个	根据购买或定制情况自定
14	拨动开关	SK-12D01	1个	或自定
15	发光二极管	白光、低电流通用，18mA左右	3个	
16	电阻器	10~200Ω，1/8W普通电阻器	若干	每种规格不少于3个
17	电阻器	500Ω~5.5MΩ，1/8W普通电阻器	若干	任选10种规格，每种规格不少于3个

续表

序号	材料、工具、生产设备、仪器仪表	规格、型号	数量	备注
18	电位器	0～200Ω，可精调	1个	
19	面包板		2块	
20	面包板接插导线	BV-0.1mm^2，单股铜芯	若干	
21	塑料导线	BV-0.25mm^2，单股铜芯	若干	

注：规格、型号未注明的根据实际条件自定。

3．技术资料准备

《电子元器件选用手册》或《电工手册》一本。

三、工作评价

表 1.1.3　任务完成过程考评表

序号	评价内容	评价要求	评价标准	配分	得分
1	学习表现	认真完成任务，遵章守纪、表现积极	按照拟定的平时表现考核表相关标准执行	20	
2	项目实施文件	项目实施文件数量齐全、质量合乎要求	项目工作单、生产工作计划、组织保障、安全技术措施、人员安排方案等项目实施文件每缺一项扣20分；项目实施文件制定质量不合要求，有一项扣10分	40	
3	项目实施工作准备	积极认真按照要求完成项目实施的各项准备工作	有一项未准备扣20分；有一项准备不充分扣10分	40	
4	合计				
5	备注				

任务二　单组 LED 灯工作电路的设计、制作与调试

一、任务准备

（一）教师准备

（1）教师准备好传统手电筒电路和单组 LED 灯工作电路设计的演示课件；

（2）任务实施场地检查，任务实施材料、工具、仪器仪表等准备，技术和技术资料准备，组织管理措施，任务实施场所安全技术措施和管理制度等参考任务一的要求；

（3）任务实施计划和步骤：①任务准备、学习有关知识；②电阻器阻值识读和测量；③单组 LED 灯工作电路设计；④单组 LED 灯工作电路线路制作；⑤电路调试、分析；⑥工作评价。

（二）学生准备

（1）衣着整洁，穿戴好劳保用品；无条件的学校，由学生自行穿好长袖衣、长裤和皮鞋等。

（2）掌握好安全用电规程和触电抢救技能。

（3）检查好材料、工具、仪器仪表。在实验员指导下，每个项目小组检查好材料、工具、仪器仪表等物资是否正常，是否合乎使用标准，对不符合使用标准的应予以更换。

（4）学生准备好《电工基础技术项目工作手册》、记录本以及铅笔、圆珠笔、三角板、直尺、橡皮擦等文具。

（三）实践应用知识的学习

知识学习内容 1　电路和电路模型

1．实际电路及其基本组成

在实践中，为了达到某种目的，人们需要设计、安装一些实际电路，并让它运行。什么是

电路呢？由电阻器、电容器、线圈、变压器、晶体管、运算放大器、传输线、电池、发电机和信号发生器等一些电气器件和设备按一定的方式连接而成的电流的通路，称为（实际）电路。图 1.2.1 所示的就是一些常见的电气器件和设备。

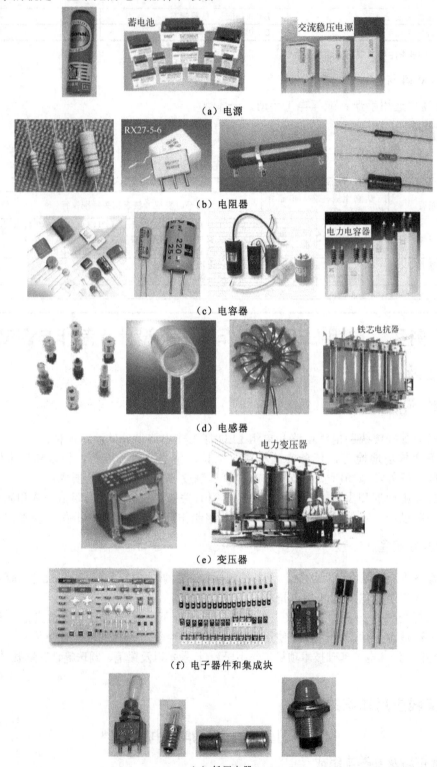

图 1.2.1　常见电气器件和设备

电路在日常生活、生产和科学研究工作中得到了广泛应用。在收录机、电视机、录像机、音响设备、计算机、通信系统和电力网络中都可以看到各种各样的电路,如图 1.2.2（a）、（b）所示分别是电子电路、电气设备电路,这些电路的特性和作用各不相同。电路的一种作用是实现电能的传输、分配和使用。例如,电力网络将电能从发电厂输送到各个工厂、广大农村和千家万户,供各种电气设备使用。电路的另外一种作用是实现电信号的传输、变换、处理和存储。

（a）电子电路　　　　　（b）电气设备电路

图 1.2.2　电子电气电路

电路的形式多种多样,有的简单,有的复杂,但不管具体结构如何,从组成上来看,一个完整的实际电路应包括电源、负载、控制和保护器件、连接导线等 4 部分,才能正常工作。电源是提供电能或电信号的设备和器件,常指干电池、蓄电池、整流稳压装置、发电机、信号发生装置等设备[如图 1.2.1（a）所示];负载是使用电能或输出信号的设备,如一台电视机可看作是强电系统的负载,而其中的扬声器或显像管又是信号处理设备自身的负载;控制和保护器件是控制电路工作状态（如通断）或保护电路安全的器件或设备（如开关、熔断器等）;连接导线是将电气设备和元器件按一定方式连接起来的导线（如各种铜、铝电缆线等）。

2. 理想元件和电路模型

1）理想元件

电路是由电磁特性相当复杂的元器件组成的,为了便于使用数学方法对电路进行分析,必须在一定的条件下,对实际器件加以理想化处理,即忽略它的次要性质,用表征它们主要性质的理想电路元件或它们的组合来表示实际器件。实际电路中的各种电气设备和元器件被一些能够表征它们主要电磁特性的理想元件（模型）来代替了,而对它的实际上的结构、材料、形状等非主要的电磁特性不予考虑,这有利于我们把握实际电路工作的主要问题,便于我们分析预见实际电路工作的主要结果。

我们将实际电路器件理想化而得到的只具有某种单一电磁性质的元件,称为理想电路元件,简称为电路元件。理想电路元件是具有某种确定电磁性质的理想元件,是一种理想化模型并具有精确的数学定义。

电阻就是用以反映能量损耗的电路元件。当一个电气设备或器件的功效是将电能转换为热能或光能时,如电炉、电灯泡,我们就可将其视为一个电阻元件。电容用以反映电场储能性质的电路元件。电感用以反映磁场储能性质的电路元件。表示电力能源供给的电源可用电压源元件和电流源元件来建模。上述元件的电路符号参见表 1.2.1。

实际器件不只表现出一种电路性质,在用理想电路元件建模时,要根据实际条件而定。例如:一个线圈在直流情况下的模型是一个电阻元件,如图 1.2.3（a）所示;在较低频率情况下的模型是一个电阻元件、一个电感元件的串联组合,如图 1.2.3（b）所示;而当频率较高时,还要考虑电容效应,其模型中还应并联电容元件,如图 1.2.3（c）所示。

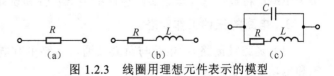

图 1.2.3　线圈用理想元件表示的模型

2）电路模型

由理想电路元件互相连接组成的电路称为电路模型。常用的电气图用图形符号如见表 1.2.2 所示。电路模型是实际电路的抽象近似，它近似地反映实际电路的电气特性，电路模型由一些理想电路元件用理想导线连接而成，用不同特性的电路元件按照不同的方式连接就构成不同特性的电路，应当通过对电路的物理过程的观察分析来确定一个实际电路用什么样的电路模型表示。模型取得恰当，对电路的分析与计算的结果就与实际情况接近。下面我们就以传统的小灯泡手电筒为例，来分析一下电路模型的建立过程，如图 1.2.4 所示。

表 1.2.1　部分电路元件的图形符号

名　称	符号	名　称	符号	名　称	符号
独立电流源		理想导线		电容	
独立电压源		连接的导线		电感	
受控电流源		电位参考点		理想变压器耦合电感	
受控电压源		理想开关		回转器	
电阻		开路		理想运算放大器	
可变电阻		短路		二端元件	
非线性电阻		理想二极管			

表 1.2.2　部分电气图用图形符号（根据国家标准 GB4728）

名　称	符号	名　称	符号	名　称	符号
导线		传声器		电阻器	
连接的导线		扬声器		可变电阻器	
接地		二极管		电容器	
接机壳		稳压二极管		线圈，绕组	
开关		隧道二极管		变压器	
熔断器		晶体管		铁芯变压器	
灯		运算放大器		直流发电机	
电压表		电池		直流电动机	

　　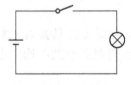　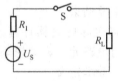

（a）实物图　　　（b）实际电路图　　　（c）电原理图（电气图）　　　（d）电路模型

图 1.2.4　手电筒电路模型的建立过程

需要说明的是今后所指电路均指由理想电路元件构成的电路模型。理想电路元件及其组合虽然与实际电路元件的性能不完全一致，但在一定条件下，工程上允许的近似范围内，实际电路完全可以用理想电路元件组成的电路代替，从而使电路的分析与计算得到简化。

综上所述，把实际电路用电路模型代替，其最终目的是通过对电路模型的分析计算来预测实际电路的特性，从而改进实际电路的电气特性和设计出新的电路。

3．电路的三种工作状态

（1）通路（闭路）：电源与负载接通，电路中有电流通过，电气设备或元器件获得一定的电压和电功率，进行能量转换。

(2) 开路（断路）：电路中没有电流通过，又称为空载状态。

(3) 短路（捷路）：电源两端的导线直接相连接，输出电流过大对电源来说属于严重过载，如没有保护措施，电源或电器会被烧毁或发生火灾，所以通常要在电路或电气设备中安装熔断器、保险丝等保护装置，以避免发生短路时出现不良后果。

知识学习内容 2　电路的基本物理量及其参考方向

电路的电气特性是通过电流、电压和电功率等物理量来描述的。在电路分析与设计中，主要是通过计算电流、电压和电功率来定量地描述电路的状态或电路元件的特征。

1．电流及其参考方向

电荷的定向运动称为电流。我们用电流强度来衡量电流的强弱。电流强度指的是单位时间内通过导体横截面积的电荷量，电流强度简称电流。如图 1.2.5 所示，假设在 dt 时间内通过导体截面 S 的电量为 dq，则电流强度为

$$i = \frac{dq}{dt} \quad (1\text{-}2\text{-}1)$$

随时间变化的电流用小写字母 i 表示；不随时间变化的电流，如直流，用大写字母 I 表示。在国际单位制中，电流的单位是安培（A），简称安。若 1 秒钟内通过某导体截面的电荷量为 1 库仑（C），则电流为 1 安（A）。常用的电流单位还有千安（kA）、毫安（mA）、微安（μA）等，它们的换算关系为

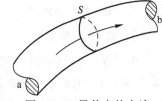

图 1.2.5　导体中的电流

$$1kA = 10^3 A，\ 1mA = 10^{-3} A，\ 1\mu A = 10^{-6} A$$

电流不仅有大小，而且有方向，习惯上规定正电荷运动的方向为电流的正方向，也就是电流的实际方向。在讨论分析电路时，要涉及到电流的方向，而事先往往很难判断出电路电流的真实方向。为解决这个问题，可采用先任意假定它们的方向的办法，这种任意假定的方向称为参考方向。在参考方向下，电流为代数量。电流参考方向用箭头来表示，如图 1.2.6 所示 I 的参考方向。当电流的参考方向与实际方向一致时，电流为正值，如图 1.2.6（a）所示；否则为负值，如图 1.2.6（b）所示，据此可以确定电流的实际方向。由此可知，在参考方向选定之后，电流就有了正值和负值之分，电流值的正负符号就反映了电流的实际方向。显然，在未标识参考方向的情况下，电流的正负是毫无意义的。在书写时，也可下标字母来表示电流的参考方向，如图中参考方向也可表示为 I_{ab}，表示参考方向是从 a 流向 b。图 1.2.6（a）中，$I_{ab} = 2A$，（b）中，$I_{ab} = -2A$。

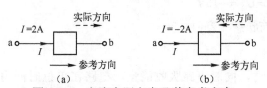

图 1.2.6　电流实际方向及其参考方向

2．电压及其参考方向

将单位正电荷自电场中某一点 a 移到参考点（物理中一般将无穷远处选作参考点）时获得或失去的能量的大小称为 a 点的电位。而电路中 a、b 两点之间的电位差即为这两点间的电压。电路中 a、b 两点间的电压表明了单位正电荷由 a 点移到 b 点时所获得或失去的能量，用数学式表示，即为

$$u_{ab} = \frac{dw}{dq} \quad (1\text{-}2\text{-}2)$$

式中，dq 为由 a 点移到 b 点的电荷量，单位为库仑（C）；dw 是移动过程中，电荷 dq 所获得或失去的能量，单位为焦耳（J）；电压的单位为伏特（V），有时使用千伏（kV）或毫伏（mV）微伏（μV），它们关系是

$$1kV = 10^3 V，\ 1mV = 10^{-3} V，\ 1\mu V = 10^{-6} V$$

在电路中，电压参考方向可用箭头表示，也可在元件或电路的两端用"+"、"-"符号来表示，或用带下脚标的字母表示。如 u_{ab}，脚标中的第一个字母 a 表示假设电压参考方向的正极性端，第二个字母 b 表示假设电压参考方向的负极性端。电压参考方向的三种表示方法，如图 1.2.7 所示。若电路计算分析结果电压是负值，表示电压实际方向是从 b 指向 a。

一个元件的电压或电流的参考方向可以独立地任意假定。如果指定流过元件的电流参考方向是从标以电压正极性的一端指向负极性的一端，即两者的参考方向一致，则把电流和电压的这种参考方向称为关联参考方向，如图 1.2.8（a）所示；当两者不一致时，称为非关联参考方向，如图 1.2.8（b）所示。

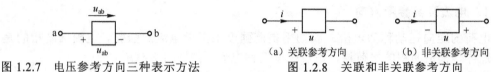

图 1.2.7 电压参考方向三种表示方法　　　图 1.2.8 关联和非关联参考方向

3. 电位参考点

为了便于分析电路，常在电路中任意指定一点作为参考点，假定该点电位是零（用符号"⊥"表示），则由电压的定义可以知道，电路中的 a 点与参考点间的电压即为 a 点相对于参考点的电位，因此我们可以用电位的高低（大小）来衡量电路中某点电场能量的大小。电路中参考点的位置原则上可以任意指定，参考点不同，各点电位的高低也不同，但是电路中任意两点间的电压与参考点的选择无关。在实际电路中，常以大地或仪器设备的金属机壳（或底板）作为电路的参考点，参考点又常称为接地点。

【例 1.2.1】 如图 1.2.9 所示的电路中，已知 $U_1=10V$，$U_2=-16V$，$U_3=-4V$，参考方向如图所示，试求：（1）U_{ab}；（2）若分别选取 c、d 两点为参考点，则分别求其他各点的电位；（3）若电流参考方向如图所示，则指出各元件电压与电流的参考方向是关联还是非关联方向。

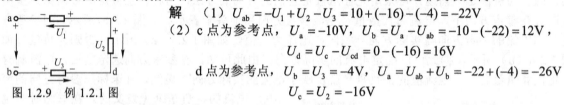

图 1.2.9 例 1.2.1 图

解　（1）$U_{ab} = -U_1 + U_2 - U_3 = 10 + (-16) - (-4) = -22V$

（2）c 点为参考点，$U_a = -10V$，$U_b = U_a - U_{ab} = -10 - (-22) = 12V$，

$U_d = U_c - U_{cd} = 0 - (-16) = 16V$

d 点为参考点，$U_b = U_3 = -4V$，$U_a = U_{ab} + U_b = -22 + (-4) = -26V$

$U_c = U_2 = -16V$

（3）元件 1 和 3 为非关联参考方向，元件 2 为关联参考方向。

4. 电功率和电能

电场力推动正电荷在电路中运动时，电场力作功，同时电路吸收能量，电路在单位时间内吸收的能量称为电路吸收的电功率，简称功率。

如图 1.2.10 所示的 ab 电路段，电流和电压的参考方向一致，在 dt 时间内通过电路段的电荷量为 $dq=idt$，dq 的电荷量由 a 端通过 ab 电路段移到 b 端，电场力作功为 $dW=udq$，即在此过程中，电路段吸收的电能为

$$dW = ui\,dt \qquad (1\text{-}2\text{-}3)$$

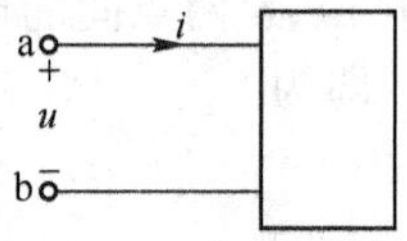

吸收的瞬时功率为

$$p = \frac{dW}{dt} = ui \qquad (1\text{-}2\text{-}4)$$

图 1.2.10 电路的功率

对直流电路有

$$P = UI \qquad (1\text{-}2\text{-}5)$$

在国际单位制（SI）中，功率的单位是瓦[特]，符号为 W，由式（1-2-4）可知，1W=1V×1A，工程上常用的功率单位还有 MW（兆瓦）、kW（千瓦）、mW（毫瓦）等，它们之间的关系分别是：

$$1MW=10^6W, \quad 1kW=10^3W, \quad 1mW=10^{-3}W$$

电能是功率对时间的积分，由 t_0 至 t 时间内电路吸收的能量 w 由下式表示：

$$w = \int_{t_0}^{t} p\,dt = \int_{t_0}^{t} ui\,dt \tag{1-2-6}$$

对直流电路

$$W = P(t-t_0) \tag{1-2-7}$$

当式（1-2-6）中 p 的单位为瓦时，符号为 W，能量 W 的单位为焦[耳]，符号为 J，它等于功率为 1W 的用电设备在 1s 内消耗的电能。工程和生活中还常用千瓦小时（kW·h）作为电能的单位，1kW·h 俗称 1 度（电）。

$$1kW·h = 10^3W \times 3600s = 3.6 \times 10^6 J = 3.6MJ$$

需要强调的是：由于电压与电流均为代数量，因而功率也可正可负。在电压与电流为关联参考方向时，若 $p>0$，表示元件实际吸收功率；若 $p<0$，表示元件实际发出或提供功率。若电压与电流为非关联参考方向，则情况相反。

知识学习内容 3　电阻元件

1. 线性和非线性电阻

电路中电阻元件是实际的电阻器、半导体器件的体电阻以及各类电路元件内部耗能电阻部分的抽象。在物理学中，用电阻来表示导体对电流阻碍作用的大小。导体的电阻越大，表示导体对电流的阻碍作用越大。不同的导体，电阻一般不同，电阻是导体本身的一种特性。电阻元件是对电流呈现阻碍作用的耗能元件。

在关联参考方向下，我们把任何时刻反映电阻两端电压 u 和通过电阻的电流 i 之间关系的曲线，称之为伏安特性曲线。如果电阻元件的伏安特性曲线是一条通过原点的直线，如图 1.2.11 所示，则该电阻为线性电阻。如果电阻元件的伏安特性曲线不是通过原点的直线，如图 1.2.12 所示，则该电阻为非线性电阻。今后，若无特别说明，书中电阻一词均指线性电阻。

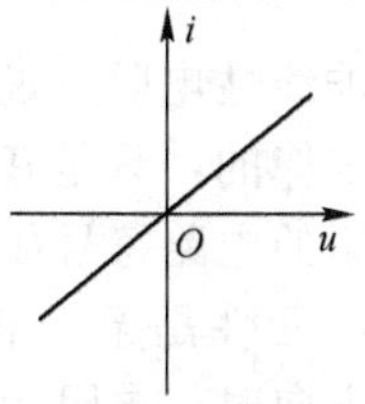

图 1.2.11　线性电阻的伏安特性

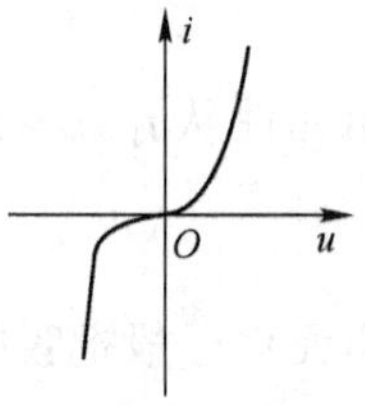

在图 1.2.11 所示关联参考方向的条件下，线性电阻两端电压 u 和通过电阻的电流 i 成正比，若令比例系数为 R，即有表达式

$$u = Ri \tag{1-2-8}$$

这样的关系就是欧姆定律。

线性电阻元件的电路符号如图 1.2.13 所示。R 称为元件的电阻，它表示元件对电流的阻碍能力，当电压单位为伏特（V），电流单位为安培（A）时，电阻的单位为欧姆（Ω），简称欧。常用单位还有千欧（kΩ）、兆欧（MΩ），它们之间关系是 $1k\Omega = 10^3\Omega$，$1M\Omega = 10^6\Omega$。

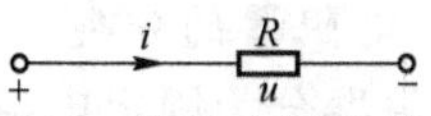

图 1.2.12　非线性电阻的伏安特性

图 1.2.13　线性电阻电路符号

令 $G=i/u$，则欧姆定律还可以表示为

$$i = Gu \tag{1-2-9}$$

式中，G 称为元件的电导，表示元件对电流的传导能力。电导的单位是西门子（S），简称西。

电阻是所有电子电路中使用最多的元件。有些物质在低温条件下电阻为零，被称为超导体。电阻元件的电阻值大小一般与温度有关，衡量电阻受温度影响大小的物理量是温度系数，其定义为温度每升高 1℃ 时电阻值发生变化的百分数。

实验证明，金属导体的电阻值不仅和导体材料的成分有关，还和导体的几何尺寸及温度有关。一般地，横截面积为 $S(m^2)$、长度为 $L(m)$ 的均匀导体，其电阻 $R(\Omega)$ 为

$$R = \rho \frac{L}{S} \tag{1-2-10}$$

式中 ρ 为电阻率，单位是欧姆·米（$\Omega \cdot m$），常用导电材料的电阻率见表 1.2.3，导体温度不同时，其电阻值一般不同，可用下式计算：

$$R_2 = R_1[1+\alpha(t_2-t_1)] \tag{1-2-11}$$

表 1.2.3 常用导电材料的电阻率

材 料	$\rho/(\Omega \cdot m)$	材 料	$\rho/(\Omega \cdot m)$	材 料	$\rho/(\Omega \cdot m)$
银（化学纯）	1.47×10^{-8}	钨	5.3×10^{-8}	铁（化学纯）	9.6×10^{-8}
铜（化学纯）	1.55×10^{-8}	铂	9.8×10^{-8}	铁（工业纯）	12×10^{-8}
铜（工业纯）	1.7×10^{-8}	锰铜	42×10^{-8}	镍铬铁	12×10^{-8}
铝	2.5×10^{-8}	康铜	44×10^{-8}	铝铬铁	120×10^{-8}

式中，R_1 是温度为 t_1 时导体的电阻值；R_2 是温度 t_2 为时导体的电阻值，α 是材料的电阻温度系数，即导体温度每升高 1℃时，其电阻值增大的百分数，单位是每摄氏度（1/℃）。材料的 α 值愈小，电阻的阻值愈稳定。常用导电材料的电阻温度系数见表 1.2.4。

表 1.2.4 常用导电材料的电阻温度系数

材 料	$\alpha/(1/℃)$	材 料	$\alpha/(1/℃)$	材 料	$\alpha/(1/℃)$
银（化学纯）	4.1×10^{-3}	钨	4.8×10^{-3}	铁（化学纯）	6.6×10^{-3}
铜（化学纯）	4.3×10^{-3}	铂	3.9×10^{-3}	铁（工业纯）	6.6×10^{-3}
铜（工业纯）	4.25×10^{-3}	锰铜	0.005×10^{-3}	镍铬铁	0.13×10^{-3}
铝	4.7×10^{-3}	康铜	0.005×10^{-3}	铝铬铁	0.08×10^{-3}

对非线性电阻来说，在任何时刻，其电压和电流也是能满足欧姆定律的，只是其电阻值在电路中工作时会不断改变。非线性电阻的电路符号如图 1.2.14 所示。

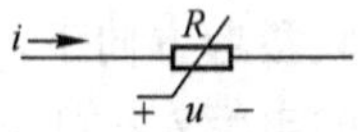

图 1.2.14 非线性电阻电路符号

电阻元件是无"记忆"的元件，电流与电压是同时存在、同时消失的。当电压和电流取关联参考方向时，电阻元件消耗的功率为

$$p = ui = i^2R = \frac{u^2}{R} \tag{1-2-12}$$

电阻元件从 t_1 到 t_2 时间内吸收的电能为

$$W = \int_{t_1}^{t_2} ui \, dt = R \int_{t_1}^{t_2} i^2 dt \tag{1-2-13}$$

电阻元件一般把吸收的电能转换成热能消耗掉。

2. 电阻器的实践应用知识

1）电阻器的分类

电阻器分为固定电阻器和可变电阻器两类。常用的固定电阻器有线绕电阻、薄膜电阻、实心电阻三种。可变电阻器的阻值可在一定范围内变化，具有三个引出端的常称为电位器。

2）电阻器的主要技术指标

电阻器的指标是指标称阻值、允许偏差、标称功率、稳定性、温度特性等，其中主要指标是标称阻值、允许偏差和标称功率。

（1）标称功率（额定功率）

标称功率是指电阻器长时间连续工作不损坏，或不显著改变其性能所允许消耗的最大功率。小于 1W 的电阻器在电路图中不用数值标出额定功率，大于 1W 的电阻器用阿拉伯数字表示。

（2）标称阻值

为了便于生产，同时考虑到能够满足实际使用，国家规定了一系列数值为产品的标准，这一系列值叫做电阻的标称系列值。

（3）允许偏差

电阻器的标称阻值与实际阻值不完全相符，存在着误差（偏差）。允许偏差表示电阻器阻值的准确程度，常用百分数表示，如±5%、±10%等。

3）电阻器的标志方法

电阻器的标称值和允许偏差一般都标注在电阻体上，标志方法有三种：直标法、文字符号法和色环（色标）法。

（1）直标法

用阿拉伯数字和单位符号在电阻器的表面标出标称阻值，其允许偏差直接用百分数表示。

（2）文字符号法

用阿拉伯数字和文字符号两者有规律地组合来表示标称阻值和允许偏差。表示允许偏差的文字符号见表1.2.5。表示电阻单位的文字前面的数字表示整数阻值，后面的数字依次表示第一位小数阻值和第二位小数阻值，如1R5表示1.5Ω，3k9表示3.9kΩ。其符号见表1.2.6。

表 1.2.5　表示允许偏差的文字符号

偏差/%	±0.1	±0.25	±0.5	±1	±2	±5	±10	±20	±30
文字符号	B	C	D	F	G	J	K	M	N

表 1.2.6　表示电阻单位的文字符号

文字符号	R	K	M	G	T
所表示的单位	欧姆（Ω）	千欧（kΩ）	兆欧（MΩ）$10^6Ω$	吉欧（GΩ）$10^9Ω$	太欧（TΩ）$10^{12}Ω$

（3）色环法

色标法是用颜色表示元件（不仅仅是电阻元件）的各种参数并直接标示在产品上的一种标志方法。采用色环标志的电阻器，颜色醒目，标志清晰，不易褪色，从各个方向都能看清阻值和偏差，有利于电气设备的装配、调试和检修，应用广泛。色标的基本色码及意义见表1.2.7。

表 1.2.7　电阻值的色标符号

颜　色	有 效 数 字	倍　　乘	允许偏差/%	颜　色	有 效 数 字	倍　　乘	允许偏差/%
银	—	10^{-2}	±10	黄	4	10^4	—
金	—	10^{-1}	±5	绿	5	10^5	±0.5
黑	0	10^0	—	蓝	6	10^6	±0.2
棕	1	10^1	±1	紫	7	10^7	±0.1
红	2	10^2	±2	灰	8	10^8	—
橙	3	10^3	—	白	9	10^9	+50　−20

色环电阻器可分为三环、四环、五环三种标法，图1.2.15所示为三环和五环的标法。

图 1.2.15　色环电阻器的标注方法

4）电阻器的测量与质量差别

（1）电阻器的测量：通常可用万用表电阻进行测量。测量时手指不要碰触被测固定电阻器的两根引线，避免并入人体电阻影，响测量的准确度。

（2）电阻器的质量差别：电阻器的电阻体或引线折断及烧焦等，可以从外观上看出，内部损坏或阻值变化较大，可用万用表欧姆挡测量核对。若电阻内部或引线有缺陷，以致接触不良，用手轻轻地摇动引线，可发现松动现象；用万用表测时，指针指示不稳定。

（3）电位器的质量判别：图1.2.16所示是最常见的碳膜电位器。焊片"1"和"3"两端的电阻值是电位器的标称阻值，焊片"2"是转动的活动臂引出端。用万用表测焊片"2"、"3"之间电阻值，顺时针旋转电位器轴，阻值应从零变化到电位器标称值；焊片"1"和"2"之间的变化相反。测量过程中如万用表指针平稳移动而无跌落、跳跃或抖动等现象，说明电位器正常。

5）电阻器的选用

根据电路和设备的实际要求选用电阻器，从电气性能到经济价值等方面综合考虑，不要片面采用高精度和非标准系列电阻器。一般场合下，主要是根据阻值、额定功率、允许偏差的要求来选择适合的电阻器。就是说，电阻的标称阻值应与电路要求相符，额定功率应该是电阻器在电路中实际消耗的功率的 1.5～2 倍，允许偏差在要求的范围之内。

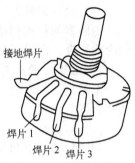

图 1.2.16 碳膜电阻器

国产电阻器的型号，国家有统一规定。例如，RX 表示绕线电阻器，RT 表示碳膜电阻器，RJ 表示金属膜电阻器，RS 表示实心电阻器等。

知识学习内容 4 电源及其电路模型

电路中电压源的电压，电流源的电流是由本身决定的，与电路中其他支路的电压、电流无关称为独立源。常用的独立源有发电机和电池等。

1. 电压源

1）实际电压源模型及其外特性

电源电压恒定不变的电源称为恒压源，也称理想电压源，理想电压源内部无内阻。其电路符号如图 1.2.17（a）所示。

实际电压源在工作中，电荷在电源内部移动要受到阻碍并消耗能量，故建模时可用一个电阻 R_S 等效，这个电阻称为电源的内阻。因此，在实际电路中由于存在内阻 R_S，电流在 R_S 上要产生电压降，使电源两端的电压 U 要随着电路电流 I 的增大而降低，其关系表达式为

$$U = U_S - IR_S \quad (1\text{-}2\text{-}14)$$

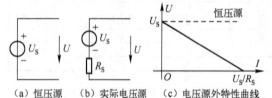

(a) 恒压源　　(b) 实际电压源　　(c) 电压源外特性曲线

图 1.2.17　恒压源、实际电压源模型和
电压源外特性曲线

表示电源的端电压 U 与负载电流 I 的关系曲线称为外特性曲线。恒压源、实际电压源电路模型及电压源外特性曲线如图 1.2.17 所示。

电源的内阻 R_S 越小，电源两端的电压越稳定。在图 1.2.17（c）中，U_S 是外部电流为 0 时，电压源端电压，其实质就是实际电压源的电动势。

U_S/R_S 是电源端部短路时的短路电流。短路电流不能持续时间长，否则电源会烧坏。当电源在负载电流比短路电流小得多的范围内工作时，实际电压源端电压基本恒定。

2）电压源电动势

相对于电源外部正负两极间的外电路而言，通常把电源内部正负两极间的电路称为内电场。在电场力的作用下，正电荷源源不断地从电源正极经外电路到达负极，于是正极上的正电荷数量不断减少。如果要维持电流在外电路中流通，并保持恒定，就要使移动到电源负极上的正电荷经过电源内部回到电源正极。电场力把单位正电荷从电源负极经电源内部移到电源正极所做的功，叫做该电源的电动势，用字母 E 表示，就是实际电压源模型中的 U_S。

电动势是衡量电场力做功能力的物理量，它把正电荷从低电位点（电源负极）移向高电位点（电源正极），故电动势的方向是从低电位点指向高电位点，即电位升的方向。这与端电压的方向正好相反。

2. 电流源

如果电源的电流恒定不变则称为恒流源,即理想电流源,其内阻为无穷大。图1.2.18(a)所示为恒流源,I_S为恒流源的电流;实际电流源可在恒流源两端并联一内阻 R_S 来建模,图1.2.18(b)所示为实际电流源电路模型;图1.2.18(c)所示为实际电流源的外特性曲线。

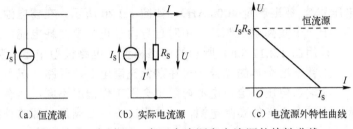

图1.2.18 恒流源、实际电流源和电流源外特性曲线

3. 两种电源的等效变换

实际两种电源在电路分析时可以互相等效转换。实际电压源可转换为一个理想电流源 I_S 与一个内阻 R_S 并联形式,此时理想电压源电压 U_S(即电压源电动势)与 I_S 之间转换关系为 $I_S=U_S/R_S$,电流源内阻 R_S 即电压源内阻 R_S。实际电流源也可转换为一个理想电压源 U_S 与一个内阻 R_S 串联形式,此时理想电流源电流 I_S 与 U_S 之间转换关系为 $U_S=I_S R_S$,电压源内阻 R_S 即电流源内阻 R_S。两种实际电源的等效变换关系,我们可在后面项目中掌握了戴维南定理和诺顿定理基础上得到进一步证明。

4. 受控电源

根据电压源的控制量是电流或电压,受控电源分为:电压控制电压源(VCVS),电流控制电压源(CCVS)。根据电流源的控制量是电压或电流,有电压控制电流源(VCCS),电流控制电流源(CCCS)。受控源的符号,如图1.2.19所示。这时电压源、电流源的电压、电流受电路中其他支路元件的电压或电流控制。

μ、r、g、β是控制系数,其中 μ 和 β 是量纲为1的值;r 和 g 分别具有电阻和电导的量纲。当这些控制系数为常数时,受控源就是线性受控源,在本书中只考虑线性受控源。

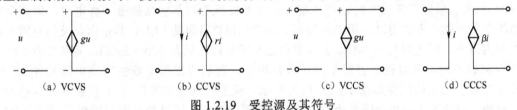

图1.2.19 受控源及其符号

知识学习内容5 单管LED发光电路的设计分析

LED(发光二极管)手电筒电路一般都是由多组LED发光电路组成的,每组电路可以由一个或一个以上的LED组成,在本项目中要求是每组由一个LED组成。根据实际电路的基本组成知道,在单管LED发光电路中,我们需要电源、负载、控制开关和导线,但在设计一个实际电路时,仅仅知道电路的基本组成是远远不够的,我们还必须要充分考虑到每一个基本组成元件能否在设计的电路中正常工作,使实际电路达到我们所预期的工作效果和工作要求,以避免电路组成元件的盲目选用,以及电路的不合理设计给生产或生活带来不必要的损失或危害。如何科学、合理地设计工作电路和预期分析所达到的工作效果,这就要求我们要能根据电路实际工作要求及电路实际元器件的工

作特点，建立实际电路的电路工作模型（电路原理图），对电路模型充分分析，针对不足，不断完善设计。对一些较复杂的电子电路可以在充分设计基础上，进一步实验分析，优化电路设计。

1. 电源

根据本项目设计要求知道，手电筒电路采用的电源是市场可售的 LED 手电筒通用可充电小容量蓄电池（标准电压 4V，标准容量 400mAH），如图 1.2.20 所示。在蓄电池工作过程中，相当于一个实际电压源，使用时自身内部也需要消耗电能，其等效电路模型可采用图 1.2.17（b）所示的电路模型。电路模型中电动势 $E(U_S)$，因市场上蓄电池个体的差异，可在购置充满电后，开路情况下由万用表测量蓄电池端部电压确定，电池内阻也会因工作情况不同，而有一定的差异。但作为一个合格的实际电源，在使用过程中要满足电源的外部特性。根据蓄电池标准容量 400mAH、单颗 LED 最大工作电流按 20mA 来估算，该电池可维持三组单管 LED 灯工作 6~8h，满足手电筒工作设计要求。

图 1.2.20　LED 手电筒蓄电池（4V/400mAH）

LED 手电筒蓄电池在使用过程中要注意以下几点事项：

（1）蓄电池应在 0~30℃ 的环境下储存，存放的蓄电池应每 4 个月进行一次补充电；存放时间最长不能超过一年，否则电池容量及寿命将会减小；

（2）蓄电池存放前应为满荷电状态，或者使用后对电池进行充电后再存放，不允许放电后存放；

（3）蓄电池不可倒置使用，以免有电解液漏出；

（4）蓄电池寿命终止时，应妥善处理，随意遗弃会造成环境污染；

（5）不能使用有机溶剂清洁蓄电池，否则会损伤壳体。

2. 负载

负载就是单颗 LED 灯。用于照明的 LED 发光二极管，如图 1.2.21 所示，正常工作电流为 15~18mA，最大一般不超过 20mA，能发光的工作电压为 1.5~3.6V，一般用于照明时，正常工作电压可取为 3~3.6V，耗电量少单颗功率一般只有 0.03~0.06W。LED 发光二极管采用直流电源驱动，两个管脚有正负之分，长脚为正极，短脚为负极，连接时不能接错，否则因为发光二极管的单向导电性，LED 不能正常发光。单颗 LED 工作原理可在项目六实施时进一步学习。

LED 发光二极管正常发光时，把电能转换为光能照明，其实质就是一种电阻，但这个电阻的阻值不是固定的。未使用时，用指针万用表的 R×10kΩ 挡测量 LED，其正向、反向电阻均比普通二极管大得多，可达到几十 MΩ 以上。但在正常发光时，只有 100~200Ω，而且会随工作电压和工作电流的不同，阻值也会有所不同，故建模时，我们可以用非线性时变电阻元件 R_D 来建模。发光二极管的电路模型如图 1.2.22（a）所示，模型中理想二极管 VD 代表其具有单向导电性能。理想二极管其正向电阻阻值为 0，反向电阻阻值为 ∞，流过的电流只能由正极流向负极。

但电源是 4V 的蓄电池，而小容量 LED 手电筒单管 LED 的正常工作电压 U_F 只有 3~3.6V，工作电流 I_F 一般只有 15~18mA，故需要用一个电阻器 R_1 与 LED 连接，起到调节 LED 工作电压和工作电流的作用，如图 1.2.22（b）所示，R_1 的阻值可按下式选择：

图 1.2.21　LED 发光二极管

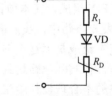

（a）发光二极管电路模型　　（b）单管 LED 串电阻时工作电路模型

图 1.2.22　单管 LED 电路模型

$$R_1 = \frac{E - U_F}{I_F} \quad (1\text{-}2\text{-}15)$$

式中，E 是电源电动势；电阻器 R_1 的实际功率只有 10mW 左右，故选择时只要按市场普通电阻（额定功率 1/8W）选用便可。

3. 控制开关

根据设计要求，控制开关是采用市场可售的拨动开关，主要技术参数：型号 SK-12D01，最高耐压 500V，额定发热电流 0.5A，机械寿命 10000 次。电压和机械寿命都能满足手电筒实际工作需要，主要应分析额定电流是否满足负载需要。三组 LED 手电筒，每组电路工作电流只有 18mA，所以正常工作时负载电流只有 0.05~0.06A，远小于开关额定发热电流 0.5A。

4. 导线

电路中绝缘导线从材质上一般有铜、铝两种，选用时要先统计线路负载电流，然后根据导线的载流量（能承载的最大负载电流），来确定导线的标称截面积规格。在实际应用时，可依据以下几个原则来选用：

（1）一般铜导线安全载流量是根据所允许的线芯最高温度、冷却条件、敷设条件来确定的。一般铜导线的安全载流量为 5~8A/mm^2，铝导线的安全载流量为 3~5A/mm^2。如：2.5mm^2 BVV 铜导线安全载流量的推荐值 2.5×8A/mm^2=20A。

（2）利用铜导线的安全载流量推荐值 5~8A/mm^2，计算出所选取铜导线截面积 S 的范围：

$$S = I/(5\sim 8) = 0.125I \sim 0.2I \,(\text{mm}^2) \quad (1\text{-}2\text{-}16)$$

式中，S 是铜导线截面积（mm^2），I 是负载电流（A）。

（3）绝缘导线载流量估算口诀（工程应用经验）："10 下五，100 上二，16、25 四，35、50 三，70、95 两倍半，穿管、温度八、九折，裸线加一半，铜线升级算"。

每句的解释如下。

10 下五：对于截面积为 1.5、2.5、4、6、10mm^2 的导线可将其截面积数乘以 5 倍。

16、25 四：对于截面积为 16、25mm^2 的导线可将其截面积数乘以 4 倍。

35、50 三：对于截面积为 35、50mm^2 的导线可将其截面积数乘以 3 倍。

70、95 两倍半：对于截面积为 70、95mm^2 的导线可将其截面积数乘以 2.5 倍。

100 上二：对于截面积为 120、150、185、240mm^2 的导线可将其截面积数乘以 2 倍。

穿管、温度八、九折：如果导线穿管乘以系数 0.8（穿管导线总截面积不超过管截面积的 40%），高温场所使用乘以系数 0.9（25~85℃ 以内）。

裸线加一半：裸线（如架空裸线）截面积乘以相应倍率后再乘以 2（如 16mm^2 导线：16×4×2=128A）。

铜线升级算：以上是按铝线截面积计算，铜线升级算是指 1.5mm^2 铜线载流量等于 2.5mm^2 铝线载流量，以此类推。

根据以上计算得出的导线载流量数据与查表数据误差不大。

在本项目手电筒电路中负载电流前面已估算过为 0.05~0.06A，电流很小，相应标称截面的绝缘铜导线已难选，可选择 0.1mm^2 规格。

根据上述对单管 LED 发光电路基本组成分析和电路设计要求可建立电路的工作模型，如图 1.2.23（a）所示，（b）图是实物接线图。对图中电路元件的工作过程分析，同学们可在工作任务的实施过程中来进一步进行。

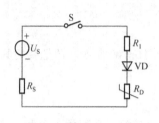
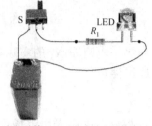

(a) 单管 LED 发光电路的电路模型　　(b) 单管 LED 发光电路实物接线图

图 1.2.23　单管 LED 发光电路

知识学习内容6　测量误差及数据处理

1. 测量误差

测量是指通过试验的方法去确定一个未知量的大小，这个未知量叫做"被测量"。一个被测量的实际值是客观存在的。但由于人们在测量中对客观认识的局限性、测量仪器的误差、测量手段的不完善、测量条件发生变化及测量工作中的疏忽等原因，都会使测量结果与实际值存在差别，这个差别就是测量误差。

不同的测量，对测量误差大小的要求往往是不同的。随着科学技术的进步，对减小测量误差提出了越来越高的要求。我们学习、掌握一定的误差理论和数据处理知识，目的是能进一步合理设计和组织实验，正确选用测量仪器，减小测量误差，得到接近被测量实际值的结果。

1）仪表误差和准确度

对于各种电工指示仪表，不论其质量多高，其测量结果与被测量的实际值之间总是存在一定的差值，这种差值称为仪表误差。仪表误差值的大小反映了仪表本身的准确程度。实际仪表的技术参数中，仪表的准确度被用来表示仪表的基本误差。

（1）仪表误差的分类

根据误差产生的原因，仪表误差可分基本误差和附加误差两类。

① 基本误差：仪表在正常工作条件下（指规定温度、放置方式、没有外电场和外磁场干扰等），因仪表结构、工艺等方面的不完善而产生的误差叫基本误差。如仪表活动部分的摩擦、标尺分度不准、零件装配不当等原因造成的误差都是仪表的基本误差，基本误差是仪表的固有误差。

② 附加误差：仪表离开了规定的工作条件（指温度、放置方式、频率、外电场和外磁场等）而产生的误差，叫附加误差。附加误差实际上是一种因工作条件改变而造成的额外误差。

（2）误差的表示

仪表误差的表示方式有绝对误差、相对误差和引用误差三种。

① 绝对误差：仪表的指示值 A_x 与被测量的实际值 A_0 之间的差值，叫绝对误差，用"Δ"表示：

$$\Delta = A_x - A_0$$

显然，绝对误差有正、负之分。正误差说明指示值比实际值偏大，负误差说明指示值比实际值偏小。

② 相对误差：绝对误差 Δ 与被测量的实际值 A_0 比值的百分数，叫做相对误差 γ，即

$$\gamma = \frac{\Delta}{A_0} \times 100\%$$

由于测量大小不同的被测量时，不能简单地用绝对误差来判断其准确程度，因此在实际测量中，通常采用相对误差来比较测量结果的准确程度。

③ 引用误差：相对误差能表示测量结果的准确程度，但不能全面反映仪表本身的准确程

度。同一块仪表，在测量不同的被测量时，其绝对误差虽然变化不大，但随着被测量的变化，仪表的指示值可在仪表的整个分度范围内变化。因此，对应于不同大小的被测量，其相对误差也是变化的。换句话说，每只仪表在全量程范围内各点的相对误差是不同的。为此，工程上采用引用误差来反映仪表的准确程度。

把绝对误差与仪表测量上限（满刻度值 A_m）比值的百分数，称为引用误差 γ_m，即

$$\gamma_m = \frac{\Delta}{A_m} \times 100\%$$（引用误差实际上是测量上限的相对误差）

（3）仪表的准确度

仪表的准确度是指仪表在测量值不同时，其绝对误差多少有些变化，为了使引用误差能包括整个仪表的基本误差，工程上规定以最大引用误差来表示仪表的准确度。

仪表的最大绝对误差 Δ_m 与仪表的量程 A_m 比值的百分数，叫做仪表的准确度 K，即

$$\pm K\% = \frac{\Delta_m}{A_m} \times 100\%$$

一般情况下，测量结果的准确度就等于仪表的准确度。选择适当的仪表量程，才能保证测量结果的准确性。

2）测量误差分类及产生的原因

测量误差是指测量结果与被测量的实际值之间的差异。测量误差产生的原因，除了仪表的基本误差和附加误差的影响外，还有测量方法的不完善，测试人员操作技能和经验的不足，以及人的感官差异等因素造成。

根据误差的性质，测量误差一般分为系统误差、偶然误差和疏忽误差三类。

（1）系统误差

造成系统误差的原因一般有两个。一是由于测量标准度量器或仪表本身具有误差，如分度不准、仪表的零位偏移等造成的系统误差；二是由于测量方法的不完善，测量仪表安装或装配不当、外界环境变化，以及测量人员操作技能和经验不足等造成的系统误差。如引用近似公式或接触电阻的影响所造成的误差。

（2）偶然误差

偶然误差是一种大小和符号都不固定的误差。这种误差主要是由外界环境的偶发性变化引起的。在重复进行同一个量的测量过程中其结果往往不完全相同。

（3）疏忽误差

这是一种严重歪曲测量结果的误差。它是因测量时的粗心和疏忽造成的，如读数错误、记录错误等原因。

3）减小测量误差的方法

① 对测量仪器、仪表进行校正，在测量中引用修正值，采用特殊方法测量，这些手段均能减小系统误差。

② 对同一被测量，重复多次测，取其平均值作为被测量的值，可减少偶然误差。

③ 以严肃认真的态度进行实验，细心记录实验数据，并及时分析实验结果的合理性，是可以摒弃疏忽误差的。

2. 测量数据的处理

在测量和数字计算中，该用几位数字来代表测量或计算结果是很重要的，它涉及到有效数字和计算规则问题，不是取得位数越多越准确。

1）有效数字的概念

在记录测量数值时，该用几位数字来表示呢？下面通过一个具体例子来说明。设一个 0～

100V 的电压表在两种测量情况下指针的指示结果为：第一次指针指在 76～77 之间，可记作 76.5V。其中数字"76"是可靠的，称为可靠数字，而最后一位数"5"是估计出来的不可靠数字（欠准数字）。两者合称为有效数字。通常只允许保留 1 位不可靠数字。对于 76.5 这个数字来说，有效数字是 3 位。第二次指针指在 50V 的地方，应记为 50.0V，这也是 3 位有效数字。

数字"0"在数中可能不是有效数字。例如 76.5V 还可写成 0.0765kV，这时前面的两个"0"仅与所用单位有关，不是有效数字，该数的有效数字仍为 3 位。对于读数末位的"0"不能任意增减，它是由测量设备的准确度来决定的。

2) 有效数字的运算规则

处理数字时，常常要运算一些精度不相等的数值。按照一定运算规则计算，既可以提高计算速度，也不会因数字过少而影响计算结果的精度。常用规则如下：

① 加减运算时，各数所保留小数点后的位数，一般取与各数中小数点后面位数最少的相同。例如 13.6、0.056、1.666 相加，小数点后最少位数是 1 位（13.6），所以应将其余两个数修正到小数点后 1 位，然后相加，即

$$13.6+0.1+1.7=15.4$$

其结果应为 15.4。

② 乘除运算时，各因子及计算结果所保留的位数，一般与小数点位置无关，应以有效数字位数最少项为准，例如 0.12、1.057 和 23.41 相乘，有效数字位数最少的是 2 位（0.12），则

$$0.12 \times 1.06 \times 23.41 = 2.98$$

二、任务实施

1. 识用万用表

1）在老师示范指导下，各项目小组手持万用表分组讨论学习万用表使用知识，并相互指导训练。

分组讨论学习万用表使用知识：

万用表有指针式和数显式两种，两种表在表棒插孔和极性以及读数上有所不同。我们重点练习使用指针式万用表，在此基础上数显式万用表使用就驾轻就熟了。指针式万用表具有带标尺的刻度盘（数显表是液晶显示屏）、转换开关、零欧姆调节旋钮（数显表无）和供测量接线的插孔。指针式万用表应水平放置，测量前首先检查表头指针是否在零点，可调节表头下方的调零旋钮使指针指于零位，如图 1.2.24 所示（数显表无需调零）。将红色表笔插入红色插孔，黑色表笔插入黑色插孔。红色表笔对应表内电源负极，黑色表笔对应表内正极（数显表与之相反）。根据测量种类将转换开关拨到所需的挡位上，测量时若将测量种类和量限挡位放错，会使表头严重损坏。

图 1.2.24 指针式万用表调零

指针式万用表标度盘内有数条标尺。它们分别在测量不同电量时使用，根据测量种类在相应的标尺上读取数据，测量值应是标尺读数乘以转换开关挡位倍数。例如标有"DC"或"-"的标尺为测量直流各量用的；标有"AC"或"~"的标尺为测量交流各量用的；标有"Ω"的标尺是测量直流电阻用的。而对于数显表转换开关挡位则是测量值量程，测量时直接显示测量的数值和种类符号。

（1）直流电压的测量

将指针式万用表转换开关拨至直流电压挡上，估计被测电压的大小，选择适当的挡位倍数，两表笔应跨接在被测电压的两端，红色表笔插红色"+"孔，接至被测电压的正极；黑色表笔插黑色"-"孔，接至被测电压的负极。当指针反向偏转时，将两表笔交换后接至电路，再读

取读数。被测电压的正负由电压的参考极性和实际极性是否一致来决定。

（2）直流电流的测量

将指针式万用表转换开关拨至直流电流挡，估计被测电流的大小，选择适当的量限，两表笔与被测支路串联，应使电流从红色正表笔流入，从黑色负表笔流出。当指针反向偏转时，应将两表笔交换位置，再读取读数，被测电流的正负由电流的参考方向与实际方向是否一致来决定。

（3）交流电压的测量

将指针式万用表转换开关拨至交流电压挡，将两表笔跨接在被测电压的两端（不必区分正负端），交流电压挡的标尺刻度为正弦交流电压的有效值。

（4）直流电阻的测量

将指针式万用表转换开关拨至电阻挡，估计被测电阻的大小，选择电阻挡的量限，被测电阻的值应尽量接近这一挡的中心电阻值，读数时最为清晰。

测量电阻前，应先将两表笔短接，转动零欧姆调节旋钮，使指针停在标尺的"0"欧姆位置上。若不能调节到"0"欧姆点，说明内部电池的电阻已增大，需要更换电池。每变换一次电阻挡，都要重新调节指针的零欧姆点。对于数显表无需调零，电池电量不足，会直接显示电池符号来表示。

万用表的电阻挡绝不允许测量带电的电阻，因为测量带电的电阻就相当于被测电阻的端电压接入仪表，无疑会使万用表遭到破坏。电路中若有电容存在，则应先将电容放电后再测电路中的电阻。测量电阻时，两手不应同时接触电阻的两端，避免人体电阻对测量的影响。

万用表使用完毕，应将转换开关置于交流电压最高挡。万用表若长时间不使用，需要将电池取出。

2）由老师提出不同测量值以及万用表应用知识问题，各项目小组选派代表抢答并演示测量操作过程。对抢答成功小组，由老师在工作评价时，在《知识学习考评表》"积极性、创新性"项记录成绩。

3）各小组自备三个不同测量值和万用表使用时的两个问题，对其他小组进行考评，考评方法见《工作过程考核评价表》相应项，并记入考评成绩。

具体实施办法：第 n 组对第 $n+1$ 组评价，若 $n+1>N$（N 是项目工作小组总组数），则对第 $n+1-N$ 组进行考评。

2. 识读、测量电阻值

1）各项目小组对工作准备时任意领取的 10 种不同规格，每种三个的电阻器进行分类，并根据色环法识读每类的阻值，记入表 1.2.8 中。

2）用万用表测量每类的电阻值，并记入表 1.2.8 中。

3）各项目小组对识读、测量的阻值分析对比正确率并进行误差分析，把误差认识，填入表 1.2.8 中。

4）各小组互评，互评实施办法同 1。各小组考评时，可任选两类阻值，由被考评小组代表演示万用表测量过程。

表 1.2.8 阻值识读、测量、分析记录表

种类序号 阻值及分析	1	2	3	4	5	6	7	8	9	10
识读值										
测量值										
准确率										
误差认识：										

3. 电路设计调试

根据学习的知识,设计手电筒单颗 LED 发光电路并调试电路,绘制电路模型图和调试电路电气原理图,并正确选用元器件。

1) 参照图 1.2.23,设计手电筒单颗 LED 发光电路,绘制电路模型图。

2) 为了调试时,测试元器件工作特性的方便,在设计的电路中串接一个调试电位器 RP 和一只直流毫安表,直流电压的测量采用万用表,测量电压时接入电路,实物接线图参照图 1.2.25。正确绘制调试电路电气原理图。

3) 各项目小组在预先准备的元器件中选用电路的组成器件,讨论分析元器件选用的理由,写出书面设计选用过程。

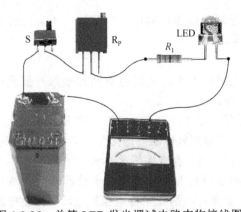

图 1.2.25 单管 LED 发光调试电路实物接线图

4. 手电筒单颗 LED 发光电路连接和调试

1) 线路连接

按照设计的调试电路电气原理图连接线路,此时面包板上合理布置元器件并连接好。接线时要要注意以下几点:①连接之前,蓄电池应在老师指导下预先焊接好电源引出线,并预先充满电,否则测试时会影响测试的准确性;②连接时注意元器件极性,不要接错;③导线和元器件引脚与面包板要接插牢靠;④面包板预留直流毫安表接入测试口,直流毫安表放在面包板外,用导线与面包板电流表接入测试口连接,连接要牢靠。其操作使用方法,同万用表直流毫安挡;⑤在面包板上连接的导线要注意横平竖直,紧贴面包板,元器件连接要注重工艺美观性。

2) 调试

(1) 观察和测量

开关 S 断开,用小一字螺钉旋具转动电位器 RP 旋钮,使电位器接入电路的阻值为零,可用万用表校准。观察毫安表读数并记入表 1.2.9 中,用万用表分别测量蓄电池端部电压 U、电位器两端电压 U_{RP}、LED 调节电阻 R_1 两端电压 U_{R1}、LED 灯两端正向电压 U_D,把测量值分别记入表 1.2.9 中。

开关 S 合上,观察 LED 发光亮度和毫安表指针偏转,把毫安表读数记入表 1.2.9 中,用万用表直流电压挡,合理选择量程,分别测量 U、U_{RP}、U_{R1}、U_D,并把测量值记入表 1.2.9 中。

逐渐增加电位器阻值,选取 8 个测点,重复上述过程,把观察到的情况和测量值记入表 1.2.9 中。

表 1.2.9 观察和测试记录表

开关状态 测量和观察	S 断开	S 合上							
I/mA									
U/V									
U_{RP}/V									
U_{R1}/V									
U_D/V									
LED 明暗强度									

观察和测量时要注意以下几点:①每次测量过程要迅速准确;②选点要在 LED 灯从亮到暗的过程中均匀分布;③整个调试测量过程要快,以免测试时间过长,蓄电池耗电多,影响测试数据的准确性;④调试结束,开关断开后,在老师指导下,通过专门充电电路对蓄电池充电,为后面的工作任务做好准备,并对仪表简单维护,整理好工位。

（2）数据处理

在预先准备的方格纸上，合理选择坐标间隔，根据测试的电压和电流数值，在方格纸坐标系上找到各点，用平滑曲线连接各点，分别绘制电源的外特性曲线、R_1（时不变电阻）的伏安特性曲线、发光二极管 LED（时变电阻）的正向伏安特性曲线。

根据各特性曲线分析判断设计电路各器件工作是否正常合理，并与理论情况作比较。根据 R_1（时不变电阻）的伏安特性曲线验证欧姆定律。讨论分析误差的原因，积极思考改进措施，完成书面分析报告。

三、工作评价

（一）知识答卷

参见《电工基础技术项目工作手册》项目一中工作任务二的知识水平测试卷。

（二）知识学习考评成绩

表 1.2.10　知识学习考评表

序号	评价内容	评价要求	评价标准	配分	得分
1	学习表现	认真完成任务，遵章守纪	按照拟定的平时表现考核表相关标准	15	
2	学习准备	认真按照规定内容，作好学习准备工作	学习准备事项不全，一项扣5分	10	
3	积极性、创新性	积极认真按照要求完成学习内容，并进行创新性学习	积极性、创新性有一项缺乏扣5分	10	
4	知识水平测试卷	按时、认真、正确完成答卷	（1）填空题未做或做错，每空扣1分； （2）选择题未做或做错，每题扣1分； （3）判断题未做或做错，每题扣1分； （4）计算题未作或做错，每题扣5分，解答不全，每题扣3分	50	
5	课后作业	认真并按时完成课后作业	（1）作业缺题未做，一题扣3分； （2）作业错误，一题扣2分，累计最多不超过10分； （3）作业解答不全或部分错误，一题扣1分，累计最多不超过10分； （4）作业未做，本项成绩为0分	15	
6	合计				
7	备注				

（三）任务实施过程评价

表 1.2.11　工作过程考核评价表

序号	主要内容	考核要求	考核标准	配分	扣分	得分
1	工作准备	认真完成任务实施前的准备工作	（1）劳防用品穿戴不合规范，仪容仪表不整洁扣5分； （2）仪器仪表未调节、放置不当，每处扣2分； （3）电工实验实训装置未仔细检查就通电，扣5分； （4）材料、工具、元器件没检查或未充分准备，每件扣2分； （5）没有认真学习安全操作规程，扣2分； （6）没有进行触电抢救技能训练，扣2分； （7）没有准备好《电工基础技术项目工作手册》、记录本、方格纸和铅笔、圆珠笔、三角板、直尺、橡皮等文具，有一处扣2分	10		

续表

序号	主要内容	考核要求	考核标准	配分	扣分	得分
2	识用万用表	能正确回答万用表使用的知识问题；能根据测量值合理选择挡位量程，操作过程演示正确	（1）问题回答不正确或未回答，每题扣 5 分；回答有误，每题扣 2 分； （2）不能根据测量值合理选择万用表的挡位量程，每个测量值扣 3 分； （3）不能正确演示操作过程，每个测量值扣 3 分；演示有误，每个测量值扣 2 分	10		
3	识读、测量电阻值	能正确识读和测量电阻器阻值；能正确进行正确率分析比较和误差分析；数据记录表填写规范完整	（1）不能正确区分电阻种类，每错 1 个扣 1 分； （2）不能正确根据色环法识读各类电阻阻值，每错 1 种扣 1.5 分； （3）不能运用万用表正确、规范测量各电阻值，每个扣 2 分； （4）正确率分析比较有误，每次扣 2 分； （5）未进行误差分析，扣 10 分；误差分析不合理，每次扣 5 分； （6）数据记录表填写不规范，每处扣 2 分；填写不完整，每处扣 5 分	15		
4	电路设计	正确设计单管 LED 发光电路，规范绘制电路模型图和调试电路电气原理图	（1）单颗 LED 发光电路，设计不正确、电路模型图不正确或绘制不规范，每处扣 5 分； （2）单颗 LED 发光调试电路，设计不正确、电气原理图不正确或绘制不规范，每处扣 5 分； （3）电路无书面设计报告，扣 10 分； （4）电路器件选择不合理，每处扣 5 分； （5）元器件选用书面分析过程不合理、不科学，每处扣 5 分	20		
5	电路的制作和调试	元器件和仪表布置合理、安装牢靠；接线正确、美观、牢靠；调试过程规范、安全，测试、观察、分析合理，能正确记录	（1）元器件和仪表布置不合理，每处扣 5 分； （2）元器件和仪表安装不牢固，每处扣 5 分； （3）元器件和仪表接线不正确，每处扣 5 分； （4）元器件和仪表接线不牢靠，每处扣 5 分； （5）调试操作过程中，测试操作不规范，每处扣 5 分； （6）调试过程中，没有按要求正确记录观察现象和测试的数据，每处扣 5 分； （7）调试过程中，没有按要求记录完整，每处扣 5 分； （8）调试过程中，不能正确分析观察的现象和测试的数据，每处扣 10 分； （9）安装调试过程中，未按照注意事项的要求操作，每项扣 10 分	25		
6	仪器仪表、工具的简单维护	安装完毕，能正确对仪器仪表、工具进行简单的维护保养	未对仪器仪表、工具进行简单的维护保养，每个扣 5 分	10		
7	服从管理	严格遵守工作场所管理制度，认真实行 5S 管理	（1）违反工作场所管理制度，每次视情节酌情扣 5~10 分； （2）工作结束，未执行 5S 管理，不能做到人走场清，每次视情节酌情扣 5~10 分	10		
8	安全生产	测量过程中，违反安全生产规程，视情节酌情扣 10~20 分，违反安全规程出现人身、设备、仪器仪表等严重事故者，本次考核以 0 分计				
备注			成绩			
考核人（签名）					年 月 日	

任务三　两组 LED 灯工作电路的设计、制作与调试

一、任务准备

（一）教师准备

（1）教师准备好电阻串、并联、混联电路性质和应用以及两组 LED 灯工作电路设计的演示

课件。

（2）任务实施场地检查、任务实施材料、工具、仪器仪表等准备、技术和技术资料准备、组织管理措施、任务实施场所安全技术措施和管理制度等参考任务一。

（3）任务实施计划和步骤：①任务准备、学习有关知识；②单组 LED 发光串联电路性质和电源内阻分析，验证设计电路是否满足全电路欧姆定律；③两组 LED 灯工作电路设计；④两组 LED 灯工作电路线路制作；⑤两组 LED 灯工作电路电路调试、分析；⑥工作评价。

（二）学生准备

（1）衣着、仪容仪表整洁，穿戴好劳保用品；无条件的学校，由学生自行穿好长袖衣、长裤和皮鞋等。

（2）掌握好安全用电规程和触电抢救技能。

（3）检查好材料、工具、仪器仪表。在实验员指导下，每个项目小组检查好材料、工具、仪器仪表等物资是否正常和合乎使用标准，对不符合使用标准的应予以更换。

（4）学生准备好《电工基础技术项目工作手册》、方格纸以及铅笔、圆珠笔、三角板、直尺、橡皮等文具。

（三）实践应用知识的学习

知识学习内容 1　全电路欧姆定律

在任务二的实践应用知识学习中，提到线性电阻两端电压 u 和通过电阻的电流 i 成正比，满足表达式 $u = Ri$，也就是满足了欧姆定律。实际上，不仅线性电阻满足欧姆定律，非线性电阻也满足欧姆定律，只是要注意的是前者电阻是固定的，在电路工作的全过程都满足欧姆定律关系，而后者电阻阻值是可变的，故只能是在某个瞬时时刻满足欧姆定律，当时刻发生改变时，非线性电阻会在新时刻点重新满足欧姆定律。由于电路中电阻元件往往形成电路的一个支路，所以我们把电阻元件满足的欧姆定律，称之为部分电路的欧姆定律。

实际电路往往是由电源和负载组成的闭合电路，我们把它叫做全电路，如图 1.2.23 图所示单管 LED 发光电路。当单管 LED 发光电路正常发光工作时，图 1.2.23（a）图所示的电路模型可简化为，如图 1.3.1（a）所示的电路模型。图 1.3.1（b）所示是串接调试电位器 RP 时的电路模型。

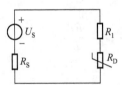
（a）单管 LED 发光电路发光时电路模型

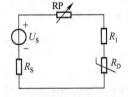
（b）单管 LED 发光电路调试时电路模型

图 1.3.1　单管 LED 发光电路工作时的电路模型

在图 1.3.1（a）、（b）所示电路（电路模型简称为电路，后同）中，U_S 为电源电动势 E，R_S 为电源内阻。当电路开关 S 闭合时，电路中有电流 I 流过，由电路理论可知，此时电流用公式表示为

$$I = \frac{E}{R + R_S} \tag{1-3-1}$$

式中，R 是除电源以外的外电路等效电阻，在（a）图中 $R = R_1 + R_D$，在（b）图中 $R = R_P + R_1 + R_D$，R_P 为电位器阻值。

式（1-3-1）用语言表述为：闭合电路中的电流跟电源电动势成正比，与电路的总电阻（电源内电阻与外电路等效电阻之和）成反比。这就是全电路欧姆定律。

由式（1-3-1）可知，在单管 LED 发光电路中 R 因 R_D 的原因实际是非线性可变的，电路工作时 I 虽然随 R 不同而改变，但式（1-3-1）的关系却是在任何时刻都始终满足的，即满足全电路欧姆定律。

知识学习内容 2　电阻的串、并联和混联电路

1. 电阻串联电路

1）电阻串联

把两个或两个以上的电阻一个个的首尾相接，中间没有分支，这样的连接方式叫做电阻的串联。其特点是电流只有一条通路，故流过每一个电阻的是同一个电流。如图 1.3.2（a）所示（图中只画了三个电阻串联），其等效电路如图（b）所示，R 是总等效电阻。

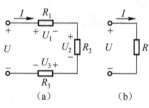

图 1.3.2　电阻串联电路

2）串联电路的特点和性质

（1）由 n 个电阻串联的电路中，流过每个电阻的电流都相等，即

$$I_1 = I_2 = \cdots = I_n = I$$

（2）电压特点和性质：

① 电路两端的总电压等于各电阻两端电压之和，即

$$U = U_1 + U_2 + U_3 + \cdots + U_n$$

② 电阻串联电路具有分压作用，电阻越大，分得电压就越高。

各电阻分得电压为

$$U_1 = \frac{R_1}{R}U, \quad U_2 = \frac{R_2}{R}U, \cdots, U_n = \frac{R_n}{R}U$$

在只有两个电阻串联时为

$$U_1 = \frac{R_1}{R_1 + R_2}U, \quad U_2 = \frac{R_2}{R_1 + R_2}U$$

（3）串联电路等效电阻（即总电阻）等于各串联电阻之和，即

$$R = R_1 + R_2 + \cdots + R_n$$

（4）串联电路的总功率等于各电阻功率之和，即

$$P = P_1 + P_2 + \cdots + P_n$$

各电阻消耗功率与总功率关系为

$$P_1 = \frac{R_1}{R}P, \quad P_2 = \frac{R_2}{R}P, \cdots, P_n = \frac{R_n}{R}P$$

3）串联电阻的应用

电阻串联的应用很广泛，在实际工作中常见的应用有：

① 用几种电阻串联起来获得阻值较大的电阻。
② 采用几个电阻构成分压器，使同一电源能供给几种不同的电压。
③ 当负载的额定电压低于电源电压时，可用串联的办法来满足负载接入电源的需要。
④ 利用串联电阻的方法来限制和调节电路中电流的大小，如单管 LED 发光电路中串接 R_1。
⑤ 在电工测量中广泛应用串联电阻的方法来扩大电表测量电压的量程。

【例 1.3.1】　有一个表头，如图 1.3.3 所示，它的满刻度电流 I_g 是

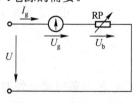

图 1.3.3　例 1.3.1 图

50μA（即允许通过的最大电流），内阻 r_g 是 3kΩ。若改装成量程（即测量范围）为10V的电压表，应串联多大的电阻？

解 当表头满刻度时，表头两端的电压 U_g 为
$$U_g = I_g r_g = 50 \times 10^{-6} \times 3 \times 10^3 = 0.15\text{V}$$

显然用它直接测量电压10V是不行的，需要串联分压电阻以扩大测量范围（量程）。

设量程扩大10V到所需要传入的电阻为电位器RP的阻值，即 R_P，则
$$R_P = \frac{U_b}{I_g} = \frac{U - U_g}{I_g} = \frac{10 - 0.15}{50 \times 10^{-6}} = 197\text{kΩ}$$

即应串联197kΩ的电阻，才能把表头改装成量程为10 V的电压表。

【**例 1.3.2**】 两个电阻 R_1、R_2 串联，总电阻 100Ω，总电压为 60 V，欲使 $U_2 = 12$ V，试求 R_1、R_2。

解 电流
$$I = \frac{U}{R} = \frac{60}{100} = 0.6 \text{ A}$$

$$R_2 = \frac{12}{0.6} = 20 \text{ Ω}, \qquad R_1 = 100 - 20 = 80 \text{ Ω}$$

2. 电阻并联电路

1）电阻并联

在电路中，两个或两个以上的电阻同接在电路中的两点之间，它们的端电压是同一电压，这样的连接方式叫做电阻的并联。其特点是加在各电阻上的电压是同一个电压。如图 1.3.4（a）所示（图中只画了三个电阻并联），其等效电路如图1.3.4（b）所示，R是总等效电阻。

2）并联电路的特点和性质

（1）由 n 个电阻并联的电路中各电阻两端电压都相等，即
$$U = U_1 = U_2 = \cdots = U_n$$

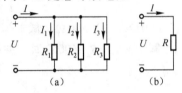

图 1.3.4 电阻并联电路

（2）电流特点和性质

① 电路的总电流等于流过每个电阻的电流之和，即
$$I = I_1 + I_2 + \cdots + I_n$$

② 电阻并联电路具有分流作用，电阻越大，分得电流就越小。

各电阻分得电流通式为
$$I_n = \frac{R}{R_n} I$$

式中，$R = R_1 // R_2 // \cdots // R_n$ （//是并联符号）。

只有两个电阻并联时，有
$$I_1 = \frac{R_2}{R_1 + R_2} I, \qquad I_2 = \frac{R_1}{R_1 + R_2} I$$

（3）并联电路等效电阻（即总电阻）等于各并联电阻倒数（即电导）之和，即
$$\frac{1}{R} = \frac{1}{R_1} + \frac{1}{R_2} + \cdots + \frac{1}{R_n}$$

式中，R 比任何 R_n 都小。

两个电阻并联，则有
$$R = \frac{R_1 R_2}{R_1 + R_2}$$

若 $R_1 = R_2$，则 $R = \dfrac{R_1}{2} = \dfrac{R_2}{2}$；若 $R_1 \ll R_2$，则 $R \approx R_1$。

（4）并联电路的总功率等于各电阻功率之和，即
$$P = P_1 + P_2 + \cdots + P_n$$

各电阻消耗功率与总功率关系通式为
$$P_n = \dfrac{R}{R_n} P$$

3）并联电阻的应用

电阻并联的应用也很广泛，在实际工作中常见的应用有：

① 凡是工作电压相同的负载几乎全是并联，如二组或三组 LED 手电筒电路，每组电路就是并联。

② 用并联电阻来获得某一较小电阻。

③ 在电工测量中广泛应用并联电阻具有分流作用的方法来扩大电表测量电流的量程。

【例 1.3.3】 有一个表头，如图 1.3.5 所示，它的满刻度电流 I_g 是 50μA（即允许通过的最大电流），内阻 r_g 是 3kΩ。若改装成量程（即测量范围）为 550μA 的电流表，应并联多大的电阻？

解 当表头满刻度时，表头分流电阻为电位器的阻值 R_p 时分得电流为
$$I_{RP} = I - I_g = 550 - 50 = 500\ \mu A$$

电阻 R_p 两端电压与表头两端的电压是相等的，即有
$$U_{RP} = U_g = I_g r_g = 50 \times 10^{-6} \times 3 \times 10^3 = 0.15\ V$$

所以
$$R_p = \dfrac{U_{RP}}{I_{RP}} = \dfrac{0.15}{500 \times 10^{-6}} = 300\ \Omega$$

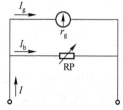

图 1.3.5 例 1.3.3 图

【例 1.3.4】 $R_1 = 500\ \Omega$ 和 R_2 并联，总电流 $I = 1$ A。设 R_2 分别为：（1）600 Ω；（2）500 Ω。试求等效电阻及每个电阻的电流。

解 （1）$R_2 = 600\ \Omega$ 时，并联的等效电阻为
$$R = \dfrac{R_1 R_2}{R_1 + R_2} = \dfrac{600 \times 500}{600 + 500} = 272.7\ \Omega$$

两个电阻的电流各为
$$I_1 = \dfrac{R_2}{R_1 + R_2} I = \dfrac{600}{600 + 500} \times 1 = 0.5455\ A$$
$$I_2 = \dfrac{R_1}{R_1 + R_2} I = \dfrac{500}{600 + 500} \times 1 = 0.4545\ A$$

（2）$R_1 = R_2 = 500\ \Omega$ 时，并联的等效电阻为
$$R = \dfrac{R_1}{2} = \dfrac{500}{2} = 250\ \Omega，且\ I_1 = I_2 = \dfrac{I}{2} = \dfrac{1}{2} = 0.5\ A$$

3. 电阻的混联电路

1）电阻混联

在电路中，既有电阻的串联又有电阻的并联，这种电阻的连接方式叫做电阻的混联。如图 1.3.6（a）所示（图中只画了三个电阻混联），其等效电路如图（b）所示，R 是总等效电阻。

2）混联电路的化简

在计算混联电路的等效电阻时，关键在于识别各电阻的串、并联关系并简化电路，可按如下方法进行：

① 几个元件是串联还是并联是根据串、并联的特

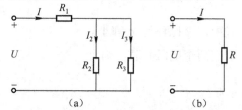

图 1.3.6 电阻混联电路

点来判断的。串联电路中所有元件流过同一电流；并联电路中所有元件承受同一电压。

② 将所有无阻导线连接点用同一节点表示。

③ 在不改变电路连接关系的前提下，可根据需要改画电路，以便更清楚地表示出各元件的串、并联关系。

④ 对于等电位之间的电阻支路，必然没有电流通过，所以可看作开路。

⑤ 采用逐步化简的方法，按照顺序简化电路，最后计算出等效电阻。

3）混联电路求解步骤

在电阻混联的电路，若已知总电压 U（或总电流 I）要求各电阻上的电压和电流，其求解步骤为：

① 首先分析清楚电阻的串、并联关系，求出它们的等效电阻；

② 运用欧姆定律求出总电流（或总电压）；

③ 运用电阻串联的分压公式和电阻并联的分流公式，求出各电阻上的电压和电流。

【例 1.3.5】 求图 1.3.7（a）所示电路 a、b 两端的等效电阻。

解 将图 1.3.7（a）改画成图 1.3.7（b），则

$$R_{ab} = \frac{(8/2+6)\times 10}{(8/2+6)+10} = 5\,\Omega$$

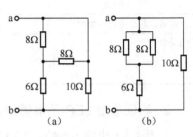

图 1.3.7 例 1.3.5 图

【例 1.3.6】 进行电工实验时，我们常用滑线变阻器接成分压器电路来调节负载电阻上电压的高低。如图 1.3.8 中 R_1 和 R_2 是滑线变阻器，R_L 是负载电阻。已知滑线变阻器额定值（R_1+R_2）是 $100\,\Omega$、$3\,A$，端钮 a、b 输入电压 $U_S=220\text{V}$，$R_L=50\,\Omega$。试问：（1）当 $R_2=50\,\Omega$ 时，输出电压是多少？（2）当 $R_2=75\,\Omega$ 时，输出电压是多少？滑线变阻器能否安全工作？

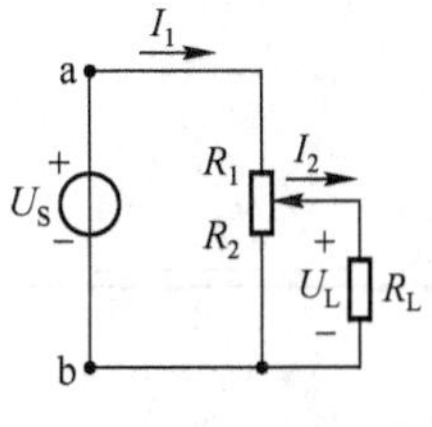

解 （1）当 $R_2=50\,\Omega$ 时

$$R_{ab} = R_1 + \frac{R_2 R_L}{R_2 + R_L} = 50 + \frac{50\times 50}{50+50} = 75\,\Omega$$

$$I_1 = \frac{U_S}{R_{ab}} = \frac{220}{75} \approx 2.93\,\text{A}$$

$$I_2 = \frac{R_2}{R_2 + R_L} \times I_1 = \frac{50}{50+50} \times 2.93 \approx 1.47\,\text{A}$$

$$U_L = R_L I_2 = 50 \times 1.47 = 73.50\,\text{V}$$

图 1.3.8 例 1.3.6 图

当 $R_2=75\,\Omega$ 时，计算方法同上，则

$$R_{ab} = 25 + \frac{75 \times 50}{75+50} = 55\,\Omega$$

$$I_1 = \frac{220}{55} = 4\,\text{A}, \quad I_2 = \frac{75}{75+50} \times 4 = 2.4\,\text{A}$$

$$U_L = 50 \times 2.4 = 120\,\text{V}$$

由于 $I_1=4\,\text{A}$，大于滑线变阻器额定电流 $3\,\text{A}$，R_1 段电阻有被烧坏的危险。

二、任务实施

1. 验证单组 LED 手电筒全电路欧姆定律

1）求解蓄电池内电阻 R_S

由式（1-2-14）$U = U_S - IR_S$ 可知，电源外特性曲线的斜率就是 R_S。根据任务二绘制的电源

外特性曲线，在电源外特性直线上截取一段 ΔU 和相应的 ΔI，便可计算 $R_S = \Delta U / \Delta I$。

2）验证全电路欧姆定律

把开关 S 合上时表 1.2.9 测试的数据重新填入表 1.3.1 中，分别计算 R（$R=U/I$）值填入表 1.3.1 中。再分别计算 $U_S/(R+R_S)$ 值填入表中，并与表中各 I 值比较，分析判断是否满足全电路欧姆定律，结论分析也填入表 1.3.1 中。表 1.3.1 中 U_S 是开关 S 断开时表 1.2.9 中电源端电压 U。

表 1.3.1 测算和分析记录表

$U_S =$ _____ $R_S =$ _____

开关状态 测算和分析	S 合上						
I/mA							
U/V							
R							
$U_S/(R+R_S)$							
是否满足全电路欧姆定律							
结论分析：							

2. 验证单组 LED 手电筒串联电路的特点和性质

把表 1.3.1 中的 I(mA)、U(V)、R 等数值和表 1.2.9 中的 U_{RP}(V)、U_{R1}(V)、U_D(V) 等数值重新填入表 1.3.2 中。分别计算 $R_P=U_{RP}/I$、$R_1=U_{R1}/I$、$R_D=U_{RD}/I$、$P=UI$、$P_{RP}=U_{RP}I$、$P_{R1}=U_{R1}I$、$P_{RD}=U_{RD}I$，并把数值填入表 1.3.2 中。根据表 1.3.2 中测算的数据分析验证单组 LED 手电筒串联电路的特点和性质。

表 1.3.2 测算和分析记录表

$U_S =$ _____ $R_S =$ _____

开关状态 测算和分析	S 合上						
I/mA							
U/V							
U_{RP}/V							
U_{R1}/V							
U_D/V							
R							
R_P							
R_1							
R_D							
P							
P_{RP}							
P_{R1}							
P_{RD}							
结论分析：							

3. 电路设计

设计两组 LED 手电筒发光并联电路及其调试电路，绘制电路模型图和调试电路电气原理图，并正确选用元器件。

1) 设计两组 LED 手电筒发光并联电路，绘制电路模型图。

2) 为了调试时，测试元器件工作特性的方便，在设计的电路中串接一个调试电位器 RP 和一只直流毫安表，直流电压的测量采用万用表，测量电压时接入电路，实物接线图参照图 1.3.9。正确绘制调试电路电气原理图。

3) 各项目小组在预先准备的元器件中选用电路的组成器件，讨论分析元器件选用的理由，写出书面设计选用过程。

4. 两组 LED 手电筒发光并联电路连接和调试

1) 线路连接

在任务二完成的单组 LED 发光电路调试电路基础上，在面包板上单组 LED 发光电路两端并接上另一组 LED 发光电路，线路接线要求同任务二。

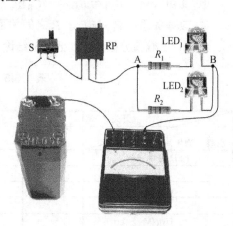

图 1.3.9 两组 LED 手电筒发光并联电路调试实物接线图

2) 调试

（1）观察和测量

开关 S 断开，用小一字螺钉旋具转动电位器 RP 旋钮，使电位器接入电路的阻值为零，可用万用表校准。观察毫安表读数记入表 1.3.3 中，用万用表分别测量蓄电池端部电压 U、电位器两端电压 U_{RP}、两组 LED 并联电路端部 A、B 两点之间电压 U_{AB}、第 I 组 LED 发光电路调节电阻 R_1 两端电压 U_{R1} 和 LED 灯两端正向电压 U_{D1}、第 II 组 LED 发光电路调节电阻 R_2 两端电压 U_{R2} 和 LED 灯两端正向电压 U_{D2} 把测量值分别记入表 1.3.3 中。

开关 S 合上，观察 LED 发光亮度和毫安表指针偏转，把毫安表读数记入表 1.3.3 中，用万用表直流电压挡，合理选择量程，分别测量 U、U_{RP}、U_{AB}、U_{R1}、U_{D1}、U_{R2}、U_{D2} 把测量值分别记入表 1.3.3 中。

逐渐增加电位器阻值，选取 8 个测点，重复上述过程，把观察到的情况和测量值记入表 1.3.3 中。

观察和测量时要注意以下几点：① 每次测量过程要迅速准确；② 选点要在 LED 灯从亮到暗的过程中均匀分布；③ 整个调试测量过程要快，以免测试时间过长，蓄电池耗电多，影响测试数据的准确性；④ 调试结束，开关断开后，在老师指导下，通过专门充电电路对蓄电池充电，为后面的工作任务作好准备，并对仪表简单维护，整理好工位。

（2）数据处理及两组 LED 手电筒并联电路特性分析

根据表 1.3.3 测量的数据，分别计算 $R(\Omega)$、$R_P(\Omega)$、$R_{AB}(\Omega)$、$P(\text{mW})$、$P_{RP}(\text{mW})$、$P_{AB}(\text{mW})$、$I_1(\text{mA})$、$P_1(\text{mW})$、$R_{AB1}(\Omega)$、$I_2(\text{mA})$、$P_2(\text{mW})$、$R_{AB2}(\Omega)$ 填入表中。各值计算式如下：

$$R = \frac{U}{I}, \quad R_P = \frac{U_{RP}}{I}, \quad R_{AB} = \frac{U_{AB}}{I}, \quad I_1 = \frac{U_{R1}}{R_1}, \quad R_{AB1} = \frac{U_{R1} + U_{D1}}{I_1}, \quad I_2 = \frac{U_{R2}}{R_2}, \quad R_{AB2} = \frac{U_{R2} + U_{D2}}{I_2}$$

$P_1 = (U_{R1} + U_{D1})I_1$，$P_2 = (U_{R2} + U_{D2})I_2$，$P = UI$，$P_{RP} = U_{RP}I$，$P_{AB} = U_{AB}I$

依据表 1.3.3 各测量和计算值分别分析以下各值关系。

① 电压关系：U_{AB} 与 $U_{R2} + U_{D2}$、$U_{R1} + U_{D1}$ 之间关系；U 与 U_{AB}、U_{RP} 之间关系。

② 电流关系：I 与 I_1、I_2 之间关系。

③ 电阻关系：R_{AB} 与 R_{AB1}、R_{AB2} 之间关系；R 与 RP、R_{AB} 之间关系。

④ 功率关系：P_{AB} 与 P_1、P_2 之间关系；P 与 P_{RP}、P_{AB} 之间关系。

根据以上数值分析情况，把分析结论也填入表 1.3.3 中。

表 1.3.3 观察、测量和计算记录表

$R_1 = $ _____ $R_2 = $ _____

观察、测量、计算 / 开关状态		S 断开	S 合上							
LED 明暗强度										
I/mA										
U/V										
U_{RP}/V										
U_{AB}/V										
P/mW										
P_{RP}/mW										
P_{AB}/mW										
R/Ω										
RP/Ω										
R_{AB}/Ω										
I	U_{R1}/V									
	U_{D1}/V									
	I_1/mA									
	P_1/mW									
	R_{AB1}/Ω									
II	U_{R2}/V									
	U_{D2}/V									
	I_2/mA									
	P_2/mW									
	R_{AB2}/Ω									
结论分析：										

三、工作评价

（一）知识答卷

参见《电工基础技术项目工作手册》项目一中工作任务三的知识水平测试卷。

（二）知识学习考评成绩

知识学习考评表同表 1.2.10，参见《电工基础技术项目工作手册》项目一中任务三的知识学习考评表。

（三）任务实施过程评价

工作过程考核评价表类同表 1.2.11，参见《电工基础技术项目工作手册》项目一中任务三的工作过程考核评价表。

任务四　三组 LED 手电筒照明电路的设计、制作与调试以及整体装配

一、任务准备

（一）教师准备

（1）教师准备好直流电路最大功率传输定理和应用、LED 手电筒三组照明电路设计以及手电筒整体装调的演示课件；

（2）任务实施场地检查、任务实施材料、工具、仪器仪表等准备、技术和技术资料准备、组织管理措施、任务实施场所安全技术措施和管理制度等参考任务一；

（3）任务实施计划和步骤：①任务准备、学习有关知识；②三组 LED 灯工作电路设计；③三组 LED 灯工作电路线路制作；④三组 LED 灯工作电路电路调试、分析（等效电阻以及电压、电流、功率传输关系等）；⑤手电筒整体安装和调试；⑥工作评价。

（二）学生准备

（1）衣着、仪容仪表整洁，穿戴好劳保用品；无条件的学校，由学生自行穿好长袖衣、长裤和皮鞋等。

（2）掌握好安全用电规程和触电抢救技能；

（3）检查好材料、工具、仪器仪表。

在实验员指导下，每个项目小组检查好材料、工具、仪器仪表等物资是否正常和合乎使用标准，对不符合使用标准的应予以更换。

（4）学生准备好《电工基础技术项目工作手册》、方格纸以及铅笔、圆珠笔、三角板、直尺、橡皮等文具。

（三）实践应用知识的学习

知识学习内容 1　最大功率传输定理

1. 负载获得最大功率的条件

任何电路都无例外地进行着由电源到负载的功率传输。由于电源有内阻，所以电源提供的总功率为内阻消耗的功率与负载上消耗的功率之和。如图 1.4.1 所示电路，若内阻上功率增大，则负载功率就减小。由于电源的内阻一般是固定的，因而负载获得的功率和负载电阻的大小有密切关系。

从前面学过的知识可以指导，负载获得的功率为

$$P_L = I^2 R_L = \left(\frac{E}{R_L + r}\right)^2 R_L = \frac{E^2 R_L}{R_L^2 + 2R_L r + r^2} = \frac{E^2 R_L}{R_L^2 - 2R_L r + 4R_L r + r^2}$$

$$= \frac{E^2}{(R_L - r)^2 / R_L + 4r}$$

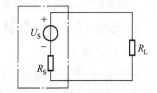

图 1.4.1　含源二端口网络接负载时等效电路图

显然，由于式中 E、r 都可以近似看成常量，则只有在分母为最小值，也就是在 $R_L - r = 0$，即 $R_L = r$ 时，P_L 才能达到最大值。其最大值为

$$P_{Lmax} = \frac{E^2}{4R_L} = \frac{E^2}{4r}$$

负载获得最大功率的条件就是：$R_L = r$。通过上述分析，我们可以知道：当电路中负载阻抗与电源内阻抗相匹配时，负载获得最大功率。直流电路中，就是 $R_L = r$ 时，负载获得最大功率，最大功率 $P_{Lmax} = \frac{E^2}{4R_L} = \frac{E^2}{4r}$。这就是最大功率传输定理。在后面通过正限量相量分析法学习后，我们就可以把最大功率传输定理推广到交流电路分析中。

2. 最大功率与输电效率

当负载获得最大功率时，由于 $R_L = r$，因而内阻上消耗的功率和负载消耗的功率相等，这时效率只有50%，显然是不高的。在无线电电子通信技术中，由于信号一般很弱，通信电路主要考虑使负载获得最大功率信号，效率高低属于次要问题，因而电路总是尽可能工作在 $R_L = r$ 附近。这种工作状态一般也称为"匹配"状态。而在电力系统中，总是希望尽可能减小电源内部损耗以提高输电效率，必须使 $I^2 r \ll I^2 R_L$，即 $r \ll R_L$。

【例1.4.1】 在图1.4.2中，$R_1 = 4\Omega$，电源电动势 $E = 36\text{V}$，内阻 $r = 0.5\Omega$，R_2 为变阻器。要使变阻器获得的功率最大，R_2 的值应为多大？这时 R_2 获得的功率是多大？

解 可以把 R_1 看成是电源内阻的一部分，这样内阻就是 $R_1 + r$。利用负载获得最大功率的条件，可以求出：$R_2 = R_1 + r = 4 + 0.5 = 4.5\Omega$。

此时 R_2 获得的最大功率为

$$P_{Lmax} = \frac{E^2}{4R_2} = \frac{36^2}{4 \times 4.5} = 72\text{W}$$

图1.4.2 例1.4.1图

二、任务实施

1．电路设计

设计三组 LED 手电筒发光并联电路及其调试电路，绘制电路模型图和调试电路电气原理图，并正确选用元器件。

1）设计三组 LED 手电筒发光并联电路，绘制电路模型图。

2）为了调试时，测试元器件工作特性的方便，在设计的电路中串接一个调试电位器 RP 和一只直流毫安表，直流电压的测量采用万用表，测量电压时接入电路，实物接线图参照图1.4.3。正确绘制调试电路电气原理图。

3）各项目小组在预先准备的元器件中选用电路的组成器件，讨论分析元器件选用的理由，写出书面设计选用过程。

2．三组 LED 手电筒发光并联电路连接和调试

1）线路连接

在任务三调试完成的两组 LED 发光并联电路基础上，把面包板上两组 LED 发光并联电路 A、B 两端并接上第三组单管 LED 发光电路，线路接线要求同任务二和任务三。

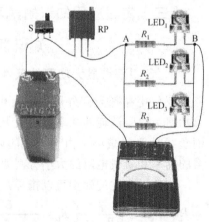

图1.4.3 三组 LED 手电筒发光并联电路调试实物接线图

2）调试

（1）观察和测量

开关 S 断开，用小一字螺钉旋具转动电位器 RP 旋钮，使电位器接入电路的阻值为零，可用万用表校准。观察毫安表读数并记入表 1.4.1 中，用万用表分别测量蓄电池端部电压 U、电位器两端电压 U_{RP}、三组 LED 并联电路端部 A、B 两点之间电压 U_{AB}、第 I 组 LED 发光电路调节电阻 R_1 两端电压 U_{R1} 和 LED_1 灯两端正向电压 U_{D1}、第 II 组 LED 发光电路调节电阻 R_2 两端电压 U_{R2} 和 LED_2 灯两端正向电压 U_{D2}、第 III 组 LED 发光电路调节电阻 R_3 两端电压 U_{R3} 和 LED_3 灯两端正向电压 U_{D3}，把测量值分别记入表 1.4.1 中。

开关 S 合上，观察 LED 发光亮度和毫安表指针偏转，把毫安表读数记入表 1.4.1 中，用万用表直流电压挡，合理选择量程，分别测量 U、U_{RP}、U_{AB}、U_{R1}、U_{D1}、U_{R2}、U_{D2}、U_{R3}、U_{D3} 把测量值分别记入表 1.4.1 中。

逐渐增加电位器阻值，选取 8 个测点，重复上述过程，把观察到的情况和测量值记入表 1.4.1 中。

观察和测量时要注意以下几点：① 每次测量过程要迅速准确；② 选点要在 LED 灯从亮到暗的过程中均匀分布；③ 整个调试测量过程要快，以免测试时间过长，蓄电池耗电多，影响测试数据的准确性；④ 调试结束，开关断开后，在老师指导下，通过专门充电电路对蓄电池充电，并对仪表简单维护，整理好工具。

（2）三组 LED 手电筒并联电路及混联调试电路特性分析

根据表 1.4.1 测量的数据，分别计算 $R(\Omega)$、$R_P(\Omega)$、$R_{AB}(\Omega)$、$P(mW)$、$P_{RP}(mW)$、$P_{AB}(mW)$、$I_1(mA)$、$P_1(mW)$、$R_{AB1}(\Omega)$、$I_2(mA)$、$P_2(mW)$、$R_{AB2}(\Omega)$、$I_3(mA)$、$P_3(mW)$、$R_{AB3}(\Omega)$ 填入表中。各值计算式如下：

$$R = \frac{U}{I}, \quad R_P = \frac{U_{RP}}{I}, \quad R_{AB} = \frac{U_{AB}}{I}, \quad I_1 = \frac{U_{R1}}{R_1}, \quad R_{AB1} = \frac{U_{R1} + U_{D1}}{I_1}$$

$$I_2 = \frac{U_{R2}}{R_2}, \quad R_{AB2} = \frac{U_{R2} + U_{D2}}{I_2}, \quad I_3 = \frac{U_{R3}}{R_3}, \quad R_{AB3} = \frac{U_{R3} + U_{D3}}{I_3}$$

$$P = UI, \quad P_{RP} = U_{RP}I, \quad P_{AB} = U_{AB}I$$

$$P_1 = (U_{R1} + U_{D1})I_1, \quad P_2 = (U_{R2} + U_{D2})I_2, \quad P_3 = (U_{R3} + U_{D3})I_3$$

依据表 1.4.1 各测量和计算值，在合理误差范围内，分别分析以下各值关系。

① 电压关系：U_{AB} 与 $U_{R1} + U_{D1}$、$U_{R2} + U_{D2}$、$U_{R3} + U_{D3}$ 之间关系；U 与 U_{AB}、U_{RP} 之间关系。

② 电流关系：I 与 I_1、I_2 和 I_3 之间关系。

③ 电阻关系：R_{AB} 与 R_{AB1}、R_{AB2} 和 R_{AB3} 之间关系；R 与 RP、R_{AB} 之间关系。

④ 功率关系：P_{AB} 与 P_1、P_2、P_3 之间关系；P 与 P_{RP}、P_{AB} 之间关系。

根据以上数值分析情况，把分析结论也填入表 1.4.1 中。

表 1.4.1 观察、测量和计算记录表

$R_1 = _____$ $R_2 = _____$ $R_3 = _____$

开关状态 观察、测量、计算	S 断开	S 合上							
LED 明暗强度									
I/mA									
U/V									
U_{RP}/V									
U_{AB}/V									

续表

观察、测量、计算 \ 开关状态		S 断开	S 合上							
	P/mW									
	P_{RP}/mW									
	P_{AB}/mW									
	R/Ω									
	R_P/Ω									
	R_{AB}/Ω									
I	U_{R1}/V									
	U_{D1}/V									
	I_1/mA									
	P_1/mW									
	R_{AB1}/Ω									
II	U_{R2}/V									
	U_{D2}/V									
	I_2/mA									
	P_2/mW									
	R_{AB2}/Ω									
III	U_{R3}/V									
	U_{D3}/V									
	I_3/mA									
	P_3/mW									
	R_{AB3}/Ω									
结论分析:										

3. 求证三组 LED 手电筒并联电路功率传输效率 η

在表 1.4.1 中，开关 S 断开时，测量出的电源端电压 U 即为电源电动势 E，开关 S 合上时，测量出第一组数值（此时 $R_P=0$）即为手电筒电路正常工作时的物理量参数，故三组 LED 手电筒并联电路功率传输效率 $\eta = \dfrac{UI}{EI} = \dfrac{U}{E} \times \%$。

4. 验证电路最大功率传输定理

参照表 1.4.2，把表 1.4.1 中有关数值和观察现象重新抄录在表 1.4.2 中。若把电位器 RP 看作电源内阻，则开关 S 合上时，电源的等效内阻 $R_{bS} = R_P + R_S$，把计算的各等效内阻数值填入表 1.4.2 中。

根据表 1.4.2 中数据，在方格纸上分别绘制 $P_{AB} \sim R_{AB}$ 曲线和 $P_{AB} \sim R_{bS}$ 曲线，根据曲线分析论证最大传输功率条件。

若把三组 LED 照明并联电路用一个 100Ω 阻值的固定电阻代替，改变电位器阻值，使得阻值在 100Ω 前后各取 4~5 个值按照上述过程测量 I、U_{RP}、U，把测量值记录在表 1.4.3 中，并按照相同方法计算相关数据，$P_{AB} = I^2 R_{AB}$，在方格纸上绘制 $P_{AB} \sim R_{bS}$ 曲线，根据曲线分析论证最大传输功率定理。

表 1.4.2 观察、测量和计算记录表

$R_S =$ _____

开关状态 观察、测量、计算	S 断开	S 合上								
LED 明暗强度										
I/mA										
U/V										
U_{RP}/V										
U_{AB}/V										
P_{AB}/mW										
RP/Ω										
R_{bS}/Ω										
R_{AB}/Ω										
结论分析:										

表 1.4.3 测量和计算记录表

$R_S =$ _____

开关状态 测量、计算	S 断开	S 合上								
R_{AB}/Ω	100	100	100	100	100	100	100	100	100	100
I/mA										
U/V										
U_{RP}/V										
RP/Ω										
R_{bS}/Ω										
P_{AB}/mW										
结论分析:										

5. 手电筒整体装配

三组单管 LED 手电筒照明并联电路已经设计、安装和调试完成，电路元件印制板的制作可在项目五完成后，参照项目五电路印制板的制作方法进行。本项目可在以上各项任务工作内容实施完成后，完成手电筒的装配制作，三组单管 LED 可充电照明手电筒配件和塑料成品外壳预先向供应商或厂家定制或购买。

手电筒装配过程，可按照以下各步骤进行。

步骤一：制作安装手电筒充电器和开关电路。充电器和开关电路原理图如图 1.0.3（a）所示，图中虚线框着部分就是，共引出三组引线分别接充电电源插头、蓄电池和三组 LED 照明灯电路。其工作原理可在项目五完成后，在掌握二极管整流电路工作原理基础上去分析。印制电路板如图 1.4.4 所示，可向供应商或厂家定制或购买。装配时实物图如图 1.0.3（b）所示。

步骤二：连接滑动接触式可伸缩电源插头和蓄电池。装配图如图 1.4.5 所示。连接蓄电池时注意正负极性不要接错。

 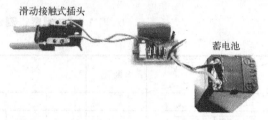

图 1.4.4　手电筒充电器和开关印制电路板图　　　图 1.4.5　手电筒充电插头和蓄电池装配图

步骤三：三组单管 LED 照明电路灯头装配。三组单管 LED 照明并联电路印制电路板如图 1.4.6（a）、（b）所示，可向供应商或厂家定制或购买，有条件学校可自制。图 1.4.6（c）是反光杯，聚焦反射灯光。图 1.4.6（d）所示是反光杯和 LED 灯装配。图 1.4.6（e）所示是灯头部分与手电筒其他电路的整体装配。

（a）印制电路板图（背面）　　（b）印制电路板图（正面）　　（c）反光杯

（d）反光杯和 LED 灯装配　　（d）灯头部分与手电筒其他电路的整体装配

图 1.4.6　手电筒 LED 照明电路灯头装配图

步骤四：嵌入外壳整体装配。手电筒外壳（筒身）可以定制或购买，如图 1.4.7（a）所示。图 1.4.7（b）所示是电路整体嵌装到外壳中，装配时注意引线接头不要压坏或松动。图 1.4.7（c）所示手电筒整体装配完成。

 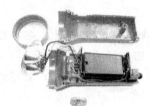 

（a）外壳（筒身）　　（b）电路整体嵌入外壳　　（c）手电筒装配完成

图 1.4.7　手电筒整体装配

三、工作评价

（一）知识答卷

参见《电工基础技术项目工作手册》项目一中工作任务四的知识水平测试卷。

(二)知识学习考评成绩

知识学习考评表同表 1.2.10,参见《电工基础技术项目工作手册》项目一中任务四的知识学习考评表。

(三)任务实施过程评价

工作过程考核评价表类同表 1.2.11,参见《电工基础技术项目工作手册》项目一中任务四的工作过程考核评价表。

任务五　成果验收以及验收报告和项目完成报告的制定

一、任务准备

任务实施前师生根据项目实施结果要求,拟定项目成果验收条款,作好成果验收准备。成果验收标准及验收评价方案如表 1.5.1 所示。

表 1.5.1　项目一成果验收标准及验收评价方案

序号	验收内容	验收标准	验收评价方案	配分方案
1	手电筒功能	三组 LED 可充电手电筒使用时,满足以下 4 个功能要求:(1)拨动开关未合上,三组单颗 LED 灯均不亮;(2)开关合上,三组 LED 灯均亮,测算蓄电池新充满电时,每组发光功率要不低于 0.06W,发光效率不低于 80%;(3)蓄电池新充满电时,合上开关,发光持续时间不低于 6~8h,测量 LED 发光工作电压在 1.5~3.5V 内可调;(4)插头可伸缩,插市电后,无论拨动开关开合,蓄电池都能安全、正常充电,开关合上时,手电筒也能正常发光	(1)针对验收标准第(1)项功能,若有灯亮,验收成绩扣 15 分。 (2)针对验收标准第(2)项功能,若有灯不亮,每组灯验收成绩扣 10 分,都不亮本项验收成绩为 0;灯全亮,每组发光功率达不到标准,验收成绩扣 15 分;发光效率达不到标准,验收成绩扣 15 分。 (3)针对验收标准第(3)项功能,持续时间达不到 6~8h,验收成绩扣 15 分;发光持续时间内,工作电压范围不宽,达不到标准,验收成绩扣 15 分。 (4)针对验收标准第(4)项功能,插头插电后出现冒烟、焦味、异声等故障现象,以及电路短路造成电路不能正常工作,本项验收成绩为 0 分;插电后,蓄电池不能正常充电,验收成绩扣 15 分;充电时,开关合上,灯不亮,验收成绩扣 15 分	50
2	装配工艺	(1)元器件安装牢固不松动,接触良好; (2)元器件布局合理; (3)接线正确、美观、牢固,连接导线横平竖直、不交叉、不重叠 (4)整体装配符合要求	(1)元器件布局不合理,与电路其它功能模块混杂,每个元器件扣 5 分。 (2)元器件安装松动,与面包板接触不良,每个元器件扣 5 分。 (3)导线接线错误,每处扣 10 分。 (4)导线连接松动,每根扣 5 分。 (5)导线不能横平竖直,且交叉、重叠。私拉乱接情况严重者,本项成绩为 0 分,情况较少者,每处扣 3 分。 (6)整体装配不符合规范,有影响电路应用性能和产品美观性等,每处扣 5 分	25
3	技术资料	(1)电路各部分设计的电气原理图、电路模型图制作规范、美观、整洁,无技术性错误; (2)元器件选用分析的书面报告齐全、整洁; (3)电路调试过程观察、测量和计算的记录表以及结论分析记录均完整、整洁	(1)电路各部分设计的电气原理图、电路模型图制作不规范,绘制符号与国标不符,每份扣 5 分;有技术性错误,每份扣 10 分;电气原理图、电路模型图制作不美观、不整洁,每份扣 5 分;图纸每缺一份扣 10 分。 (2)元器件选用分析的书面报告不齐全,每缺一份扣 10 分,不整洁每份扣 5 分。 (3)记录表以及结论分析记录的填写不完整、不整洁,每份扣 5 分,每缺一份扣 10 分	25

二、任务实施

1. 成果验收

项目工作小组之间按照标准互相进行成果验收评价,并制定验收报告。第 n 组对第 $n+1$ 组评价,若 $n+1>N$(N 是项目工作小组总组数),则对第 $n+1-N$ 组进行成果验收评价。

2. 成果验收报告制定

表 1.5.2　项目一　验收报告书

项目执行部门		项目执行组	
项目安排日期		项目实际完成日期	
项目完成率		复命状态	主动复命 □
未完成的工作内容		未完成的原因	
项目验收情况综述			
验收评分		验收结果	达标□　基本达标□　不达标□　很差□
验收人签名		验收日期	

3. 项目完成报告制定

表 1.5.3　项目完成报告书

项目执行部门			项目执行组	
项目执行人			报告书编写时间	
项目安排日期			项目实际完成日期	
项目实施任务1:项目实施文件制定及工作准备	内容概述			
	完成结果			
	分析结论			
项目实施任务2:单组 LED 灯工作电路的设计、制作与调试	内容概述			
	完成结果			
	分析结论			
项目实施任务3:两组 LED 灯工作电路的设计、制作与调试	内容概述			
	完成结果			
	分析结论			
项目实施任务4:三组 LED 手电筒照明电路的设计、制作与调试以及整体装配	内容概述			
	完成结果			
	分析结论			
项目实施任务5:成果验收以及验收报告和项目完成报告的制定	内容概述			
	完成结果			
	分析结论			
项目工作小结:(本项目已经完成,对于项目的实施需要哪些知识及技能以及对项目的实施有什么看法、建议或体会,请编写出项目工作小结,若字数多可另附纸)				

三、工作评价

表 1.5.4　任务完成过程考评表

序号	评价内容	评价要求	评价标准	配分	得分
1	工作态度	认真完成任务，严格执行验收标准、遵章守纪、表现积极	按照拟定的平时表现考核表相关标准执行	10	
2	成果验收	认真按照验收标准完成成果验收	（1）成果验收未按标准进行，每处扣10分； （2）成果验收过程不认真，每处扣10分	20	
3	成果验收报告书制定	认真按照要求规范、完整地填写好成果验收报告书	（1）报告书填写不认真，每处扣10分； （2）报告书各条目未按要求规范填写，每处扣10分； （3）报告书各条目内容填写不完整，每处扣10分	20	
4	项目完成报告书制定	认真按照要求规范、完整地填写好项目完成报告书	（1）报告书填写不认真，每处扣10分； （2）报告书各条目未按要求规范填写，每处扣10分； （3）报告书各条目内容填写不完整，每处扣10分； （4）无项目工作小结，扣30分； （5）项目工作小结撰写的其它情况，参考（1）～（3）评分	50	
4	合计				
5	备注：				

知识拓展

知识拓展 1　伏安法测电阻两种测量接法

各种导线、线圈、绝缘材料、开关接触处等都有电阻。电阻在数值上可分为低值、中值、高值三个范围。低值为 1Ω 以下，中值为 1Ω～1MΩ 之间，1MΩ 以上为高值。不同的电阻值，不同的精度要求，所选择的测量仪器、测量方法不同。导线电阻、线圈电阻、开关接触电阻等低值电阻常用双臂电桥测量。高值电阻中的绝缘电阻一般用兆欧表测量。中值电阻我们可以采用万用表直接测量，测量精度要求高时，可采用单臂电桥测量。电阻器在工作状态时，工程上常采用伏安法测电阻。

伏安法测电阻的理论依据是欧姆定律，如果 U 为电阻两端电压，I 为流过电阻的电流，在关联参考方向下有 $R_x = U/I$。测量电路见图 1.6.1，其中图（a）为电压表接前方式，它适用于被测电阻 R_x 较大，即 $R_x \gg R_A$（R_A 为电流表内阻）的情况，此时根据串联电路的特性知道，电流表内阻电压要比 R_x 两端电压小很多，可以忽略不计，电压表测量电压即为 R_x 两端电压。本项目由于单管 LED 发光电路阻值在 100～200Ω，要比毫安表内阻大得多，故采用了（a）接法。图（b）为电压表接后方式，它适用于被测电阻 R_x 较小，即 $R_x \ll R_V$（R_V 为电压表内阻）的情况，此时 R_x 与 R_A 在大小上

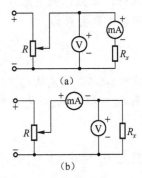

图 1.6.1　伏安法测电阻两种接法

有一定的可比性。伏安法测电阻的特点是测量结果能反映电阻器在工作状态的电阻值，但有一定测量误差。

思考：伏安法测电阻有什么特点？电压表接前或接后分别在什么条件下采用？

知识拓展 2 电阻的星形与三角形连接及等效变换

在分析电路时，将串联、并联、混联电阻化简为等效电阻的方法，解决了许多电阻、电路问题。但是在一些电路中，常常会遇到三个电阻的一端连在同一点，另一端分别接到三个不同端子上，如图 1.6.2（a）所示，这种连接方式称为电阻的星形（Y）连接。如果将三个电阻分别接到三个端子的每两个之间，如图 1.6.2（b）所示，称为电阻的三角形（△）连接。

这三个电阻既非串联又非并联，不能用串、并联简化。但可以通过电阻的 Y-△ 等效变换来简化，若图 1.6.2 所示的两个网络等效，它们的三个对应端 a、b、c 的电流 I_a、I_b、I_c 及三个对应端之间的电压 U_{ab}、U_{bc}、U_{ca} 应相等。对星形连接和三角形连接的电阻，如令 a 端子断开，那么图 1.6.2（a）中的 b、c 端子间的等效电阻应等于图 1.6.2（b）中的 b、c 端子间的等效电阻，即

$$R_b + R_c = \frac{R_{bc}(R_{ab}+R_{ca})}{R_{ab}+R_{bc}+R_{ca}} \tag{1-6-1}$$

同时，分别令 b、c 端子对外断开，则另外两端子间的等效电阻也应有

$$R_a + R_c = \frac{R_{ca}(R_{ab}+R_{bc})}{R_{ab}+R_{bc}+R_{ca}} \tag{1-6-2}$$

$$R_a + R_b = \frac{R_{ab}(R_{bc}+R_{ca})}{R_{ab}+R_{bc}+R_{ca}} \tag{1-6-3}$$

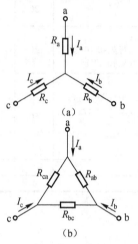

图 1.6.2 电阻的 Y 连接与 △ 连接

将上面三式相加，化简后可得：

$$R_a + R_b + R_c = \frac{R_{ab}R_{bc}+R_{bc}R_{ca}+R_{ca}R_{ab}}{R_{ab}+R_{bc}+R_{ca}} \tag{1-6-4}$$

将以上各式化简可得：

$$R_a = \frac{R_{ca}R_{ab}}{R_{ab}+R_{bc}+R_{ca}}, \quad R_b = \frac{R_{bc}R_{ab}}{R_{ab}+R_{bc}+R_{ca}}, \quad R_c = \frac{R_{ca}R_{bc}}{R_{ab}+R_{bc}+R_{ca}} \tag{1-6-5}$$

式（1-6-5）为已知三角形连接电阻计算等效星形连接电阻的三个关系式。

同理，如果已知星形连接电阻，那么将式（1-6-5）中各式两两相乘再相加，化简整理可得三角形各电导关系为

$$G_{ab} = \frac{G_a G_b}{G_a+G_b+G_c}, \quad G_{bc} = \frac{G_b G_c}{G_a+G_b+G_c}, \quad G_{ca} = \frac{G_c G_a}{G_a+G_b+G_c} \tag{1-6-6}$$

式（1-6-6）就是从已知星形连接电导（电阻倒数）求等效三角形连接电导的关系式。

当 $R_{ab}=R_{bc}=R_{ca}=R_\triangle$，称为对称三角形连接电阻，则等效星形连接的电阻也是对称的，有

$$R_a = R_b = R_c = R_Y = \frac{1}{3}R_\triangle$$

反之 $G_\triangle = \frac{1}{3}G_Y$。

由于画法不同，电阻星形连接有时又称作 T 形连接，电阻三角形连接也称作 P 形连接。

【例 1.6.1】 已知图 1.6.3（a）所示电路中，$R_1=3\Omega$，$R_2=1\Omega$，$R_3=2\Omega$，$R_4=5\Omega$，$R_5=4\Omega$，试求 AB 端的等效电阻 R_{AB}。

解 把 R_1、R_2、R_3 看作一个星形连接，将其等效成图 1.6.3（b）所示虚线框内的三角形电阻，则

$$G_{12}=\frac{\frac{1}{3}\times 1}{\frac{1}{3}+1+\frac{1}{2}}=\frac{2}{11}\text{S},\ \text{即}\ R_{12}=\frac{1}{G_{12}}=5.5\Omega$$

同理 $R_{13}=11\Omega$，$R_{23}=3.67\Omega$。

由图 1.6.3（b）得 R_{12} 与 R_4 并联、R_{23} 与 R_5 并联，然后二者再串联，最后与 R_{13} 并联，即

$$R_{AB}=(R_{12}\ //\ R_4+R_{23}\ //\ R_5)\ //\ R_{13}=3.21\ \Omega$$

在电路分析中，应用星形电路与三角形电路的等效变换的目的是为了简化电路的分析。选择电路中的元件构成三角形还是星形电路时，要仔细观察电路的连接关系，否则变换后可能使下一步的分析更复杂。

思考与练习

参见《电工基础技术项目工作手册》项目一中的思考与练习。

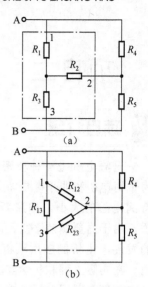

图 1.6.3　例 1.6.1 图

项目二　电桥电路的设计、制作与调试

 项目介绍

直流电桥是一种精密的电阻测量仪器，具有重要的应用价值。按电桥的测量方式不同可分为平衡电桥和非平衡电桥。平衡电桥是通过调节电桥平衡，将待测电阻与标准电阻进行比较得到待测电阻的大小，如惠斯通电桥（单臂电桥）、开尔文电桥（双臂电桥）等都是平衡式直流电桥。由于需要调节平衡，因此平衡电桥只能用于测量具有相对稳定状态的物理量。随着测量技术的发展，电桥的应用不再局限于平衡电桥的范围，非平衡电桥在非电量的测量中已得到广泛应用。在实际工程和科学实验中，待测量往往是连续变化的，只要能把待测量同电阻值的变化联系起来，便可采用非平衡电桥来测量。将各种电阻型传感器接入电桥回路，桥路的非平衡电压就能反映出桥臂电阻的微小变化，再通过测量非平衡电桥的输出电压，就可以检测出待测量的变化，如温度、压力、湿度等。因此，本项目对电桥电路进行设计、制作与调试，势必为今后我们从事电学物理量的测量等科学技术实践工作具有十分重要的现实意义。

本项目中首先要求设计和制作一个不平衡电桥电路并进行应用性调试，然后在此基础上分别分析、设计并制作单臂和双臂平衡电桥电路，通过实践性调试应用来验证、评价平衡电桥的功能和质量，最后根据电桥电路调试结果和设计要求，购买或定制电桥产品的外壳和配件，完成实际电桥产品的装配制作。

项目实施步骤：

（1）项目实施文件制定及实施准备；
（2）不平衡电桥电路的设计、制作与调试；
（3）惠斯通单臂电桥电路的设计、制作与调试；
（4）开尔文双臂电桥电路的设计、制作与调试；
（5）成果验收并制定验收报告和项目完成报告。

项目实施必备的知识、技能主要包括：

（1）具有电阻器识别和选用的基本知识和基本应用能力；
（2）具有元器件安装和导线连接的基本技能；
（3）具备直流电压、电流测量，以及数据处理和分析的基本能力；
（4）具有基尔霍夫定律、戴维南定理、诺顿定理、叠加定理等直流电路常用分析定理的应用知识；
（5）具有支路电流法、节点电压法、回路电流法、网孔电流法等常用电路分析方法的知识和应用能力。

通过本项目的实施训练，最终要达到的知识、能力、素养的培养目标如下：

（1）掌握节点、支路、回路与网孔等电路的基本概念，掌握受控电源的性质；
（2）掌握基尔霍夫定律、戴维南定理、诺顿定理、叠加定理等基本电路定理的知识，具有应用基本定理分析解决实际电路问题的能力；
（3）掌握支路电流法、节点电压法、回路电流法、网孔电流法等常用电路分析方法的知识，具有应用常用电路分析方法分析求解实际电路物理量的能力；
（4）会正确使用直流电压表、直流电流表、万用表等常用电工仪表来测量直流电路电压、电流等物理量，并能对测试数据进行正确处理；

（5）具有通过实际电路测试分析并验证电路基本定理的能力；

（6）会设计、制作电桥电路，掌握直流应用电路分析设计的基本方法；

（7）具有较复杂电工电子产品装配的基础能力；

（8）具有叠加定理和三极管受控源电路拓展应用能力；

（9）培养学生通过实验数据的测量、处理和分析进行科学实践研究的基础能力；

（10）使学生能够熟悉企业生产的基本工艺流程和6s管理方法，培养学生基本的职业素养；

（11）培养学生严肃认真的科学态度；

（12）开发学生的创新设计能力，培养学生观察、思考和分析解决问题的思维能力；

（13）培养学生相互协作、与人沟通的能力以及集体荣誉感和团队精神；

（14）培养学生树立质量意识；

（15）培养学生专业技术学习的兴趣和自信心。

任务一　项目实施文件制定及工作准备

一、项目实施文件制定

1. 项目工作单

各项目小组参照项目一表1.1.1项目工作单，完成《电工基础技术项目工作手册》项目二项目工作单的填写。

2. 生产工作计划

各项目小组参照项目一中任务一的生产工作计划，完成《电工基础技术项目工作手册》项目二中任务一的生产工作计划。

组织保障措施、安全技术措施、人员安排方案等同项目一。

二、工作准备

1. 工作场地检查

教师首先去任务实施的实验实训室巡视检查，并与实验实训室管理员联系，在任务实施期间是否与其他教学活动冲突，请管理员安排好场地，保证实验实训室整洁、明亮，有专业职业特色。检查教具等设施保证能正常工作。

2. 项目实施材料、工具、生产设备、仪器仪表等准备

每个项目小组按表2.1.1物资清单准备好材料、工具、生产设备、仪器仪表等。

表2.1.1　物资清单

序号	材料、工具、生产设备、仪器仪表	规格、型号	数量	备注
1	电工、模拟、数字三合一实验台及组件		1张	含220V交流电源插座，有漏电低压断路器、熔断器等保护电器
2	钢丝钳	150mm	1把	
3	尖嘴钳	130mm	1把	
4	剥线钳	140mm	1把	
5	一字螺钉旋具	100mm	1把	

续表

序号	材料、工具、生产设备、仪器仪表	规格、型号	数量	备注
6	十字螺钉旋具	100mm	1把	
7	验电笔	电子数显	1支	
8	钢直尺	150mm	1把	
9	裁纸刀	普通	1把	
10	万用表	MF-47（指针）或 MS8261（数显）	1只	含直流mA挡
11	直流毫安表		4只	规格视实际条件自定
12	直流电压表		1只	规格视实际条件自定
13	印制铜板	80mm×150mm	3块	规格可自定
14	干电池组及电池盒	12V（8×1.5V）	1块	
	干电池组及电池盒	9V（6×1.5V）	1块	
15	钮子开关	KN4，DC30V，1A 单刀双位	3个	或自定
	钮子开关	KN4，DC30V，1A 双刀双位	1个	
16	仪表实验端子	上海菲科特 JXZ-1（Ⅱ）六角，规格：(M6×45mm)	50个	面板开孔 ϕ11mm+R1.6×2（腰孔）
17	实验端子短接铜片（连接片）	与仪表实验端子配套	15个	
18	金属接线柱	上海苏特	3个	
19	电位器	碳膜，10kΩ，可精调	2个	
20	电阻器	100Ω、470Ω、680Ω、1000Ω、1500Ω、2000Ω、2500Ω	若干	每种规格2个以上
21	热敏电阻	MF52B103G3270，球状测温 NTC 热敏电阻	1个	
22	光敏电阻	GL5528，ϕ5mm	1个	
23	线圈电阻器	漆包锰铜丝绕制 1000Ω	3个	向供应厂商定购
		漆包锰铜丝绕制 2000Ω	3个	向供应厂商定购
24	直流检流计表头	AC5-1	2个	或 wi16390 学生实验用
25	标准电阻箱	0～9999Ω	1个	
26	比例选择开关和线圈电阻器组件	电桥用，可形成7种不同比例	1组	向供应厂商定购
27	双臂电桥按钮开关	电桥用，金属片，快速释放	2个	向供应厂商定购
28	滑线盘电阻器	电桥用	1个	向供应厂商定购
29	步进盘选择开关和线圈电阻器组件	可形成5种不同倍率	1组	向供应厂商定购
30	直流稳压电源	FM44 指针式，0～30V	1台	
31	塑料导线	BV-0.5mm^2，单股铜心	若干	

注：规格、型号未注明的根据实际条件自定。

3. 技术资料准备

《电子元器件选用手册》或《电工手册》一本。

三、工作评价

任务完成过程考评表同项目一中的表 1.1.3，参见《电工基础技术项目工作手册》项目二中任务一的任务完成过程考评表。

任务二　不平衡电桥电路的设计、制作与调试

一、任务准备

（一）教师准备

（1）教师准备好不平衡电桥电路的设计、制作与调试的演示课件；

（2）任务实施场地检查、任务实施材料、工具、仪器仪表等准备、技术和技术资料准备、组织管理措施、任务实施场所安全技术措施和管理制度等参考任务一；

（3）任务实施计划和步骤：① 任务准备、学习有关电路分析方法的知识；② 不平衡电桥电路的分析和设计；③ 不平衡电桥电路线路制作；④ 电路应用性分析调试；⑤ 工作评价。

（二）学生准备

（1）衣着整洁，穿戴好劳保用品；无条件的学校，由学生自行穿好长袖衣、长裤和皮鞋等。

（2）掌握好安全用电规程和触电抢救技能；

（3）检查好材料、工具、仪器仪表。在实验员指导下，每个项目小组检查好材料、工具、仪器仪表等物资是否正常和合乎使用标准，对不符合使用标准的应予以更换。

（4）准备好《电工基础技术项目工作手册》，记录本以及铅笔、圆珠笔、三角板、直尺、橡皮擦等文具。

（5）用废弃泡沫材料课前制作准备好光敏电阻的暗室（80mm 边长的正方体）并准备好手电筒等物。

（6）课前准备好冷冻冰箱、热敏电阻温度计、热得快和热水瓶等。

（三）实践应用知识的学习

知识学习内容 1　电路的 4 个基本概念

不能用电阻串、并联化简求解的电路称为复杂电路，如图 2.2.1 所示。

1. 支路

电路中的每一个分支称为支路。它由一个或几个相互串联的电路元件所构成。如图 2.2.1 电路中有三条支路，即 E_1、R_1 串联支路；R_3 支路；E_2、R_2 串联支路。其中含有电源的支路称为有源支路，不含电源的支路称为无源支路。

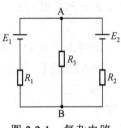

图 2.2.1　复杂电路

2. 节点

三条或三条以上支路所汇成的交点称为节点。如图 2.2.1 电路中有 A、B 两个节点。

3. 回路和网孔

电路中任一闭合路径都称为回路。一个回路可能只含一条支路，也可能包含几条支路。在回路内部不另含有支路的回路称为网孔或独立回路。如图 2.2.1 所示，有三个回路：E_1、R_1、R_3 回路（不含其他支路）；E_2、R_2、R_3 回路（不含其他支路）；E_1、R_1、E_2、R_2 回路（含 R_3 支路），其中前两个回路为两个网孔。

知识学习内容2　基尔霍夫定律

根据能量守恒定律可以论证，任何一个电路都满足基尔霍夫定律，即基尔霍夫第一定律（电流定律，简称 KCL）和基尔霍夫第二定律（电压定律，简称 KVL）。

1. 基尔霍夫电流定律（KCL）

KCL 反映了电路中任一节点所连接的各支路电流间的约束关系。KCL 用语言叙述为：任一时刻，流入电路中任一节点的电流之和恒等于流出该节点的电流之和。KCL 用语言还可叙述为：任一时刻，流入电路中任一节点的电流代数和恒等于零，即用方程表示为

$$\sum I = 0 \tag{3-2-1}$$

应该指出：式（3-2-1）KCL 方程中各电流变量前的正负号取决于各电流的参考方向对该节点的关系，即流出还是流入，流入为正，流出为负；而各电流值的正负则是反映该电流的实际方向同参考方向的关系，即相同还是相反。此外，方程并未涉及任何具体的元件，可见，KCL 只和电路的连接有关，而不管电路由什么元件组成的。

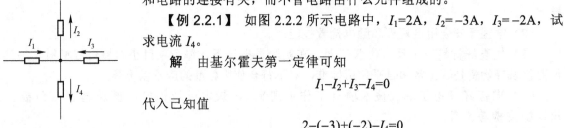

【例 2.2.1】 如图 2.2.2 所示电路中，$I_1=2A$，$I_2=-3A$，$I_3=-2A$，试求电流 I_4。

解　由基尔霍夫第一定律可知

$$I_1-I_2+I_3-I_4=0$$

代入已知值

$$2-(-3)+(-2)-I_4=0$$

可得 $I_4=3A$。

图 2.2.2　例 2.2.1 图

注意：式中括号外正负号由基尔霍夫第一定律根据电流的参考方向确定的，括号内数字前的负号则是表示实际方向和参考方向相反。

KCL 不仅适用于电路中的任一节点，而且适用于包围电路任一部分的封闭面。在如图 2.2.3 所示电路中，闭合面所包围的是一个三角形电路，它有三个节点，应用基尔霍夫第一定律可以列出：

$$I_A=I_{AB}-I_{CA}, \quad I_B=I_{BC}-I_{AB}, \quad I_C=I_{CA}-I_{BC}$$

将上面三式相加得：

$$I_A+I_B+I_C=0$$

即注入此闭合面的电流等于流出该闭合面的电流。

【例 2.2.2】 如图 2.2.3 所示电路中，若 $I_A=1A$，$I_B=-5A$，$I_{CA}=2A$，试求电流 I_C、I_{AB} 和 I_{BC}。

解　由　　　　$I_A+I_B+I_C=0$

可得　　$I_C=4A$，　　$I_A=I_{AB}-I_{CA}$

得　　　　$I_{AB}=I_A+I_{CA}=1+2=3A$，　　$I_C=I_{CA}-I_{BC}$

得　　　　$I_{BC}=I_{CA}-I_C=2-4=-2A$

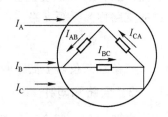

图 2.2.3　例 2.2.2 图

2. 基尔霍夫电压定律（KVL）

KVL 反映了电路中组成任一回路的各元件（或各支路）电压之间的约束关系。KVL 用语言叙述为：任一时刻，沿电路中任一回路的所有电压的代数和恒等于零，用方程表示为

$$\sum U = 0 \tag{3-2-2}$$

列回路 KVL 电压方程时，首先要选定一个沿回路绕行的方向（顺时针或逆时针）。凡是参考方向与回路绕行方向一致的电压，前面取"+"号；而参考方向与回路绕行方向相反的电压，前面取"–"号。

如在图 2.2.4 所示电路中，按箭头方向循环一周，根据电压与电流的参考方向可列出

$$U_{AB}+U_{BC}+U_{CD}+U_{DA}=0$$

即

$$-E_1+I_1R_1-E_2+I_2R_2=0$$

或

$$E_1+E_2=I_1R_1+I_2R_2$$

KVL 不仅适用于封闭回路，而且也适用于任何封闭的节点序列。如图 2.2.4 所示电路中，由节点 A→B→C→A 可以构成一个封闭的节点序列，其 KVL 方程为 $-E_1+I_1R_1+U_{CA}=0$。另由节点 A→C→D→A 也构成一个封闭的节点序列，其 KVL 方程为 $U_{AC}-E_2+I_2R_2=0$。

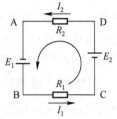

图 2.2.4 满足 KVL 的电路图

应当指出：式（3-2-2）KVL 方程中各电压变量前的正、负号取决于该电压的参考方向同绕行方向的关系，即与绕行方向（或节点闭合方向）一致还是不一致，一致取正，不一致取负；而各电压值的正负则是反映该电压的实际方向同参考方向的关系，即相同还是相反。此外，方程并未涉及任何具体的元件，可见 KVL 也只和电路的连接有关，而不管电路是由什么元件组成的。

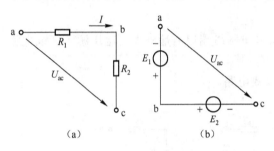

图 2.2.5 例 2.2.3 图

【例 2.2.3】 在图 2.2.5（a）、（b）所示电路中，已知 $I=1mA$，$E_1=12V$，$E_2=20V$，$R_1=3kΩ$，$R_2=5kΩ$，试分别求两个电路的 U_{ac}。

解 若电路节点按照 a→b→c→a 闭合，根据 KVL 方程有：

对（a）图，$-U_{ac}+IR_1+IR_2=0$，则 $U_{ac}=IR_1+IR_2$，故 $U_{ac}=1×10^{-3}×(3+5)×10^3=8\,V$

对（b）图，$-E_1+E_2-U_{ac}=0$，则 $U_{ac}=-E_1+E_2$，故 $U_{ac}=-12+20=8\,V$

知识学习内容 3 戴维南定理和诺顿定理

戴维南定理是一个极其有用的定理，它是分析复杂网络电压、电流等物理量的一个有力工具。不管网络如何复杂，只要网络是线性的，戴维南定理就能提供同一形式的等效电路。如果只是需要知道网络中某一条支路的电压或电流等物理量响应，而并不是要求计算每一支路的各物理量响应，则常用戴维南定理进行分析比较便捷。

1. 戴维南定理及其等效电路

含独立电源的任一线性电阻单口网络 N，就端口特性而言，可以等效为一个理想电压源和一个电阻串联的单口网络，如图 2.2.6（a）所示。电压源的电压等于单口网络在负载开路时的电压 u_{oc}；电阻 R_0 是单口网络 N 内全部独立电源为零值时所得单口网络 N_0 的等效电阻，如图 2.2.6（b）所示。这就是戴维南定理的语言表述。

u_{oc} 称为开路电压。R_0 称为戴维南等效电阻。

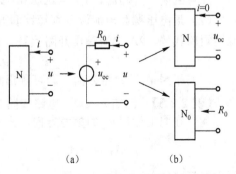

图 2.2.6 戴维南等效电路

在电路中,当单口网络视为电源时,常称此电阻 R_0 为电源内阻;当单口网络视为负载时,则称之为输入电阻,并常用 R_i 表示。电压源 u_{oc} 和电阻 R_0 的串联单口网络,称为戴维南等效电路。

注意:① 戴维南定理只适用于线性有源二端网络,若有源二端网络内含有非线性电阻,则不能应用戴维南定理;

② 在画等效电路时电压源参考方向应与选定的有源二端网络开路电压参考方向一致。

2. 戴维南定理的应用

应用戴维南定理解题关键是如何正确求出开路电压 u_{oc} 和等效电阻 R_0。

1)求开路电压 u_{oc}

断开并移走待求支路,求所剩含源单口网络 N 的开路电压。断开待求支路后,如果为一个简单电路,则用以前所学过的简单电路求解方法进行求解;如果为一个复杂电路,则要用复杂电路的分析方法进行求解。

2)求 R_0

断开并移走待求支路后,在所剩含源单口网络 N 中,电压源用短路代替,电流源用开路代替,得到一个无源单口网络 N_0,然后求其等效电阻 $R_{ab}=R_0$。

常用求解方法有:

① 利用串并联等效电阻公式求解。

② 利用外加电压源(或电流源)法求解。在 N_0 单口网络端口两端外加一电压源 U(或电流源 I),用 N_0 端口的电压 U、电流 I 关系,求解 $R_0=U/I$。

【例 2.2.4】 求图 2.2.7 所示单口网络的戴维南等效电路。

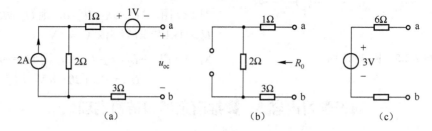

图 2.2.7 例 2.2.4 图

解 (1)在单口网络的端口上标明开路电压 u_{oc} 的参考方向,运用 KVL,列写方程,可求得

$$u_{oc} = -1V + 2\Omega \times 2A = 3V$$

注意到端口开路时,1V 电压源和 1Ω、3Ω 电阻里的电流为 0。

(2)把电压源和电流源分别短路和开路,求从端口看进去等效电阻。将单口网络内 1V 电压源用短路代替,2A 电流源用开路代替,得到图(b)所示电路,由此求得

$$R_0 = 1\Omega + 2\Omega + 3\Omega = 6\Omega$$

(3)根据 u_{oc} 的参考方向,即可画出戴维南等效电路,如图(c)所示。

【例 2.2.5】 已知 $r=2\Omega$,电路如图 2.2.8 所示,试求该电路的戴维南等效电路。

解 在图上标出 u_{oc} 的参考方向。先求受控源控制变量 i_1,即

$$i_1 = \frac{10V}{5\Omega} = 2A$$

再求得开路电压

$$u_{oc} = ri_1 = 2\Omega \times 2A = 4V$$

将 10V 电压源用短路代替，保留受控源，得到图（b）所示电路。由于 5Ω 电阻被短路，其电流 $i_1=0$，致使端口电压 $u = 2\Omega \times i_1 = 0$，与 i 为何值无关，由此求得

$$R_0 = \frac{u}{i} = 0\Omega$$

这表明该单口等效为一个 4V 电压源，如图（c）所示。

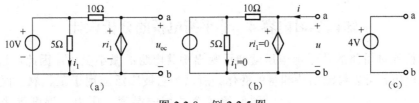

图 2.2.8　例 2.2.5 图

3. 含源单口网络开路电压的测量方法

1）直接测量法

当含源二端（单口）网络的等效电阻 R_0 与电压表内阻 R_V 相比可以忽略不计时，可以直接用电压表测量其开路电压 u_{oc}。

2）补偿法

当含源二端（单口）网络的等效电阻 R_0 与电压表内阻 R_V 相比不可以忽略时，用电压表直接测量开路电压，就会影响被测电路的原工作状态，使所测电压与实际值有较大误差。补偿法可以排除电压表内阻对测量所造成的影响。

图 2.2.9 所示是用补偿法测量电压的电路，测量步骤如下：

（1）用电压表初测单口网络的开路电压 u_{oc}，并调整补偿电路中分压器的输出电压 u_{oc}'，使它近似等于初测的开路电压 u_{oc}。

（2）将 C、D 与 C'、D' 对应相接，再细调补偿电路中分压器的输出电压，使检流计 G 的指示为零。因为 G 中无电流通过，这时电压表指示的电压等于被测电压，并且补偿电路的接入没有影响被测电路的工作状态。

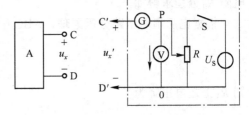

图 2.2.9　补偿法测单口网络的开路电压

4. 诺顿定理及其等效电路

含独立电源的任一线性电阻单口网络 N，就端口特性而言，可以等效为一个理想电流源和一个电阻并联的单口网络，如图 2.2.10（a）所示。电流源的电流等于单口网络在负载短路时的短路电流 i_{sc}；电阻 R_0 是单口网络 N 内全部独立电源为零值时所得单口网络 N_0 的等效电阻，如图 2.2.10（b）所示。这就是诺顿定理的语言表述。

i_{sc} 称为短路电流。R_0 称为诺顿等效电阻。电流源 i_{sc} 和电阻 R_0 的并联单口网络，称为诺顿等效电路。

根据诺顿定理的内容来看，诺顿定理其实就是戴维南定理的逆定理。诺顿等效电路可以由戴维南等效电路转换而来，因为在项目一中我们已经知道两种实际电源可以互相转换，所以不难证明诺顿等效电路和戴维南等效电路之间的转换关系，如图 2.2.11 所示，图中 $i_{sc} = \dfrac{u_{oc}}{R_0}$。

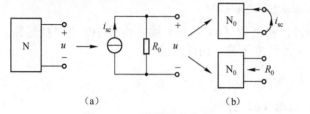

(a)

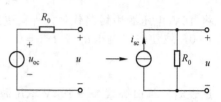

图 2.2.10　诺顿等效电路

图 2.2.11　两种等效电路之间的转换

知识学习内容 4　非平衡电桥的分析设计

非平衡电桥通过桥路的非平衡电压就能反映出桥臂电阻的微小变化，因此，通过测量非平衡电桥的输出电压就可以检测出待测量的变化。所以，它被广泛应用于工、农、医、交通、军事、科研等各个领域的温度、压力、湿度等测量和控制工作中。

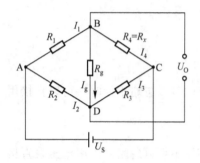

图 2.2.12　非平衡电桥原理图

非平衡电桥原理如图 2.2.12 所示。B、D 之间为一负载电阻 R_g，只要测量电桥输出 U_O（U_g）、I_g，就可得到 R_x 值，并求得输出功率。

1. 输出电压 U_O 与 R_x（R_4）之间关系

在图 2.2.12 中断开并移走 R_g，则剩余电路便形成了一个以 B、D 为二端的单口网络，根据戴维南定理，求出戴维南等效电路，如图 2.2.13（a）所示，图中开路电压 U_{OC} 和等效电阻 R_0 分别求解如下。

根据电阻串联电路分压原理，ABC 半桥的电压降为 U_S，通过 R_1、R_4 两臂的电流为

$$I_1 = I_4 = \frac{U_S}{R_1 + R_4}$$

则 R_4 上之电压降为

$$U_{BC} = \frac{R_4}{R_1 + R_4} U_S \tag{3-2-3}$$

同理 R_3 上的电压降为

$$U_{DC} = \frac{R_3}{R_2 + R_3} U_S \tag{3-2-4}$$

开路电压 U_{OC} 为 U_{BC} 与 U_{DC} 之差，即

$$U_{OC} = U_{BC} - U_{DC} = \frac{R_4}{R_1 + R_4} U_S - \frac{R_3}{R_2 + R_3} U_S = \frac{R_2 R_4 - R_1 R_3}{(R_1 + R_4)(R_2 + R_3)} U_S \tag{3-2-5}$$

戴维南等效电阻

$$R_0 = \frac{R_1 R_4}{R_1 + R_4} + \frac{R_2 R_3}{R_2 + R_3} \tag{3-2-6}$$

把断开并移走的 R_g 重新接入戴维南等效电路，如图 2.2.13（b）所示，当满足条件 $R_1 R_3 = R_2 R_4$ 时，戴维南等效电路电压源电压 $U_{OC}=0$ 电桥输出 $U_O=0$，即电桥处于平衡状态。

当负载电阻 $R_g \to \infty$，即电桥输出处于开路状态时，$I_g=0$，电路仅有电压 U_O 输出。为了测量的准确性，在测量的起始点，电桥必须调至平衡，称为预调平衡。若 R_1、R_2、R_3 固定，R_4 为待测电阻 $R_4=R_x$，则当 $R_4 \to R_4+\Delta R$（ΔR 是指由于传感器因外部温度、压

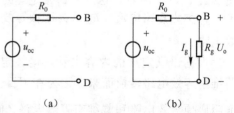

图 2.2.13　非平衡电桥戴维南等效电路

力、湿度等物理量变化，而引起的 R_x 的阻值变化量）时，因电桥不平衡而产生的电压输出为

$$U_O = \frac{R_2R_4 + R_2\Delta R - R_1R_3}{(R_1+R_4)(R_2+R_3)+\Delta R(R_2+R_3)}U_S \qquad (3\text{-}2\text{-}7)$$

当负载电阻 R_g 连续可调时，端口 B、D 两端电压 U（即 U_O）与端口电流 I（即 I_g）之间应满足电源的外部特性关系，即

$$U = U_{OC} - R_0 I \qquad (3\text{-}2\text{-}8)$$

上式成立，也可证明了 B、D 二端口网络满足戴维南定理。

2. 不平衡电桥种类及其输出

（1）等臂电桥 $R_1=R_2=R_3=R_4=R$

$$U_O = \frac{R\Delta R}{4R^2+2R\Delta R}U_S = \frac{U_S}{4}\frac{\Delta R}{R}\frac{1}{1+\frac{1}{2}\frac{\Delta R}{R}} \qquad (3\text{-}2\text{-}9)$$

（2）卧式电桥 $R_1=R_4=R$，$R_2=R_3=R'$，且 $R\ne R'$，则

$$U_O = \frac{U_S}{4}\frac{\Delta R}{R}\frac{1}{1+\frac{1}{2}\frac{\Delta R}{R'}} \qquad (3\text{-}2\text{-}10)$$

（3）立式电桥 $R_1=R_2=R'$，$R_3=R_4=R$，且 $R\ne R'$，则

$$U_O = U_S\frac{RR'}{(R+R')^2}\frac{\Delta R}{R}\frac{1}{1+\frac{\Delta R}{R+R'}} \qquad (3\text{-}2\text{-}11)$$

当电阻增量 ΔR 较小时，即满足 $\Delta R \ll R$，$\Delta R \ll R'$ 时，上面式（3-2-9）～（3-2-11）的分母中含 ΔR 项可略去，公式可得以简化，这里从略。

注意：上式中的 R 和其 R' 均为预调平衡后的电阻。测量得到电压输出后，通过上述公式运算得 $\Delta R/R$ 或 ΔR，从而求得 $R_4=R_4+\Delta R$ 或 $R_x=R_x+\Delta R$。

等臂电桥、卧式电桥输出电压比立式电桥高，因此灵敏度也高，但立式电桥测量范围大，可以通过选择 R、R' 来扩大测量范围，R、R' 差距愈大，测量范围也愈大。

3. 输出功率

当负载电阻 R_g 较小时，则不平衡电桥不仅有电压输出 U_g，也有电流输出 I_g，也就是说有功率输出，此种电桥也称为功率桥。应用戴维南定理，功率桥可以简化为图 2.2.13（b）所示电路，可测出 I_g 和 U_g。

结合式（3-2-5）和式（3-2-6），则有

$$I_g = \frac{U_{OC}}{R_0+R_g} = \frac{R_2R_4-R_1R_3}{(R_1+R_4)(R_2+R_3)}U_S \bigg/ \left(\frac{R_1R_4}{R_1+R_4}+\frac{R_2R_3}{R_2+R_3}+R_g\right)$$

$$= U_S\frac{R_2R_4-R_1R_3}{(R_1+R_4)(R_2+R_3)R_g+R_1R_4(R_2+R_3)+R_2R_3(R_1+R_4)} \qquad (3\text{-}2\text{-}12)$$

当 $I_g=0$ 时，则有

$$R_2R_4-R_1R_3=0$$

即

$$R_2R_4=R_1R_3$$

这是功率桥的平衡条件，也就是说功率输出与电压输出的平衡条件是一致的。

根据项目一的任务四中所述最大功率传输定理可知，最大功率输出时，电桥的灵敏度最高。当电桥的负载电阻 R_g 等于电源内阻 R_0，即阻抗匹配时

$$R_g = R_0 = \frac{R_1R_4}{R_1+R_4}+\frac{R_2R_3}{R_2+R_3} \qquad (3\text{-}2\text{-}13)$$

则电桥输出功率最大。此时电桥的输出电流由式（3-2-12）得

$$I_g = \frac{U_S}{2} \cdot \frac{R_2 R_4 - R_1 R_3}{R_1 R_4 (R_2 + R_3) + R_2 R_3 (R_1 + R_4)} \tag{3-2-14}$$

输出电压为

$$U_g = I_g R_g = \frac{U_{OC}}{2} = \frac{U_S}{2} \frac{R_2 R_4 - R_1 R_3}{(R_2 + R_3)(R_1 + R_4)} \tag{3-2-15}$$

当桥臂 R_4 的电阻臂有增量 ΔR 时，我们可以得到三种桥式的电流、电压和功率变化。测量时都需要预调平衡，平衡时的 I_g、U_g、P_g 均为 0，电流、电压、功率变化都是相对平衡状态时讲的。不同桥式的三组公式分别如下。

（1）等臂电桥 $R_1 = R_2 = R_3 = R_4 = R$，则有

$$\Delta I_g = \frac{U_S}{2} \frac{R \Delta R}{2R^2(R + \Delta R) + R^2(2R + \Delta R)} = \frac{U_S}{8} \frac{\Delta R}{R^2} \frac{1}{1 + \frac{3}{4} \frac{\Delta R}{R}} \tag{3-2-16}$$

$$\Delta U_g = \frac{U_S}{8} \frac{\Delta R}{R} \frac{1}{1 + \frac{1}{2} \frac{\Delta R}{R}}$$

$$\Delta P_g = \Delta I_g \Delta U_g = \frac{U_S^2}{64R} \left(\frac{\Delta R}{R}\right)^2 \frac{1}{\left(1 + \frac{3 \Delta R}{4R}\right)\left(1 + \frac{\Delta R}{2R}\right)}$$

（2）卧式电桥 $R_1 = R_4 = R$，$R_2 = R_3 = R'$，则有

$$\Delta I_g = \frac{U_S}{2} \frac{R' \Delta R}{2R^2 R' + 2RR' \Delta R + 2R(R')^2 + (R')^2 \Delta R}$$

$$= \frac{U_S}{4(R + R')} \frac{\Delta R}{R} \frac{1}{1 + \frac{2R + R'}{2(R + R')} \frac{\Delta R}{R}} \tag{3-2-17}$$

$$\Delta U_g = \frac{U_S}{8} \frac{\Delta R}{R} \frac{1}{1 + \frac{1}{2} \frac{\Delta R}{R}}$$

$$\Delta P_g = \Delta I_g \Delta U_g = \frac{U_S^2}{32(R + R')} \left(\frac{\Delta R}{R}\right)^2 \frac{1}{1 + \frac{2R + R'}{2(R + R')} \frac{\Delta R}{R}} \frac{1}{1 + \frac{\Delta R}{2R}}$$

（3）立式电桥 $R_1 = R_2 = R'$，$R_3 = R_4 = R$，$\Delta R_4 = \Delta R$，则有

$$\Delta I_g = \frac{U_S}{4(R + R')} \frac{\Delta R}{R} \frac{1}{1 + \frac{2R + R'}{2(R + R')} \frac{\Delta R}{R}} \tag{3-2-18}$$

$$\Delta U_g = \frac{U_S}{2} \frac{RR'}{(R + R')^2} \frac{\Delta R}{R} \frac{1}{1 + \frac{\Delta R}{R + R'}}$$

$$\Delta P_g = \Delta I_g \Delta U_g = \frac{U_S^2 R R'}{8(R + R')^3} \left(\frac{\Delta R}{R}\right)^2 \frac{1}{1 + \frac{2R + R'}{2(R + R')} \frac{\Delta R}{R}} \frac{1}{1 + \frac{\Delta R}{R + R'}}$$

测得 ΔI_g 和 ΔU_g 后，很方便可求得功率 ΔP_g，同时通过上述 ΔI_g 公式可运算求到相应的 ΔR（我们称之为 ΔR_I），同理根据 ΔU_g 公式可运算求到相应的 ΔR（我们称之为 ΔR_U），然后运用公式

$$\Delta R = \sqrt{\Delta R_I \Delta R_U} \tag{3-2-19}$$

得到 ΔR 后，同理可得 $R_x = R_4 + \Delta R$。

当电阻增量 ΔR 较小时，即满足 $\Delta R \ll R$、R' 时，上面式（3-2-16）至式（3-2-18）三组公式的分母含 ΔR 项可略去。公式得以简化，这里从略。

知识学习内容 5　不平衡电桥测量热敏电阻的温度特性

热敏电阻 R_t（又称为半导体电阻）是一种阻值随温度的改变发生显著变化的非线性敏感元件。在工作温度范围内，阻值随温度升高而增加的称为正温度系数（PTC）的热敏电阻，反之称为负温度系数（NTC）的热敏电阻。此外，热敏电阻还具有体积小，反应快、使用方便的优点，通过热敏电阻，可以把温度及其变化转换成电学量或电学量的变化加以测量。所以，它被广泛地应用于工、农、医、交通、军事、科研等各个领域，用来解决各种各样的测温问题。

1. 热敏电阻的温度特性

热敏电阻的电阻率与温度的关系类似于纯半导体，可表示为 $\rho = \rho_\infty \exp\left(\dfrac{\Delta E}{2KT}\right)$，式中 ρ_∞ 为 $T \to \infty$ 时的电阻率，设 $\Delta E / 2K = B$，改写上式并推导后可得到热敏电阻的电阻温度关系，即

$$R_{T2} = R_{T1} \exp\left[B\left(\frac{1}{T_2} - \frac{1}{T_1}\right)\right], \quad B = \frac{T_1 T_2}{T_1 - T_2} \ln \frac{R_{T2}}{R_{T1}} \qquad (3\text{-}2\text{-}20)$$

式中，R_{T2} 是温度为 $T_2(K)$ 时的热敏电阻阻值，R_{T1} 是温度为 $T_1(K)$ 时的热敏电阻阻值，B 为热敏电阻的材料常数。热敏电阻的材料常数 B 是由热敏电阻的组成成分和热处理方法所决定的，它是每一个热敏电阻固有的特性。由于热敏电阻的阻值与温度成非线性关系，定义其电阻温度系数为

$$\alpha = \frac{\mathrm{d}R/R}{\mathrm{d}T} = \frac{1}{R}\frac{\mathrm{d}R}{\mathrm{d}T} = -\frac{B}{T^2} \qquad (3\text{-}2\text{-}21)$$

α 的意义是温度变化 1℃时热敏电阻阻值的相对变化率。对于一定材料的热敏电阻，α 仅是温度的函数。通过 B 或 α 可以判断一个热敏电阻是正温度系数型（PTC），还是负温度系数型（NTC）。

2. 不平衡电桥测量热敏电阻温度特性的工作原理

在图 2.2.14 所示的电桥中，当电桥达到平衡时，$I_g = 0$，$R_4 = \dfrac{R_1}{R_2} R_3$，且电流 I_g 不受电桥端电压 U_S 的影响。当电桥不平衡时，I_g 与电桥的 4 个臂的阻值，电流计内阻 R_g 及电桥端电压 U_S 均有关。对于一个固定的电流计，R_g 为定值。如果再固定 R_1、R_2、R_3，则 I_g 只与 R_4 和 U_S 有关，可记为

$$I_g = f(U_S, R_4)$$

用热敏电阻 R_t 代替 R_4，对于某一温度，R_t 为定值 R_0，于是 I_g 只与端电压 U_S 有关，即

$$I_g = f(U_S)$$

可以调节 U_S 使电流计上流过的电流 I_g 达到指定数值 I_m（例如满度值），调好后固定 U_S。

当温度再改变时，I_g 只与 R_t 或温度 t 有关，即 $I_g = g(R_t) = S(t)$。若事先测得该状态下的 $I_g \sim t$ 曲线，或把表头刻上对应温度，即可用它来测量温度。这就是热敏电阻的非平衡电桥测温度原理，$I_g \sim t$ 关系曲线如图 2.2.15 所示。

图 2.2.14 中 R_3 用来确定测量下限温度时调节电桥平衡，使电桥在测量下限温度 t_0 下平衡，此时 $I_g = 0$，且 I_g 与 U_S 无关。U_S 电源可调，通过它可以调节在测量上限温度时需要的电流 I_g，当

热敏电阻 R_t 置于上限温度时，调节 U_S 电源，使电流恰好满度，即可确定热敏电阻温度计的测量上限温度。

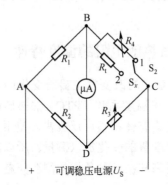
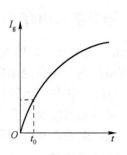

图 2.2.14　不平衡电桥测量热敏电阻温度特性原理图　　图 2.2.15　$I_g \sim t$ 关系曲线

R_4 可用来测量热敏电阻 R_t 处于上限温度时的电阻值 $R_{t\perp}$。在 R_t 置于上限温度时，调好 U_S 电源后，将开关拨向 1，使 S_2 接通（则 S_x 断），调 R_4 使μA表再满度。根据替代法原理，有 R_4 等于 R_t 在上限温度下的阻值，即 $R_4 = R_{t\perp}$。这就是不平衡电桥测量电阻的原理和方法。

在测温时，可随时把开关拨向 1，使 S_2 接通（则 S_x 断），使 $R_4 = R_{t\perp}$，看μA表是否恰为满度，从而检查 U_S 电源是否发生了变化。若μA表不恰好满度，说明 U_S 电源已变，只要调节 U_S 电源使μA表恢复满度，即可保证 U_S 恢复原值。

二、任务实施

1. 电路设计

设计不平衡电桥电路及其调试电路，绘制电路原理图、调试电路电气原理图和印制板图，并正确选用元器件。

1）参照图 2.2.12，设计不平衡电桥电路，绘制电路原理图。

2）为了调试时，测试电桥工作特性的方便，在设计的电路中用一个调试电位器 R_g 和一只直流毫安表（用接线柱外接入）、一个开关 S_1 串接接在 B、D 端口之间；用一个开关 S_2 和一个可调电位器 R_4（用接线柱外接入）串接接在 B、C 端口之间，B、C 端口并各用一个接线柱引出以便外接（传感器等电路的输出 R_x）；电桥电源采用一组电池盒（用接线柱外接入）与一个开关 S_3 串接接在 A、C 端口之间，再用一个开关 S_4 并接在 A、C 端口之间。标准电阻器 R_1、R_2、R_3 均采用接线柱由外部接入。直流电压的测量采用万用表，测量电压时接入电路。实物接线图参照图 2.2.16。正确绘制调试电路的电气原理图和印制板图。

3）各项目小组在预先准备的元器件中选用电路的组成器件，讨论分析元器件选用的理由，写出书面设计选用过程。

标准电阻器 R_1、R_2、R_3 宜采用阻值不同的线圈电阻器，如图 2.2.17 所示。线圈电阻器一般用电阻温度系数较小的锰铜丝或康铜丝以无感应法绕成，有旋盘式和插栓式两种，在溶液的电导测定和电学测量中常被用作较精密的电阻元件。R_1、R_2、R_3 选用时阻值宜大于 100Ω，否则导线电阻和接触电阻对电桥的影响就不能忽略。选用时阻值也不宜过大，否则毫安表电流太小，影响测量的精度，一般取几百至几千欧姆为宜。

R_4、R_g 可采用阻值调节范围较宽的碳膜电位器，可取 10kΩ，如图 2.2.16 中所示。

电源采用有电池盒的干电池组，总电压可取 12V 左右。

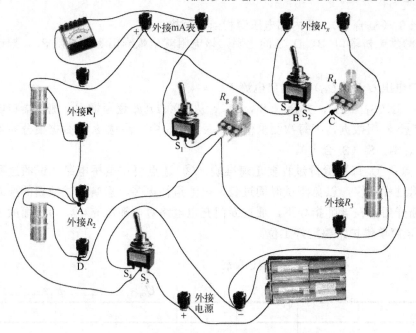

图 2.2.16　非平衡电桥调试电路实物接线图　　　　图 2.2.17　线圈电阻器

2．不平衡电桥电路印制线路板制作和线路连接

1）印制线路板制作

按照设计的调试电路电气原理图和印制板图所示，在老师指导下用铅笔和尺先在印制铜板上画出线路，画线路时线路长短距离要以实际元件尺寸为准，然后用小刀和直尺配合按照所画的线路刻划印制线路图，刻划时注意不要用力过猛划伤手指，划线要平直不带毛刺，最后用小刀把不需要的铜皮去除，所剩部分就是印制线路。根据元器件实际引脚尺寸，用电钻钻出焊接孔和接线柱安装孔，注意安装孔周围不能有铜皮与印制线路连接。

2）电路连接

根据图 2.2.16 所示，在加工好的印制电路板上插好元器件，在老师指导下按照手工焊接工艺要求，采用五步法完成元器件的焊接，并把外接端子固定在安装孔上。元器件连接好后，在外接接线柱桩头上用专用连接导线（导线粗、短，两端有专用接头，接触电阻小）分别连接好毫安表、电池盒以及各外接电阻器。

电路连接好后，要认真检查线路，确保无误后，并用万用表检查各开关的通断位置，电路未调试之前，S_1、S_2、S_3 应断开，S_4 应处于闭合位置（即电源部分处于短接状态）。

3．不平衡电桥电路调试

1）验证、分析不平衡电桥输出端口外特性是否满足戴维南定理

（1）测量电桥输出端口（即 B、D 两端）开路电压 U_{oc}。

开关 S_2、S_3 合上，S_1、S_4 断开。

注意：S_4 与 S_3 互锁，即 S_3 合，则 S_4 断，反之 S_4 合，则 S_3 断。

调节 R_4 到与 $R_1 \sim R_3$ 相匹配的数值，调定后 R_4 则固定。

用万用表直流电压挡测量电桥端口 B、D 之间电压，即开路电压 U_{oc}，把该数值记入表 2.2.1 中。

（2）测量电桥输出端口的戴维南等效电阻 R_0

在（1）基础上，断开 S_3（S_4 合上），即内部电压源相当于短接。

用万用表欧姆挡直接测量电桥端口 B、D 之间电阻，该电阻就是戴维南等效电阻 R_0，把该数值记入表 2.2.1 中。

（3）改变 R_g，测量端口电压 U（即 U_O）与端口电流 I

在（2）基础上，断开 S_4（S_3 合上），并合上 S_1，使 R_g 从 100Ω开始逐渐增大，测量端口电压 U 和端口电流 I，共测量 8 组数据，把每次测量值记入表 2.2.1 中，注意 8 组数据要分布均匀。测试结束分别断开 S_1、S_2、S_3（S_4 合上）。

测量时要注意以下几点：① 每次测量过程要迅速准确；② 选点要在电桥电路测试的过程中均匀分布；③ 调试测量过程要快，以免测试时间过长，电池组耗电多，影响测试数据的准确性；④ 调试结束，开关断开后，在老师指导下，通过专门充电电路对电池组充电，为后面的工作任务作好准备，并对仪表简单维护，整理好工位。

表 2.2.1 数据记录表

U_{oc}=_____ R_0=_____

R_g/Ω								
U/V								
I/mA								

（4）数据处理

在预先准备的方格纸上，合理选择坐标间隔，根据测试的电压和电流数值，在方格纸坐标系上找到各点，用平滑曲线连接各点，注意测点应均匀离散的分布在曲线两侧。绘制电桥输出端口的外特性曲线。

分析外特性曲线是否满足线性关系，若满足线性关系，根据直线关系，在方格纸坐标系上求出开路电压 U_{oc} 和等效电阻 R_0，并与表 2.2.1 中测量数值比较，给出分析报告。

2）验证、分析不平衡电桥电路各节点、各网孔是否满足 KCL、KVL

在 1）测试完成基础上，把 9V 电池组从外接电源接线柱上拆下，合上 S_3（断开 S_4），此时电路各回路全断开。用万用表电阻挡分别测量 R_1、R_2、R_3、R_4、R_g，把测量值分别填入表 2.2.2 中。

表 2.2.2 数据测算分析记录表

测算量 测算及验证	R_1=		R_2=		R_3=		R_4=		R_g=		U_s=
	U_1 (V)	I_1 (mA)	U_2 (V)	I_2 (mA)	U_3 (V)	I_3 (mA)	U_4 (V)	I_4 (mA)	U_g (V)	I_g (mA)	I_S (mA)
测算值											
节点 A，ΣI，验证 KCL											
节点 B，ΣI，验证 KCL											
节点 C，ΣI，验证 KCL											
节点 D，ΣI，验证 KCL											
网孔 ABD，ΣU，验证 KVL											
网孔 BCD，ΣU，验证 KVL											
网孔 ACD，ΣU，验证 KVL											

阻值测试完毕，断开 S_3（合上 S_4），把一只毫安表与电池组串接后，重新接到外接电源接线柱上。然后分别合上 S_3（S_4 断开）、S_2、S_1，用万用表直流电压挡分别测量各分支电压值填入表 2.2.2 中，把与电池组、R_g 串接的毫安表读数分别填入表 2.2.2 中，表中 R_1、R_2、R_3、R_4 各分支电流若不便测量，可通过各分支的欧姆定律关系求出并把计算值填入表中。

注意：在测量前，先在电桥调试电路电气原理图上标明电路各分支电压、电流参考方向，并标出各网孔回路的绕行方向。仪表测量各量时皆以参考方向为正方向接入，如果仪表指针反偏（数字式万用表则直接显示负值），应把仪表端子反接（数字式万用表则不必），读出的数值应以负值填入表 2.2.2 中。

测量完毕，应分别断开 S_1、S_2、S_3（S_4 合上）。根据表中测算数据分别验证 A、B、C、D 各节点是否满足 KCL，三个网孔是否满足 KVL。把各分析情况整理成简报，填入表 2.2.2 中。

3) 用不平衡电桥测量热敏电阻的温度特性（条件不具备，本项调试内容可选做）

（1）在上述 1）、2) 调试基础上按图 2.2.14 接线，元器件作适当调整，R_1、R_2 为 1kΩ 的线圈电阻，R_3、R_4 为 10kΩ 精密可调电位器，将热敏电阻 R_t 接在不平衡电桥外接 R_X 接线柱上。将开关拨向 2，使 S_x 接通（则 S_2 断），用平衡电桥原理，测出室温下的 R_t 值和室温（用温度计测量），测 5 次取平均，记录在表 2.2.3 中。

（2）置 R_t 于 0℃ 冰水中（从冰箱冷冻室取出冰块敲碎成若干小块放入保温杯中，待逐渐融化形成冰水混合物），用平衡电桥原理，测出 R_t 在 0℃ 时的阻值，记录在表 2.2.3 中。

（3）测量热敏电阻温温度特性，制作热敏电阻温度计，测量温度下限为 0℃，上限为 50℃。

① 将 R_t 置于 0℃ 的冰水混合物中，调节 R_3，使 $I_g=0$，确定热敏电阻温度计的测量下限温度。

② 固定 R_3 为 0℃ 时阻值不变，置 R_t 于 50℃ 的水中（热水可用热得快放在热水瓶中加热得到），调节 U_S，使 I_g 指到 μA 表的满度，确定热敏电阻温度计的测量上限温度。再将开关拨向 1，使 S_2 接通（则 S_x 断），调 R_4 使 μA 表再满度。此时 R_4 等于 50℃ 时的热敏电阻阻值，记下此时的 R_4 值。

③ 重新将开关拨向 2，使 S_x 接通（则 S_2 断），使水温从 50℃ 开始下降，水温下降过程中，每下降 5℃ 读一次 I_g 值，同时用替代法测量此时 R_t 值，一直读到 5℃ 为止，把数据记录在表 2.2.3 中。

（4）在方格纸上绘 $R_t \sim t$ 关系曲线，根据热敏电阻 0℃ 和 50℃ 时的阻值，计算其材料常数 B 和室温下的电阻温度系数 α，分析热敏电阻温度特性，判断是 PTC 型还是 NTC 型。

表 2.2.3　热敏电阻温度特性数据测量记录表

t/℃	0	5	10	15	20	25	30	35	40	45	50
I_g/μA											
R_t/Ω											

4）用自制的不平衡电桥测量光敏电阻阻值与光照强度的关系

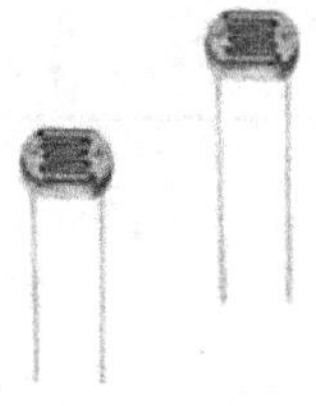

（1）暗室制作

用废弃的泡沫板（或其他可取材料）制作一个约 80mm 边长的 5 面正方体暗盒，各面用胶水粘牢，内壁用浅色粘纸黏住，光敏电阻（如图 2.2.18 所示）安装在暗室无面的那一面的对面中间部位，电阻脚从该面穿出，如图 2.2.19 所示。另再制作边长为 80mm 的 8 块遮光挡板，大小要求能遮住正方体暗室无面的那一面，在每块板中间分别开直径为 50mm、40mm、30mm、20mm、10mm、8mm、6mm、4mm 的圆孔。

图 2.2.18　光敏电阻

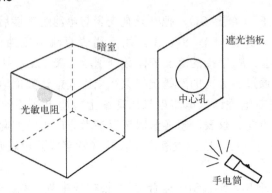

图 2.2.19　光敏电阻光照示意图

(2) 测量不平衡电桥输出电流和光敏电阻值

按 1)、2) 调试电路接线，元器件作适当调整，R_1、R_2 为 2kΩ 的线圈电阻，R_3、R_4 为 20kΩ 精密可调电位器（若外部环境光照不强，可用 50kΩ 精密可调电位器），将光敏电阻 R_X 接在不平衡电桥外接 R_X 接线柱上，电源采用 9V 电池组，接法同 1)、2)。

合上开关 S_3（S_4 断开）、S_1、S_x（S_2 断开）。用项目一制作的手电筒从暗室无面的那一面中间部位照射光敏电阻，手电筒距离光敏电阻 300mm，后面测试过程中手电筒和暗室保持同样状态，不要移动改变。调节 R_3，使毫安表（若电流小，可改接微安表，以下同）电流 $I_g=0$，然后合上开关 S_2（S_x 断开），调节 R_4，使毫安表电流 $I_g=0$，则此时 R_4 即为光敏电阻阻值 R_x，断开 S_1、S_2（S_x 合上）、S_3（S_4 合上），用万用表测试 R_4 阻值记录在表 2.2.4 中。

重新合上开关 S_3（S_4 断开）、S_1、S_x（S_2 断开）。用中间有 50mm 孔径的遮光板遮挡在暗室无面侧，观察毫安表电流指示值，然后合上开关 S_2（S_x 断开），调节 R_4，使毫安表电流等于观察的指示值，则此时 R_4 即为光敏电阻阻值 S_x，断开 S_1、S_2（S_x 合上）、S_3（S_4 合上），用万用表测试 R_4 阻值即为光敏电阻阻值 R_x，把测量值记录在表 2.2.4 中。用同样方法，分别测试其余 7 块不同孔径的遮光板遮挡时光敏电阻阻值 R_X，把测量值也记录在表 2.2.4 中。

注意：测量过程要准确迅速，以免时间过长，手电筒和外部环境光照强度变化大，引起数据测量误差大。

(3) 数据分析

分别在方格纸上绘 $R_x \sim d$（孔径）关系曲线和不平衡电桥输出电流 $I_g \sim d$ 关系曲线，分析光照强度对光敏电阻和电桥输出的影响，把分析简报填写在表 2.2.4 中。

表 2.2.4　光敏电阻电桥测量数据记录表

d/mm	80	50	40	30	20	10	8	6	4
I_g/mA									
R_x/Ω									
分析简报：									

三、工作评价

（一）知识答卷

参见《电工基础技术项目工作手册》项目二中工作任务二的知识水平测试卷。

（二）知识学习考评成绩

知识学习考评表同表 1.2.10，参见《电工基础技术项目工作手册》项目二中任务二的知识学习考评表。

（三）任务实施过程评价

工作过程考核评价表类同表 1.2.11，参见《电工基础技术项目工作手册》项目二中任务二的工作过程考核评价表。

任务三 单臂平衡电桥电路的设计、制作与调试

一、任务准备

（一）教师准备

（1）教师准备好支路电流法、节点电压法应用案例，以及单臂平衡电桥工作电路设计和应用的演示课件；

（2）任务实施场地检查，任务实施材料、工具、仪器仪表等准备，技术和技术资料准备，组织管理措施、任务实施场所安全技术措施和管理制度等参考任务一；

（3）任务实施计划和步骤：① 任务准备、学习有关知识；② 单臂电桥及其调试电路的设计。正确按照国家规范标准绘制电路原理图、调试电路电气原理图和印制板图并选用元器件；③ 自制单臂平衡电桥线路连接；④ 自制单臂平衡电桥电路调试：验证支路电流法和节点电压法是否适用于单臂平衡电桥电路分析；⑤ 单臂平衡电桥电路调试：用单臂电桥测量电阻值；⑥ 工作评价。

（二）学生准备

（1）衣着、仪容仪表整洁，穿戴好劳保用品；无条件的学校，由学生自行穿好长袖衣、长裤和皮鞋等。

（2）掌握好安全用电规程和触电抢救技能。

（3）检查好材料、工具、仪器仪表。在实验员指导下，每个项目小组检查好材料、工具、仪器仪表等物资是否正常和合乎使用标准，对不符合使用标准的应予以更换。

（4）学生准备好《电工基础技术项目工作手册》、方格纸以及铅笔、圆珠笔、三角板、直尺、橡皮擦等文具。

（三）实践应用知识的学习

知识学习内容 1 支路电流法

1. $2b$ 法和 $2b$ 方程

对于具有 b 条支路、n 个节点的电路，若以各支路电流、支路电压为未知量列写方程时，总共有 $2b$ 个未知量。

根据支路电压和支路电流之间的伏安关系（VCR），可以列写 b 个支路方程。

根据基尔霍夫电流定律（KCL）可列出 $(n-1)$ 个独立的电流方程。根据基尔霍夫电压定律

（KVL）可列出 $b-(n-1)$ 个独立的电压方程。

综上所述，可以列写方程总数为 $2b$ 个。由 $2b$ 个方程可以求解 $2b$ 个支路电压和支路电流未知量，这种电路分析的方法就称为 $2b$ 法。

2．支路电流法

为了减少求解方程的数目，可以利用各支路 VCR 关系，把各支路电压用支路电流表示。根据 KCL，可列出 $(n-1)$ 个以 b 个支路电流为未知量的方程。根据 KVL，可列出 $b-(n-1)$ 个以 b 个支路电流为未知量的方程。故方程总数从 $2b$ 个减少至 b 个。b 个方程可解出 b 个支路电流，这种方法称为支路电流法。

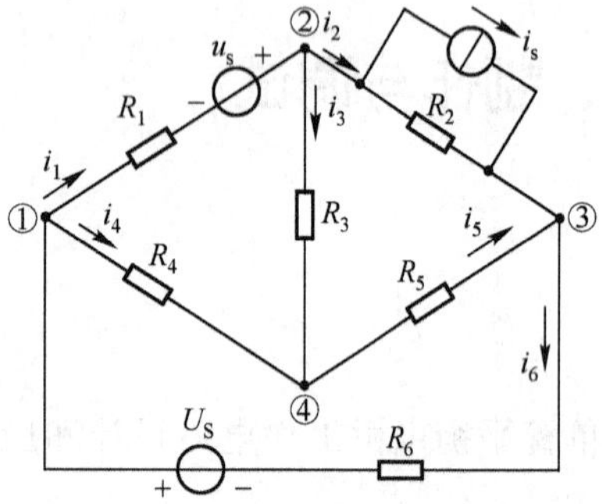

如图 2.3.1 所示电路，在电路中支路数 b 为 6，节点数 n 为 4，假设各电压源、电流源为已知量，选取支路电流为未知量，求解各支路电流和支路电压。

根据支路电流法，可列写 $(4-1)=3$ 个以支路电流为变量的 KCL 方程，可列写 $6-(4-1)=3$ 个以支路电流为变量的 KVL 方程。

任意选取三个节点①、②、③，列出 KCL 方程，即

$$\begin{cases} i_1 + i_4 - i_6 = 0 \\ -i_1 + i_2 + i_3 = 0 \\ -i_2 - i_5 + i_6 = 0 \end{cases}$$

图 2.3.1 说明支路方程的电路

任意选取三个回路，通常选取网孔，按顺时针绕行方向，列出三个 KVL 方程，即

$$\begin{cases} i_1 R_1 - u_{s1} + i_3 R_3 - i_4 R_4 = 0 \\ (i_2 - i_s) R_2 - i_3 R_3 - i_5 R_5 = 0 \\ i_4 R_4 + i_5 R_5 + i_6 R_6 - u_s = 0 \end{cases}$$

由以上 6 个方程的方程组可以求解 6 个支路电流 $i_1 \sim i_6$，根据支路电流由 VCR 关系求得各支路电压。

在支路电流法中，对于 KCL 方程，可以规定流出节点的电流取"＋"，反之取"－"。对于 KVL 方程，可以规定沿绕行方向取"＋"，反之取"－"。

综上所述，采用支路电流法的主要步骤是：
① 判别电路的支路数和节点数，并选定 $b-(n-1)$ 个网孔和 $(n-1)$ 个独立节点；
② 标出各待求支路电流的参考方向以及网孔的绕行方向；
③ 按独立节点列写 $(n-1)$ 个电流方程；
④ 按网孔数列写 $b-(n-1)$ 个网孔电压方程；
⑤ 联立求解上述 b 个独立方程，求出各支路电流；
⑥ 根据支路电流，求解各支路电压及功率等其他物理量。

【例 2.3.1】 如图 2.3.2 所示电路，试求流经 10Ω、15Ω 电阻的电流及电流源两端的电压。

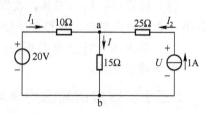

图 2.3.2 例 2.3.1 图

解 电路有两个网孔，一个独立节点，选取 a 节点作为独立节点。三条支路电流的参考方向如图所示，网孔以顺时针方向绕行。根据 KCL、KVL 列写三个支路电流变量方程如下：

$$\begin{cases} -I_1 - I_2 + I = 0 \\ 10I_1 + 15I = 20 \\ -25I_2 - 15I = -U \end{cases}$$

增加辅助方程：$I_2 = 1\text{ A}$

解联立方程得到：$I = 1.2\text{ A}$，$I_1 = 0.2\text{ A}$，$U = 43\text{ V}$

知识学习内容 2　节点电压法

当用支路电流法计算复杂电路时，电路的支路数越多，需要列出求解的联立方程式就越多，不便于求解。因此必须另找其他简便的分析方法。如果复杂电路中尽管支路数、网孔数较多，但节点数少，就可以采用节点电位法进行分析、计算。

节点电位法又简称为节点法，是系统地分析线性电路的一种重要方法，特别适合于对大型网络作计算机辅助分析。

1．节点电压法

对于具有 n 个节点、b 条支路的电路，任意假定一个节点作为参考节点，规定参考节点的电位为 0，其他 $(n-1)$ 个节点相对于参考节点的电压就称作该节点的节点电压（也称作节点电位），将 b 条支路的电压用两相关节点的节点电压差表示，并将支路电流用支路电压表示，根据 KCL 列写 $(n-1)$ 个独立节点的节点方程，求解未知变量的方法，称为节点电压法。

一般地，如果规定 i_{sk} 表示流入第 k 个节点的电流源代数和，并规定流入节点的电流源电流取"+"，流出取"–"。对于具有 n 个节点、b 条支路的电路，其 $(n-1)$ 个独立节点的节点电压方程可以表示为下列一般形式：

$$\begin{cases} G_{11}u_{n1} + G_{12}u_{n2} + \ldots + G_{1(n-1)}u_{n(n-1)} = i_{s1} \\ G_{21}u_{n1} + G_{22}u_{n2} + \ldots + G_{2(n-1)}u_{n(n-1)} = i_{s2} \\ \quad\quad\ldots\ldots \\ G_{(n-1)1}u_{n1} + G_{(n-1)2}u_{n2} + \ldots + G_{(n-1)(n-1)}u_{n(n-1)} = i_{s(n-1)} \end{cases}$$

节点方程中，G_{kk} 是第 k 个节点的自导，它是与电路中第 k 个节点直接相连接的支路所有电导之和。电路中第 k 个节点和第 j 个节点共有的电导，称为两个节点的互导，在方程中用符号 G_{kj} 和 G_{jk} 表示。相邻节点的互导相等，即 $G_{kj} = G_{jk}$。比如第二个节点的节点电压方程中，G_{22} 表示第二个节点的自导，$G_{2(n-1)}$ 表示第二个节点对第 $(n-1)$ 个节点的互导，它与第 $(n-1)$ 个节点的节点方程中第 $(n-1)$ 个节点对第二个节点的互导 $G_{(n-1)2}$ 相等。

节点方程中，自导总是取正，互导总是取负，两个节点之间没有电导时，互导为零。当含有受控源支路时，互导的大小不一定相等，且符号也要根据实际情况确定。

以上节点电压方程的论证过程从略。

2．节点电压法的计算步骤

从上述推论过程中可归纳出节点法分析电路的步骤如下。

步骤一：选定参考节点，其余独立节点对参考节点的电压为该节点电压，规定其参考方向为由独立节点指向参考节点。

关于参考节点的选取一般遵循以下规则：

① 连接支路最多的节点；
② 纯电压源的一端；
③ 待求电压的一端；
④ 受控源控制电压的一端。

步骤二：列写节点电压方程。

步骤三：解方程组，求出各节点电压。

步骤四：选择各未知支路电流的参考方向，计算支路电流，并求解其他待求量。

3. 节点电压法使用时的注意点

（1）电压源与电阻串联支路

处理措施：等效变换为电流源与电阻并联后，列写节点方程。

（2）电压源无电阻串联支路

处理措施：首先尽可能选取电压源支路的负极性端作为参考节点，该支路另一端节点的节点电压就等于该电压源的电压，该节点就不必再列节点方程；然后，把电压源中的电流作为未知量写入节点方程，并将电压源电压与两端节点电压的关系作为补充方程一并求解。

（3）电流源与电阻串联支路

处理措施：该支路当作单个电流源处理，电阻不计入自导和互导。

（4）受控源支路

处理措施：把控制量用节点电压表示，并暂时把它当作独立电源处理，列出节点方程，然后将用节点电压表示的受控电流源移到节点方程式的左边求解。

【**例 2.3.2**】 列写出图 2.3.3（a）、（b）中电路的节点电压方程。

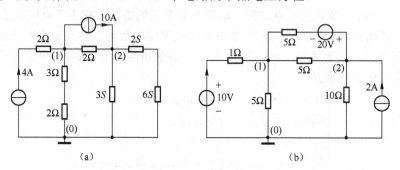

图 2.3.3　例 2.3.2 图

解 图（a）

$$\begin{cases}\left(\dfrac{1}{2}+\dfrac{1}{2+3}\right)u_{n1}-\dfrac{1}{2}u_{n2}=4-10\\-\dfrac{1}{2}u_{n1}+\left(\dfrac{1}{2}+3+\dfrac{1}{\dfrac{1}{2}+\dfrac{1}{6}}\right)u_{n2}=10\end{cases}$$

图（b）

$$\begin{cases}\left(1+\dfrac{1}{5}+\dfrac{1}{5}+\dfrac{1}{5}\right)u_{n1}-\left(\dfrac{1}{5}+\dfrac{1}{5}\right)u_{n2}=\dfrac{10}{1}-\dfrac{20}{5}\\-\left(\dfrac{1}{5}+\dfrac{1}{5}\right)u_{n1}+\left(\dfrac{1}{5}+\dfrac{1}{5}+\dfrac{1}{10}\right)u_{n2}=\dfrac{20}{5}+2\end{cases}$$

【**例 2.3.3**】 如图 2.3.4 所示电路用节点电压法求 I_s 和 I_o。

解 各节点如图标所示，列节点电压方程如下：

$$\begin{cases}u_{n1}=48\\-\dfrac{1}{5}u_{n1}+\left(\dfrac{1}{5}+\dfrac{1}{2}+\dfrac{1}{6}\right)u_{n2}-\dfrac{1}{2}u_{n3}=0\\-\dfrac{1}{12}u_{n1}-\dfrac{1}{2}u_{n2}+\left(\dfrac{1}{2}+\dfrac{1}{2}+\dfrac{1}{12}\right)u_{n3}=0\end{cases}$$

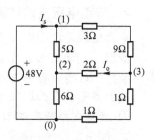

图 2.3.4　例 2.3.3 图

求解得:
$$u_{n2}=18\text{V}, \quad u_{n3}=12\text{V}$$
$$I_S = \frac{u_{n1}-u_{n2}}{5} + \frac{u_{n1}-u_{n3}}{3+9} = 9\text{A}$$
$$I_O = \frac{u_{n3}-u_{n2}}{2} = -3\text{A}$$

知识学习内容 3　单臂电桥电路工作过程分析

1. 单臂电桥的基本知识

电桥是一种常用的比较式仪表，它使用准确度很高的元件（如标准电阻器、电感器、电容器）作为标准量，然后用比较的方法去测量电阻、电感、电容等电路参数，所以电桥的准确度很高。电桥的种类很多，可分为交流电桥（用于测量电感、电容等交流参数）和直流电桥。直流电桥分为单臂电桥和双臂电桥两种。

电阻是电路的基本元件之一，电阻的测量是基本的电学测量。用伏安法测量电阻，虽然原理简单，但有系统误差。在需要精确测量阻值时，必须用直流单臂电桥（又称惠斯通电桥），其适宜于测量中值电阻($1\sim10^6\Omega$)。早在 1833 年就有人提出基本的电桥网络，10 年之后，英国人惠斯通利用它精确测量电阻，故得名。

惠斯通电桥的电气原理图如图 2.3.5（a）所示，（b）图是电桥工作时的电路图。标准电阻 R_1、R_2、R_3 和待测电阻 R_X 连成四边形，每一条边称为电桥的一个臂。在对角 A 和 C 之间接电源 E，在对角 B 和 D 之间接检流计 G，检流计内阻用 R_g 表示。因此电桥由 4 个臂、电源和检流计三部分组成。当开关 S_E 和 S_G 接通后，各条支路中均有电流通过，检流计支路起了沟通 ABD 和 BCD 两个网孔的作用，好像一座"桥"一样，故称为"电桥"。

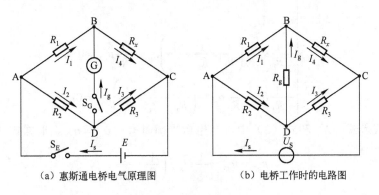

(a) 惠斯通电桥电气原理图　　(b) 电桥工作时的电路图

图 2.3.5　惠斯通电桥

2. 支路电流法分析电桥平衡时各支路电流的工作情况

在上一任务不平衡电桥电路分析中，我们已经通过戴维南定理分析过当 $I_g=0$ 时，电桥就处于平衡状态，此时 B、D 两点之间电压为 0。下面我们通过支路电流法来分析一下电桥平衡时各支路电流工作情况。

选取 A、B、D 三个独立节点，运用 KCL 列写节点电流方程如下：

$$\begin{cases} I_1 + I_g - I_4 = 0 & (1) \\ I_S - I_1 - I_2 = 0 & (2) \\ I_2 - I_3 - I_g = 0 & (3) \end{cases}$$

选取三个网孔作为独立回路，按顺时针方向绕行，运用 KVL 列写回路方程如下：

$$\begin{cases} I_1 R_1 - I_g R_g - I_2 R_2 = 0 & (4)\\ I_4 R_x - I_3 R_3 + I_g R_g = 0 & (5)\\ I_2 R_2 + I_3 R_3 - U_S = 0 & (6) \end{cases}$$

联立（1）~（6）方程组，当电桥平衡时 $I_g=0$，代入方程组可得：

$$\begin{cases} I_1 = I_4 & (1)\\ I_S - I_1 - I_2 = 0 & (2)\\ I_2 = I_3 & (3)\\ I_1 R_1 = I_2 R_2 & (4)\\ I_4 R_x = I_3 R_3 & (5)\\ I_2 R_2 + I_3 R_3 - U_S = 0 & (6) \end{cases}$$

联立（1）、（3）、（4）、（5）式，可得电桥平衡条件：$R_1 R_3 = R_2 R_x$。平衡时各支路电流为

$$\begin{cases} I_2 = I_3 = \dfrac{U_S}{R_2 + R_3}\\ I_1 = I_4 = \dfrac{R_2}{R_1} \dfrac{U_S}{R_2 + R_3}\\ I_S = \left(1 + \dfrac{R_2}{R_1}\right) \dfrac{U_S}{R_2 + R_3} \end{cases}$$

3．节点电压法分析电桥平衡时各支路电压的工作情况

选 C 作为参考节点，分别对 A、B、D 三点列写节点方程：

$$\begin{cases} u_{n1} = U_S & (1)\\ -\dfrac{1}{R_1} u_{n1} + \left(\dfrac{1}{R_1} + \dfrac{1}{R_x} + \dfrac{1}{R_g}\right) u_{n2} - \dfrac{1}{R_g} u_{n3} = 0 & (2)\\ -\dfrac{1}{R_2} u_{n1} - \dfrac{1}{R_g} u_{n2} + \left(\dfrac{1}{R_2} + \dfrac{1}{R_3} + \dfrac{1}{R_g}\right) u_{n3} = 0 & (3) \end{cases}$$

把式（1）代入式（2）和式（3）中，当电桥平衡时有：$u_{n2} = u_{n3}$。根据式（2）得到：

$$u_{n2} = u_{n3} = \dfrac{1}{R_1} U_S \bigg/ \left(\dfrac{1}{R_1} + \dfrac{1}{R_X}\right) \tag{4}$$

根据式（3）得到：

$$u_{n2} = u_{n3} = \dfrac{1}{R_2} U_S \bigg/ \left(\dfrac{1}{R_2} + \dfrac{1}{R_3}\right) \tag{5}$$

联立式（4）和式（5）可得电桥平衡条件：$R_1 R_3 = R_2 R_x$，这与戴维南定理、支路电流法分析的结论是一致的。电桥平衡时，可得 $u_{n2} = u_{n3} = \dfrac{R_x}{R_1 + R_x} U_S = \dfrac{R_3}{R_2 + R_3} U_S$。各支路电压为

$$u_{R1} = u_{R2} = u_{n1} - u_{n2} = u_{n1} - u_{n3} = \dfrac{R_1}{R_1 + R_x} U_S = \dfrac{R_2}{R_2 + R_3} U_S$$

$$u_{R3} = u_{RX} = u_{n2} = u_{n3} = \dfrac{R_x}{R_1 + R_x} U_S = \dfrac{R_3}{R_2 + R_3} U_S$$

同学们可根据支路电流和支路电压，自行分析一下是否满足欧姆定律。

4. 单臂电桥的应用

1) 单臂电桥测量原理

图 2.3.5（a）所示为惠斯通电桥的电气原理图，R_1、R_2、R_3、R_x 分别组成电桥的 4 个臂。其中，R_x 称为被测臂，R_1、R_2 构成比例臂，R_3 称为比较臂。

当接通按钮开关 S_E 后，调节标准电阻 R_1、R_2、R_3，按下 S_G 按钮，使检流计 G 的指示为零，即 $I_g=0$，这种状态称为电桥的平衡状态。

由前面的分析知道，电桥平衡的条件是：$R_1R_3 = R_2R_x$，它说明，电桥相对臂电阻的乘积相等时，电桥就处于平衡状态，此时检流计中的电流 $I_g=0$。

将平衡条件的公式变为：$R_x = \dfrac{R_1}{R_2}R_3$，该式说明，电桥平衡时，被测电阻 $R_X =$ 比例臂倍率 × 比较臂读数。

提高电桥准确度的条件是：标准电阻 R_1、R_2、R_3 的准确度要高，通常采用精密度比较高的线圈电阻，R_1、R_2 往往是成比例同时变化调节的，R_3 采用四组线圈电阻组成的标准电阻箱；检流计的灵敏度也要高，以确保电桥真正处于平衡状态。

2) QJ24A 型箱式直流单臂电桥

如果将图 2.3.5（a）中的三只电阻（R_1、R_2 及 R_3）、电源、检流计和开关等元件组装在一个箱子里，就成为便于携带、使用方便的箱式惠斯通电桥，QJ24A 型箱式直流单臂电桥的面板如图 2.3.6（a）所示。一般的电桥都大同小异，QJ24 型直流单臂电桥是广泛使用的一种箱式惠斯

(a) 单臂电桥操作面板

1. 比较臂电阻箱　2. 比例臂旋钮　3. 外接电阻接线柱　4. 外接检流计接线柱　5. 检流计调零旋钮
6. 电源开关　7. 检流计　8. 电源按钮　9. 检流计粗细调节开关　10. 检流计短通开关

(b) 比例臂、比较臂线圈电阻内面侧视图
1. 比较臂线圈电阻　2. 比例臂线圈电阻

(c) 比例臂、比较臂线圈电阻内面俯视图
1. 比较臂电阻箱　2. 内置电源按钮
3. 检流计接线端　4. 比例臂电阻器

图 2.3.6　QJ24A 型单臂电桥

通电桥。它的原理与图 2.3.5（b）类同，为了在测量电阻时读数方便，左上方是比例臂旋钮(量程变换器)，比例臂 R_1/R_2 的比值设计成如下 7 个 10 进位的数值：0.001、0.01、0.1、1、10、100、1000，旋转比例臂旋钮即可改变 R_1/R_2 的比值；面板右边是比较臂 R_3 (测量盘)，是一只有 4 个旋钮的电阻箱，最大阻值为 9999Ω；检流计 G 安装在比例臂旋钮的下方，其左侧有一个零点调整旋钮 W；待测电阻 R_x 接在 X_1 和 X_2 接线柱之间。

当电桥平衡时，待测电阻

$$R_x = \frac{R_1}{R_2} R_3$$

B_0[图 2.3.6（a）所示 8]是仪器内部电源 E (4.5V)的按钮开关，G_1[图 2.3.6（a）所示 9]和 G_2[图 2.3.6（a）所示 10]是检流计的钮子开关，G 旁边的两个接线柱用来外接检流计。当外接 9V 电源和高灵敏度检流计时，可提高测量的精确度。

接通 G_2 开关时，由于检流计并联有保护电阻 R_D，灵敏度降低，但可允许通过较大的电流。开始测量时，电桥处于很不平衡状态，通过检流计的电流较大，所以只能使用 G_2 开关，如果摆动大，可把 G_2 开关拨到"短接"。随着电桥逐步接近平衡状态，应把开关 G_1 拨到"细"位置，这时检流计直接接入电路，灵敏度提高。

应避免按钮开关 B_0 长时间锁住，如电流长时间流过电阻，使电阻元件发热，从而影响测量准确性。

3) 用 QJ24 型箱式直流单臂电桥测电阻

(1) 检查仪器上检流计的指针是否指"0"，如不指"0"，可旋转零点调整旋钮，使指针准确指"0"。

(2) 用万用表测出待测电阻 R_x 的大概数值，然后将 R_x 接在 X_1 和 X_2 两个接线柱之间。

(3) 根据对 R_x 的粗测，R_3 应取 4 位有效数字的原则(使电阻箱的 4 个旋钮全部利用)，参照表 2.3.1 确定比例臂旋钮的指示值。

表 2.3.1 比例臂选择表

R_x的粗测值/Ω	0~10	10~10^2	10^2~10^3	10^3~10^4	10^4~10^5	10^5~10^6	10^6~10^7
电桥比例臂	0.001	0.01	0.1	1	10	100	1000

(4) 调节 R_3 的千位数与 R_x 粗测值的第一位数字相同，其余各旋钮旋到"0"。用左手手指按下按钮 B_0，接通开关 G_1（拨到"粗"）、G_2（拨到"通"），眼睛密切注视检流计，如果指针迅速偏转，说明电桥很不平衡，通过检流计的电流很大，应迅速松开手指，使按钮弹起，以免烧坏检流计。然后检查比例臂和比较臂的指示值，如有错置，立即改正。

如果检流计指针较慢地偏向"+"号一边或"-"号一边，可用右手调节 R_3，使指针向"0"移动，直到指针最接近"0"为止。如果指针偏向"+"号一边，说明 R_3 偏大，应调小；如果指针偏向"-"号一边，说明 R_3 偏小，应调大。调节方法是：由电阻箱的高阻挡（×1000 挡和×100 挡）到低阻挡（×10 挡和×1 挡）逐个仔细地调节。

(5) 松开 B_0，拨动开关 G_1 到"细"，再重新按下 B_0，由于检流计的灵敏度提高了，指针一般又会偏离，仔细调节 R_3 的低阻挡，直到指针精确指"0"为止。记下比例臂 R_1/R_2 和比较臂 R_3 的指示值。

(6) 根据 $R_x = \frac{R_1}{R_2} R_3$，计算出待测电阻 R_x。

(7) 电桥使用注意事项：

① 在用电桥测电阻前，先检查检流计是否调零，如未调零，应先调零后再开始测量。R_3 的×1000 挡绝对不能调到"0"。在调节 R_3 时，当检流计指针偏转到满刻度时，应立即松开按钮开关 B_0。

② 在调节 R_3 时，如果检流计不偏转或始终偏向一边，应检查电路连接是否正确，各处接线特别是外接检流计 G 接线是否旋紧。为保护检流计，在使用按钮开关时，应用手指压紧按钮而不要"旋死"。按下 B_0，接通开关 G_1、G_2 的时间不能长。

③ 待测电阻与接线柱的连接导线电阻应小于 0.005Ω。

④ 实验完毕后，应检查各按钮及开关是否均已断开，再关闭电源；否则，将会损坏电源。请学生切记！

知识学习内容 4　制作电阻箱

根据上述，单臂电桥中比较臂 R_3 应采用标准电阻箱，而且电阻箱要能以十进制形式提供从 0 到 9999Ω 的电阻，最小分辨电阻为 1Ω，其组成原理电路如图 2.3.7 所示。

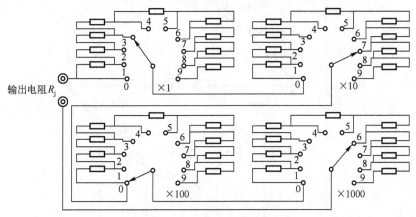

图 2.3.7　电阻箱组成原理图

电阻箱输出的总电阻是各挡电阻的串联，共有四挡，每一挡的电阻又是由若干个电阻串联得到。每一挡有一个单刀十掷旋转开关，它可提供"0"至"9"共 10 个位置。每一挡都有 9 个相同阻值的电阻，例如在×1Ω 挡，就是 9 个相同的 1Ω 电阻；在×10Ω 挡，就是 9 个相同的 10Ω 电阻。每挡产生的电阻，与旋转开关当前所在位置有关，一个共同的规律是，每挡产生的电阻总等于旋转开关当前所在位置对应的数值乘以挡位数，对如图 2.3.7 所示的×1Ω 挡，该挡电阻是 $3\times1\Omega=3\Omega$；而×10Ω 挡，该挡电阻是 $7\times10\Omega=70\Omega$。因此，如图 2.3.7 所示电阻箱输出总电阻为

$$R_3 = 6\times1000 + 0\times100 + 7\times10 + 3\times1 = 6073\ \Omega$$

电阻箱内电阻的精度直接影响用电桥法测量电阻的精度，因此箱内电阻一般选用阻值不随温度、湿度及压力等变化的高精度标准电阻，如线圈电阻器（如图 3.2.15 所示）。采用线圈电阻器连接制作的电阻箱面板及箱内结构分别如图 2.3.8（a）、（b）所示。若把电阻箱电阻器主电路部分嵌入箱式电桥，则面板操作部分如图 2.3.6（a）中 1 所示，内部电路结构如图 2.3.6（b）、（c）中 1 所示。

（a）4 位标准电阻箱面板　　　　　（b）电阻箱内部结构图

图 2.3.8　4 位标准电阻箱

知识学习内容5 制作多倍率电桥

在电桥平衡条件公式 $R_x = \dfrac{R_1}{R_2} R_3$ 中,设倍率 $k = \dfrac{R_1}{R_2}$,则 $R_x = kR_3$。如果 $R_1 = R_2$,则 $k = 1$,即 $R_x = R_3$,当 R_x 较小时,必须由电阻箱提供较小的电阻才能使电桥平衡,为此,可改变倍率 k。例如,当 $R_X = 0.005\Omega$ 时,可使 $k = 0.001$,选择 $R_3 = 5\Omega$,即可使电桥平衡。

如图 2.3.9 所示给出了一个 7 种倍率的电桥。7 种倍率分别为 $k = 10^i$,其中 $i = -3$、-2、-1、0、1、2、3。

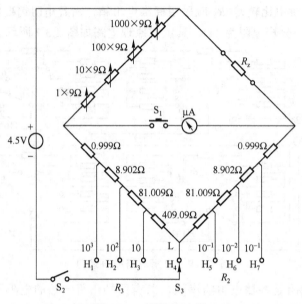

图 2.3.9 多倍率电桥

当开关 S_2 置于 H_4 位置时,$R_1 = R_2 = 409.09 + 81.009 + 8.902 + 0.999 = 500\Omega$,倍率 $k = 1$;当开关 S_2 置于 H_1 位置时,$R_1 = 2 \times 500 - 0.999 = 999.001\Omega$,$R_2 = 0.999\Omega$,倍率 $k = 1000$,倍率最大;当开关 S_2 置于 H_7 位置时,$R_1 = 0.999\Omega$,$R_2 = 2 \times 500 - 0.999 = 999.001\Omega$,倍率 $k = 0.001$,倍率最小。

尽量选用低倍率挡测量,以便获得更高的精度。

例如,被测电阻值为 1.234Ω 时,若用 $k = 1$ 挡,R_3 只能选定为 0001Ω,$R_x = 1\Omega$;若用 $k = 0.1$ 挡,R_3 应为 0012Ω,$R_x = 1.2\Omega$;若用 $k = 0.001$ 挡,R_3 应为 1234Ω,$R_x = 1.234\Omega$。

单臂电桥比例臂倍率的选择可请参见表 2.3.1。

单臂平衡电桥中比例臂操作面板如图 2.3.6(a)中 2 所示,内部电路的结构和连接分别如图 2.3.6(b)中 2、(c)中 4 所示。

二、任务实施

1. 单臂电桥电路设计

设计单臂电桥及其调试电路,绘制电路原理图、调试电路电气原理图和印制板图,并正确选用元器件。

(1)参照图 2.3.5(a),设计单臂电桥电路,绘制电路原理图。

(2)为了调试时,测试电桥工作特性的方便,在设计的电路中用一只检流计(用接线柱外接入)、一个开关 S_1 串接在 B、D 端口之间;B、C 端口各用一个接线柱引出来外接被测电阻 R_x;电桥电源采用一组电池盒（用接线柱外接入）与一个按钮开关 S_3 串接接在 A、C 端口之间；电阻器 R_1、R_2 采用 8 个不同阻值的标准线圈电阻采用单刀旋转开关构成 7 种不同倍率比；R_3 采用标准电阻箱用接线柱外接入。直流电压的测量采用万用表，测量电压时接入电路，电桥平衡时各支路电流的测量采用毫安表（支路电流小时可采用微安表）接入电流测试桩头（未接电流表时，桩头用短接铜片短路连接）测量。测量实物接线图参照图 2.3.10。正确绘制调试电路的电气原理图和印制板图。

（3）各项目小组在预先准备的元器件中选用电路的组成器件，讨论分析元器件选用的理由，写出书面设计选用过程。

标准电阻器 R_1、R_2、R_3 采用阻值不同的线圈电阻组成，R_3 采用阻值不同的线圈电阻构成的电阻箱，电阻箱应能以十进制形式提供从 0～9999Ω 的电阻，最小分辨电阻为 1Ω。线圈电阻器如图 2.2.17 所示。设计选用方法可参考"知识学习内容 4　制作电阻箱"和"知识学习内容 5　制作多倍率电桥"。为了减小电流表、检流计的内阻对调试分析的影响，各臂阻值宜在 100Ω 以上。

为便于迅速操作，防止检流计因电流大而损坏，检流计开关 S_G 可采用按钮开关 B_0。

电源采用有电池盒的干电池组，总电压可取 12 V 左右。

2. 单臂平衡电桥线路连接

在任务二制作完成的印制电路板基础上，根据图 2.3.10 所示单臂平衡电桥的调试电路，在印制板上制作电流测试桩头（图中指①、②、③、④和⑤），并在各接线柱上完成元件和仪表的连接，如图 2.3.10 所示。

注意：检流计从外接检流计接线柱接入时，原电路中的 R_g 电位器应短接。电路连接的要求同不平衡电桥电路。

比较臂 R_3 标准电阻箱和比例臂倍率电路可预先向厂家定制，或购买线圈电阻、单刀旋转开关等按照图 2.3.6～图 2.3.9 所示方法分别完成线路连接。

电路连接好后，要认真检查线路，确保无误后，并用万用表检查各开关的通断位置，电路未调试之前，S_1、S_2（S_x 接通）、S_3 应断开，S_4 应处于闭合位置（即电源部分，A、C 节点处于短接状态）。

3. 单臂平衡电桥电路调试

1）验证支路电流法和节点电压法是否适用于单臂平衡电桥电路分析

在 R_x 接线柱两端接入一只微安表和一个 500Ω 的电阻器。电桥 R_1、R_2 外接端分别接入两只微安表和一个比例臂倍率开关，如图 2.3.10 所示，调节倍率 $k = 0.1$，此时，$R_1 = 81.009 + 8.902 + 0.999 ≈ 91Ω$，$R_2 = 409.9 × 2 + 81.009 + 8.902 + 0.999 ≈ 911Ω$。电桥 R_3 外接端接入标准电阻箱和一只微安表。在外接电源端接入 12V 电池组和一只微安表。

注意：若微安表数量不够，可把各电流测试桩头先用短接铜片短路，如图 2.3.10 所示，在电桥调平衡后，再把微安表接入各支路，并拆除相应短接铜片，逐一测量平衡时各支路电流，各支路电流测量完毕，应先用短接铜片短路测试端，然后再拆除微安表。

待电路连接完成并对检流计调零后，置标准电阻箱输出电阻 R_3 为 9000Ω，合上 S_3（S_4 断开），短时接通 S_1，观察检流计偏转方向和幅度，调整标准电阻箱输出电阻 R_3 阻值，再短时接通 S_1，再调整 R_3 阻值，直到最后检流计指针指向中间"0"示数。观察各微安表读数分别记入表 2.3.2 中。用万用表直流电压挡分别测量 A、B、D 各节点与节点 C 之间的电位差记入表 2.3.3 中。测量完毕，断开 S_1、S_2、S_3（S_4 接通）。

改变 R_x 接线柱两端接入的电阻器为 1.5 kΩ，重新按照上述过程完成支路电流和节点电压测量，并分别记入表 2.3.2 和表 2.3.3 中。

把采用支路电流法和节点电压法进行理论分析计算的数值，也记入表中，并与测量值比较，把分析过程和分析结论以简报形式也填入表中。

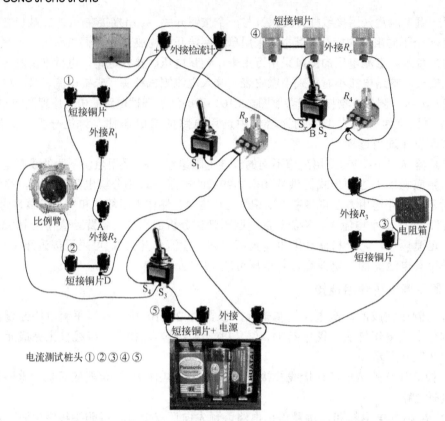

图 2.3.10　单臂平衡电桥调试电路实物接线图

表 2.3.2　支路电流测算分析记录表

支路电流 测算值	$R_1=$ $R_3=$ I_1（μA）	$R_2=$ $R_x=$ I_2（μA）	I_3（μA）	I_4（μA）	I_S（μA）	$R_1=$ $R_3=$ I_1（μA）	$R_2=$ $R_x=$ I_2（μA）	I_3（μA）	I_4（μA）	I_S（μA）
测量值										
计算值										
误差										
分析简报：										

表 2.3.3　节点电压测算分析记录表

节点电压 测算值	$R_1=$ $R_3=$ U_A（V）	$R_2=$ $R_x=$ U_B（V）	U_D（V）	$R_1=$ $R_3=$ U_A（V）	$R_2=$ $R_x=$ U_B（V）	U_D（V）
测量值						
计算值						
误差						
分析简报：						

2）用单臂电桥测量电阻值

在1）调试的基础上，把 R_x 接线柱两端分别接上标称值为 100Ω、470Ω、680Ω、1000Ω、2000Ω、2500Ω 的电阻器，用自制的单臂电桥电路按照上述步骤分别进行测量，把测量值填入表

2.3.4 中,并分析自制单臂电桥的测量精度。

表 2.3.4 电阻器阻值测量分析记录表

R_x 标称值（Ω）	倍率 k（R_1/R_2）	比较臂 R_3（Ω）	R_x 测量值（Ω）
100.0			
470.0			
680.0			
1000			
2000			
2500			
单臂电桥测量精度分析：			

三、工作评价

（一）知识答卷

参见《电工基础技术项目工作手册》项目二中工作任务三的知识水平测试卷。

（二）知识学习考评成绩

知识学习考评表同表 1.2.10，参见《电工基础技术项目工作手册》项目二中任务三的知识学习考评表。

（三）任务实施过程评价

工作过程考核评价表类同表 1.2.11，参见《电工基础技术项目工作手册》项目二中任务三的工作过程考核评价表。

任务四 双臂电桥电路的设计、制作与调试

一、任务准备

（一）教师准备

（1）教师准备好网孔电流法、回路电流法应用案例以及双臂平衡电桥工作电路设计和应用的演示课件。

（2）任务实施场地检查、任务实施材料、工具、仪器仪表等准备、技术和技术资料准备、组织管理措施、任务实施场所安全技术措施和管理制度等参考任务一。

（3）任务实施计划和步骤：①任务准备、学习有关知识；②双臂电桥及其调试电路的设计。正确按照国家规范标准绘制电路原理图、调试电路电气原理图和印制板图并选用元器件；③自制双臂平衡电桥线路的连接；④双臂平衡电桥电路调试：验证网孔电流法是否适用于双臂平衡电桥电路分析；⑤双臂平衡电桥电路调试：用双臂电桥测算金属丝的电阻率；⑥工作评价。

（二）学生准备

（1）衣着、仪容仪表整洁，穿戴好劳保用品；无条件的学校，由学生自行穿好长袖衣、长裤和皮鞋等。

（2）掌握好安全用电规程和触电抢救技能

（3）检查好材料、工具、仪器仪表。在实验员指导下，每个项目小组检查好材料、工具、仪器仪表等物资是否正常和合乎使用标准，对不符合使用标准的应予以更换。

（4）学生准备好《电工基础技术项目工作手册》、方格纸以及铅笔、圆珠笔、三角板、直尺、橡皮擦等文具。

（三）实践应用知识的学习

知识学习内容1　网孔电流法

对于支路电流法，是以一个电路的全部支路电流为求解对象的，所列方程数目较多，为减少方程数，可选取网孔电流为电路的变量（未知量）列出方程，求解网孔电流来分析各支路电流，从而可以简化计算。

1. 网孔电流

根据前面我们学过的知识可以知道，对于 b 条支路、n 个节点的电路，其网孔数相等均为 $b-n+1$。网孔可以视作特殊的回路。

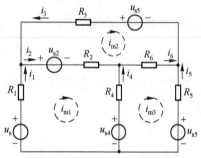

图 2.4.1　网孔分析举例

网孔电流是一种假想的在电路的各个网孔里流动的电流。如图 2.4.1 所示电路中，沿三个网孔流动的电流 i_{m1}、i_{m2}、i_{m3}，其参考方向如图所示。

电路中所有支路电流可视作该支路所在的不同网孔的网孔电流共同作用的结果，故都可以用网孔电流表示，在图 2.4.1 所示电路中，根据网孔电流与支路电流的流向，可以确定支路电流与网孔电流关系为

$$i_1 = i_{m1}, \quad i_2 = i_{m1} - i_{m2}, \quad i_3 = -i_{m2}$$
$$i_4 = -i_{m1} + i_{m3}, \quad i_5 = -i_{m3}, \quad i_6 = -i_{m2} + i_{m3}$$

这样，只要求出各网孔电流，就可确定所有支路电流。网孔电流流过支路时与支路电流方向一致取"+"，反之取"-"。

2. 网孔方程和网孔电流法

利用 KVL 可以列写 $(b-n+1)=m$ 个网孔的网孔回路方程，把各个网孔方程整理联立后，一般具有下列通用形式，推导过程从略。

$$\begin{cases} R_{11}i_{m1} + R_{12}i_{m2} + R_{13}i_{m3} + \cdots + R_{1m}i_{mm} = u_{s11} \\ R_{21}i_{m1} + R_{22}i_{m2} + R_{23}i_{m3} + \cdots + R_{2m}i_{mm} = u_{s11} \\ \cdots \cdots \\ R_{m1}i_{m1} + R_{12}i_{m2} + R_{13}i_{m3} + \cdots + R_{1m}i_{mm} = u_{s11} \end{cases}$$

式中，R_{kk}（$k=1, 2, \cdots, m$）称为自阻，它等于第 k 个网孔中所有电阻之和，自阻总为正。R_{jk}（$k \neq j$）称为互阻，它是相邻两个网孔间公共支路上的电阻，称为相邻两网孔间的互阻。流过互阻两个网孔电流方向相同，则 R_{jk} 取正，反之取负。两个网孔之间没有公共支路或有公共支路但其电阻为零时 $R_{jk}=0$。R_{jk}（第 j 个网孔对第 k 个网孔的互阻）与 R_{kj}（第 k 个网孔对第 j 个网孔的互阻）相等，即 $R_{jk}=R_{kj}$。

式中，每个网孔方程等号右边的 u_{skk} 表示网孔中所有电压源的代数和，各电压源与网孔电流绕行方向一致，取"-"，反之取"+"。

如图 2.4.1 所示电路中，各网孔的网孔方程列写如下：

$$\begin{cases}(R_1+R_2+R_4)i_{m1}-R_2i_{m2}-R_4i_{m3}=u_{s1}-u_{s2}-u_{s4}\\-R_2i_{m1}+(R_2+R_3+R_6)i_{m2}-R_6i_{m3}=u_{s2}-u_{s3}\\-R_4i_{m1}-R_6i_{m2}+(R_4+R_5+R_6)i_{m3}=u_{s4}-u_{s5}\end{cases}$$

综上所述，以（b-n+1）=m 个网孔的网孔电流为未知量，列写 m 个网孔方程，求解各网孔电流，根据网孔电流与支路电流的关系，求解各支路电流等未知量的电路分析方法，称为网孔电流法。

3．网孔电流法的计算步骤

网孔电流法进行电路计算的主要步骤为：
① 选定各网孔电流的参考方向，并以此方向作为回路的绕行方向；
② 列写网孔电流方程；
③ 求解网孔电流方程，得出网孔电流；
④ 根据支路电流与网孔电流的关系，求解各支路电流，以此再求解其他待求量。

4．网孔电流法使用时几个注意点

（1）电流源与电阻并联支路
处理措施：等效变换为电压源与电阻串联后，列写网孔电流方程。
（2）电流源无电阻并联支路
处理措施：①若电流源是边界支路，则所在网孔的网孔电流就等于电流源电流，该网孔可不必再列网孔电流方程；②若电流源不是边界支路，可假设电流源支路的端电压为 u，列写网孔方程时放在等号右边，并补充一个电流源电流与网孔电流关系的方程一并求解。
（3）电压源与电阻并联支路
处理措施：该支路当作单个电压源处理，电阻不计入自阻和互阻。
（4）受控源支路
处理措施：把控制量用网孔电流表示，并暂时把它当作独立电源处理，列出网孔方程，然后将用网孔电流表示的受控电压源移到方程式的左边求解。

【**例 2.4.1**】 如图 2.4.2 所示电路，已知 $R_1=R_2=10\,\Omega$，$R_3=4\,\Omega$，$R_4=R_5=8\,\Omega$，$R_6=2\,\Omega$，$u_{s3}=20\,\text{V}$，$u_{s6}=40\,\text{V}$，用网孔电流法求解电流 i_5。

解 各网孔电流方向分别如图 2.4.2 所示。列出网孔电流方程如下：

$$\begin{cases}(R_6+R_2+R_4)i_{m1}-R_2i_{m2}-R_4i_{m3}=-u_{s6}\\-R_2i_{m1}+(R_1+R_2+R_3)i_{m2}-R_3i_{m3}=-u_{s3}\\-R_4i_{m1}-R_3i_{m2}+(R_3+R_4+R_5)i_{m3}=u_{s3}\end{cases}$$

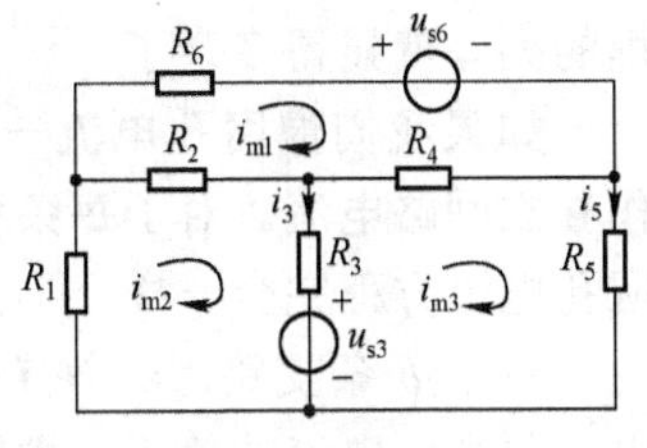

代入值

$$\begin{cases}20i_{m1}-10i_{m2}-8i_{m3}=-40\\-10i_{m1}+24i_{m2}-4i_{m3}=-20\\-8i_{m1}-4i_{m2}+20i_{m3}=20\end{cases}$$

得　　　　　　　　　　$i_{m1}=-3.636\,\text{A}$，　$i_{m2}=-2.508\,\text{A}$，　$i_{m3}=-0.956\,\text{A}$

所以 $i_5=i_{m3}$，即 $i_5=-0.956\,\text{A}$。

图 2.4.2 例 2.4.1 图

【**例 2.4.2**】 列出图 2.4.3 所示含有电流源电路的网孔电流方程。

解 各网孔电流方向如图 2.4.3 所示。设电流源的两端电压为 u，要作为变量列入方程中。

$$\begin{cases}(R_1+R_2)i_{m1}-R_2i_{m2}-u=0\\-R_2i_{m1}+(R_2+R_4+R_5)i_{m2}-R_4i_{m3}=0\\-R_4i_{m2}+(R_3+R_4)i_{m3}+u=0\end{cases}$$

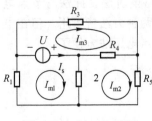

图 2.4.3 例 2.4.2 图

补充电流源支路的特性方程：

$$i_{m1} - i_{m3} = i_S$$

【例 2.4.3】 用网孔电流法求解如图 2.4.4 所示电路中电流 I_α 及电压 U_o。

解 各网孔电流绕行方向分别如图所示。列写网孔方程如下：

$$\begin{cases} (4+15+2.5)I_1 - 2.5I_2 - 15I_3 = 0 \\ -2.5I_1 + (8+2.5+2)I_2 - 2I_3 = -14 \\ I_3 = 1.4I_\alpha \\ I_\alpha = I_1 \end{cases}$$

解得：$I_\alpha = I_1 = 5 \text{ A}$，$I_2 = 1 \text{ A}$

由 $U_o + 14 + 8I_2 + 4I_1 = 0$

解得：$U_o = -42 \text{ V}$

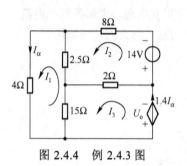

图 2.4.4 例 2.4.3 图

知识学习内容 2　回路电流法

在图 2.4.1 所示电路中，虽然网孔数 $m=b-n+1=3$，但却有 7 条回路。除三个网孔回路外，另外还有 4 条回路，即

回路 4：$u_{s1} \to R_1 \to R_3 \to u_{s3} \to R_5 \to u_{s5} \to u_{s1}$；

回路 5：$u_{s1} \to R_1 \to R_3 \to u_{s3} \to R_6 \to R_4 \to u_{s4} \to u_{s1}$；

回路 6：$R_3 \to u_{s3} \to R_5 \to u_{s5} \to u_{s4} \to R_4 \to R_2 \to u_{s2} \to R_3$；

回路 7：$u_{s1} \to R_1 \to u_{s2} \to R_2 \to R_6 \to R_5 \to u_{s5} \to u_{s1}$。

如果我们从 7 条回路中任意选取三条回路，且每条回路中至少含有一条其他两条回路未被使用过的支路，我们把满足这样关系的三条回路就称作独立回路。例如在图 2.4.1 所示电路中，三个网孔就是一组独立回路，网孔 1、网孔 2、回路 4 是一组，网孔 2、网孔 3、回路 4 是一组，回路 4、回路 5、回路 6 也是一组，其他独立回路组由同学们自己试着找找看。

通过推导，我们可以论证，对于 b 条支路、n 个节点的电路，其独立回路数 l 就等于网孔数 m，即 $l=m=b-n+1$，论证过程从略。

如果我们对 7 条回路，分别列写 KVL 方程，通过对 7 个回路方程进行分析，就不难会发现，只要对任意三个独立回路列写 KVL 回路方程，就能推导出其余的 4 个方程，故其余 4 个方程的列写就显得多余了。

如果我们像网孔电流一样，对每条独立回路假设一条沿着回路流动的电流，这个电流就称作独立回路电流。对于每条独立回路我们都可以参照网孔电流方程列写回路电流方程，其形式与网孔电流方程完全一样。

对于 b 条支路、n 个节点的电路，通过列写 l 个独立回路方程，求解各回路电流，根据回路电流与支路电流的关系，求解各支路电流等未知量的电路分析方法，称为回路电流法。当选网孔作为独立回路时，回路电流法就是网孔电流法。故回路电流法除回路电流方程与网孔电流方程一致外，其电路分析的步骤和解题中的注意点都与网孔电流法一致，这里不再赘述。

从数字运算上来看，回路电流法因联立求解的方程数少而优于支路电流法。此法与节点电压法相比，当独立回路数少于节点数时本法为优，当二者的数目相近时两种方法皆可用。但在电路分析的计算机程序中，由于用此法要先寻一组独立回路，故就不如节点电压法方便了。

知识学习内容 3　双臂平衡电桥工作过程分析

1. 双臂平衡电桥工作原理

用惠斯通单臂电桥测量电阻，测出的 R_x 值中，实际上含有接线电阻和接触电阻（统称为

R_j)的成分(一般为 $10^{-3} \sim 10^{-4}\Omega$ 数量级),通常可以不考虑 R_j 的影响,而当被测电阻达到较小值(如几十欧姆以下)时,R_j 所占的比重就明显了。因此,需要从测量电路的设计上来考虑。双臂电桥正是利用电桥的平衡精密测量低电阻的一种电桥。

如图 2.4.5 中,R_1、R_2、R_3、R_4 为桥臂电阻。R_N 为比较用的已知标准电阻,R_x 为被测电阻。R_N 和 R_x 是采用四端引线的接线法,电流接点为 C_1、C_2,位于外侧;电位接点是 P_1、P_2 位于内侧。

测量时,接上被测电阻 R_x,然后调节各桥臂电阻值,使检流计指示逐步为零,则 $I_G=0$,这时 $I_3=I_4$,平衡时其电路工作原理如图 2.4.6 所示,图中 r 为 C_{N2} 和 C_{x1} 之间的线电阻。根据网孔电流法,可列写相关网孔电流方程如下:

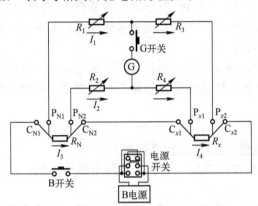
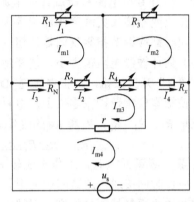

图 2.4.5 双臂电桥测量低值电阻电气原理图　　图 2.4.6 双臂电桥工作平衡时电路原理图

$$\begin{cases}(R_1+R_2+R_n)I_{m1}-R_2I_{m3}-R_nI_{m4}=0 \\ (R_3+R_4+R_x)I_{m2}-R_4I_{m3}-R_xI_{m4}=0 \\ (I_{m4}-I_{m3})r=(I_{m3}-I_{m1})(R_2+R_4) \\ I_{m1}=I_{m2}=\dfrac{U_S}{R_1+R_3}\end{cases} \quad (3-4-1)$$

将上述方程组联立求解,可得下式:

$$R_x=\frac{R_3}{R_1}R_N+\frac{rR_2}{R_3+R_2+r}\left(\frac{R_3}{R_1}-\frac{R_4}{R_2}\right) \quad (3-4-2)$$

由此可见,用双臂电桥测电阻,R_x 的结果由等式右边的两项来决定,其中第一项与单臂电桥相同,第二项称为更正项。为了更方便测量和计算,使双臂电桥求 R_x 的公式与单臂电桥相同,所以实验中可设法使更正项尽可能做到为零。在双臂电桥测量时,通常可采用同步调节法,令 $R_3/R_1=R_4/R_2$,使得更正项能接近零。在实际的使用中,通常使 $R_1=R_2$,$R_3=R_4$,则上式变为

$$R_x=\frac{R_N}{R_1}R_3 \quad (3-4-3)$$

在这里必须指出:在实际的双臂电桥中,很难做到 R_3/R_1 与 R_4/R_2 完全相等,所以 R_x 和 R_N 电流接点间的导线应使用较粗且导电性良好的导线,以使 r 值尽可能小,这样,即使 R_3/R_1 与 R_4/R_2 两项不严格相等,但由于 r 值很小,更正项仍能趋于零。

为了更好的验证这个结论,可以人为地改变 R_1、R_2、R_3 和 R_4 的值,使 $R_1 \neq R_2$,$R_3 \neq R_4$,并与 $R_1=R_2$,$R_3=R_4$ 时的测量结果相比较。

双臂电桥所以能测量低电阻,总结为以下关键两点:

(1)单臂电桥测量小电阻之所以误差大,是因为用单臂电桥测出的值,包含有桥臂间的引线电阻和接触电阻,当接触电阻与 R_x 相比不能忽略时,测量结果就会有很大的误差。而双臂电桥电位接点的接线电阻与接触电阻位于 R_1、R_3 和 R_2、R_4 的支路中,实验中设法令 R_1、R_2、R_3 和

R_4 都不小于 100 Ω，那么接触电阻的影响就可以略去不计。

（2）双臂电桥电流接点的接线电阻与接触电阻，一端包含在电阻 r 里面，而 r 是存在于更正项中，对电桥平衡不产生影响；另一端则包含在电源电路中，对测量结果也不会产生影响。当满足 $R_3/R_1 = R_4/R_2$ 条件时，基本上消除了 r 的影响。

2. 双臂电桥测量步骤

（1）如图 2.4.5 所示接线。将可调标准电阻、被测电阻，按四端连接法，与 R_1、R_2、R_3、R_4 连接，注意 C_{N2}、C_{x1} 两端之间要用粗短连线。

（2）打开专用电源和检流计的电源开关，加电后，等待 5 分钟，调节指零仪指针使其在零位上。在改变指零仪灵敏度或环境等因素发生变化时，有时会引起指零仪指针偏离零位，在测量之前，随时都应调节指零仪调零旋钮使其在零位上。

（3）估计被测电阻值大小，选择适当 R_1、R_2、R_3、R_4 的阻值，注意 $R_1=R_2$，$R_3=R_4$ 的条件。先按下"G"开关按钮，再正向接通 DHK-1 开关，接通电桥的电源"B"，调节步进盘和滑线读数盘，使指零仪指针指在零位上，电桥平衡。

记录 R_1、R_2、R_3、R_4 和 R_N 的阻值。

$$R_{x1} = R_3/R_1 \times R_N \text{（步进盘倍率读数×滑线盘读数）}$$

注意：测量低阻时，工作电流较大，由于存在热效应，会引起被测电阻的变化，所以电源开关不应长时间接通，应该间歇使用。

（4）如要更高的测量精度，保持测量线路不变，再反向接通 DHK-1 开关，重新微调滑线读数盘，使指零仪指针重新指在零位上，电桥平衡。这样做的目的是减小接触电势和热电势对测量的影响。记录 R_1、R_2、R_3、R_4 和 R_N 的阻值。

$$R_{x2} = R_3/R_1 \times R_N \text{（步进盘倍率读数×滑线盘读数）}$$

被测电阻按下式计算：

$$R_x = (R_{x1} + R_{x2})/2 \tag{3-4-4}$$

3. 双臂电桥使用注意事项和维修保养

（1）在测量带有电感电路的直流电阻时，应先接通电源"B"，再按下"G"按钮；断开时，应先断开"G"按钮，后断开电源"B"，以免反冲电势损坏指零电路。

（2）在测量 0.1 Ω 以下阻值时，C_1、P_1、C_2、P_2 接线柱到被测量电阻之间的连接导线电阻为 0.005～0.01 Ω，测量其他阻值时，连接导线电阻应小于 0.05 Ω。

（3）使用完毕后，应松开"G"按钮，断开电源"B"。如长期不用，应取出电池。

（4）仪器长期搁置不用，在接触处可能产生氧化，造成接触不良，使用前应该来回转动 R_N 开关数次。

二、任务实施

1. 双臂电桥电路设计

设计双臂电桥及其调试电路，绘制电路原理图、调试电路电气原理图和印制板图，并正确选用元器件。

（1）参照图 2.4.5，设计双臂电桥电路，绘制电路原理图。

（2）为了调试时，测试双臂电桥工作特性的方便，可参照双臂电桥调试印制板电路图 2.4.7，正确绘制调试电路的电气原理图和印制板图。图中黑色粗连接线是印制板线路。①～⑥是短路铜片连接的支路电流测试桩头，不测量支路电流时用短路铜片短路连接，测量支路电流时在测试桩头接上毫安表（或微安表）后，拆除短路铜片，测试完毕，重新接上短路铜片后，再拆卸毫安表（或微安表）。为便于迅速操作，防止检流计因电流大而损坏，检流计可采用按钮开关 G 接通。

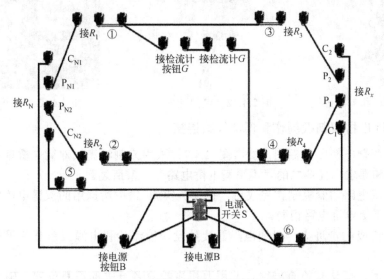

图 2.4.7 双臂电桥调试印制板电路图

（3）各项目小组在预先准备的元器件中选用电路的组成器件，讨论分析元器件选用的理由，写出书面设计选用过程。

电阻器 R_1、R_2、R_3、R_4 分别各采用 4 个不同阻值的标准线圈电阻组成，使 $R_1=R_2$、$R_3=R_4$，且为了减小电流表、检流计的内阻以及接线电阻对调试分析的影响，各阻值宜在 100Ω 以上，采用单刀旋转开关按比例同时调整改变 R_3/R_1（或 R_4/R_2），可构成 5 种不同倍率比：$\times 1$、$\times 10^{-1}$、$\times 10^{-2}$、$\times 10^{-3}$、$\times 10^{-4}$，如图 2.4.8 所示。其中图（a）是 R_1、R_2、R_3、R_4 由单刀旋转开关连接而成的步进盘内部结构图，图（b）是操作面板步进盘选择开关旋钮。R_N 采用滑线盘电阻器，其内外结构如图 2.4.9 所示。

 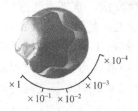  

（a）$R_1\sim R_4$ 步进盘内部结构图（b）操作面板步进盘选择开关旋钮　　（a）RN 滑线盘电阻器内部结构图（b）操作面板滑线读数盘调节旋钮

图 2.4.8 步进盘结构图　　　　　　　　　　图 2.4.9 滑线盘结构图

检流计 G 及调零旋钮的内外结构如图 2.4.10 所示。检流计按钮 G 和电源按钮 B，如图 2.4.11 所示。电源开关 S 采用钮子开关，如图 2.4.12 所示。电源采用有电池盒的干电池组，总电压可取 9～12 V 左右，如图 2.4.13 所示。

（a）操作面板检流计和调零旋钮外形图　　（b）检流计和调零旋钮内部接线图

图 2.4.10 检流计结构图

图 2.4.11　检流计和电源按钮　　图 2.4.12　电源开关　　图 2.4.13　双臂电桥电源

2．双臂平衡电桥印制板制作和调试线路连接

根据设计的双臂电桥印制板图，参考图 2.4.7，采用刀刻法完成双臂电桥调试电路印制板的制作。制作方法和要求同任务二的"不平衡电桥电路"一节所述。

双臂电桥调试电路印制板制作完成后，把任务实施 1 中所选用的双臂电桥电路元件接入各桩头，要求与不平衡电桥电路相同。

线圈电阻器构成的步进盘、滑线电阻器读数盘、检流计和电源按钮开关等电路元件可预先向厂家定制或购买。

电路连接好后，要认真检查线路，并用万用表检查各开关的通断位置，确保无误后，再接入电源准备调试。

3．双臂电桥电路调试

1）验证网孔电流法是否适用双臂电桥平衡电路分析

完成双臂电桥调试线路的连接后，在 R_X 接线柱两端接入一个约 100Ω（或阻值自定）的电阻器。根据 R_x 阻值调节步进盘倍率选择开关，选择倍率为×10^{-1}（或根据自定阻值选择合适倍率）。拨动电源开关 S 向左，使电源正接，分别按下电源按钮 B 和检流计按钮 G，调节滑线盘 R_N，使检流计为零，分别松开检流计按钮 G 和电源按钮 B，读取电阻器阻值为 R_{x1}（步进盘倍率读数×滑线盘读数）。拨动电源开关 S 向右，使电源反接，重复上述过程，读取电阻器阻值为 R_{x2}（步进盘倍率读数×滑线盘读数），则 $R_x=(R_{x1}+R_{x2})/2$，把计算值填入表 2.4.1 中。

把电源开关 S 重新拨向左边，分别按下按钮 B 和 G，若检流计不再指零，则转动滑线盘重新调零。把微安表分别接入各支路，若微安表数量不够，可把部分电流测试桩头先用短接铜片短路，测量双臂电桥平衡时的各支路电流，并记入表 2.4.2 中，各支路电流测量完毕，拆除各微安表并再用短接铜片短路各电流测试桩头。

注意：①微安表接入电路前，应在所设计的电路原理图中，标注各支路电流参考方向和网孔电流方向，微安表接入电路时应按照参考电流方向接入，测量电流时若指针反偏，则以负值记入表 2.4.2 中；②R_x、R_N 支路的电流则通过万用表测量两端电压再通过欧姆关系求得。

测量完毕，分别用万用表测量各线圈电阻 R_1、R_2、R_3、R_4、R_N 值，记入表 2.4.1 中。把表中各参数值，代入式（3-4-1）中，分别求得各网孔电流值，记入表 2.4.1 中。

根据表 2.4.1 中计算所得的各网孔电流值，分别计算求得各支路电流值记入表 2.4.2 中，比较表 2.4.2 中各支路电流测量值和计算值，计算误差并分析网孔电流法是否适用双臂平衡电桥，把分析情况填入表 2.4.2 中。

表 2.4.1　网孔电流测算分析记录表

$R_1=$		$R_2=$		$R_3=$		$R_4=$	
$R_X=$		$R_N=$		$U_S=$			
网孔 1	I_{m1}	网孔 2	I_{m2}	网孔 3	I_{m3}	网孔 4	I_{m4}

表 2.4.2 支路电流测算分析记录表

测算值\支路电流	I_{R1} μA	I_{R2} μA	I_{R3} μA	I_{R4} μA	I_{RX} μA	I_{RN} μA	I_r μA	I_S μA
测量值								
计算值								
误差								
分析简报:								

2) 用双臂电桥测量一段金属丝的电阻 R_x

在 1) 调试的基础上,把一段金属丝分别接入 C_1、P_1、C_2、P_2 4 个接线柱,按以下步骤进行测算。

(1) 调定 $R_1=R_2$、$R_3=R_4$,选择合适的步进盘倍率 k,调节滑线盘 R_N 电阻,使检流计指示为零,双臂电桥调节平衡,把倍率 k、滑线电阻 R_N、金属丝电阻 R_{x1} 记入表 2.4.3 中。

表 2.4.3 金属丝电阻率测算和分析记录表

测量次数	测算值	金属丝长度 L(cm)	倍率 k (R_3/R_1)	R_N(Ω)	R_x 测量值(Ω)
第 1 次	电源 B 正接				
	电源 B 反接				
	$R_x =$		$\rho =$		
第 2 次	电源 B 正接				
	电源 B 反接				
	$R_x =$		$\rho =$		
双臂电桥测量精度分析:					

反向接通工作电源 B,使电路中电流反向,重新调节电桥平衡,把倍率 k、滑线电阻 R_N、金属丝电阻 R_{x2} 也记入表 2.4.3 中。

根据式 (3-4-4),计算 R_x 并记入表 2.4.3 中。

(2) 记录金属丝的长度 L。用直尺测量金属丝长度 L,并记入在表 2.4.3 中。

(3) 用螺旋测微计测量金属丝的直径 d,在不同部位测量 5 次,求平均值,根据公式 $\rho = \pi d^2 R_x / 4L$,计算金属丝的电阻率 ρ,并记入在表 2.4.3 中。

(4) 改变金属丝的长度,第 2 次测量重复上述步骤,并比较两次测量结果,分析双臂电桥测量精度。

4. 自制双臂电桥使用注意事项和维修保养

(1) 在测量带有电感电路的直流电阻时,应先接通电源 B,再按下 "G" 按钮,断开时,应先断开 "G" 按钮,后断开电源 B,以免反冲电势损坏指零电路。

(2) 在测量 0.1Ω 以下阻值时,C_1、P_1、C_2、P_2 接线柱与被测量电阻之间的连接导线电阻为 0.005~0.01Ω,测量其他阻值时,连接导线电阻应小于 0.05Ω。

(3) 使用完毕后,如长期不用,应拆除电源。

(4) 仪器长期搁置不用,在接触处可能产生氧化,造成接触不良,使用前应该来回转动滑线盘 R_N 数次。

三、工作评价

(一) 知识答卷

参见《电工基础技术项目工作手册》项目二中工作任务四的知识水平测试卷。

（二）知识学习考评成绩

知识学习考评表同表 1.2.10，参见《电工基础技术项目工作手册》项目二中任务四的知识学习考评表。

（三）任务实施过程评价

工作过程考核评价表类同表 1.2.11，参见《电工基础技术项目工作手册》项目二中任务四的工作过程考核评价表。

任务五　成果验收、验收报告和项目完成报告的制定

一、任务准备

任务实施前师生根据项目实施结果要求，拟定项目成果验收条款，做好成果验收准备。成果验收标准及验收评价方案如表 2.5.1 所示。

表 2.5.1　项目二成果验收标准及验收评价方案

序号	验收内容	验收标准	验收评价方案	配分方案
1	不平衡电桥电路的设计、制作与调试	（1）电桥电路设计科学、合理，元器件选用合理有过程。 （2）印制线路和导线接线正确、美观、合理。导线连接牢固，横平竖直，不交叉、不重叠。印制线路符合刀刻法制作工艺和步骤，制作过程安全无事故。 （3）元器件布局合理，安装牢固不松动，接触良好。 （4）电路调试操作正确、步骤得当。电路分析方法和定律验证科学合理、测量误差小、结论分析正确。电路应用性调试过程合理、测量误差小、测量结果准确，结论分析科学、合理	（1）电桥电路设计不合理，每处 5 分，有严重原则性错误扣 20 分； （2）设计时元器件选用不当，每处扣 5 分，有严重性错误扣 15 分； （3）印制线路走线或导线接线不正确、美观性差、不合理，每处扣 5 分； （4）调试电路印制线路板制作不符合刀刻法制作工艺要求，每处扣 5 分，制作过程曾出现安全事故，视情节扣 5～10 分； （5）元器件布局不合理，与电路其他功能模块混杂，每个元器件扣 5 分； （6）元器件安装松动或导线连接松动，每处扣 5 分；导线接线错误，每处扣 10 分； （7）导线连接不能横平竖直，且交叉、重叠。私拉乱接情况严重者，本项成绩为 0 分，情况较少者，每处扣 3 分； （8）电桥调试演示过程操作不当或测试误差大，每处扣 10 分；结论分析不科学、不合理，每处扣 15 分	25
2	单臂平衡电桥电路的设计、制作与调试	同 1	同 1	25
3	双臂平衡电桥电路的设计、制作与调试	同 1	同 1	25
4	技术资料	（1）电桥电路及其调试电路设计的电气原理图、电路模型图、印制板图制作规范、美观、整洁，无技术性错误。 （2）元器件选用分析的书面报告齐全、整洁。 （3）电路调试过程观察、测量和计算的记录表以及结论分析记录均完整、整洁	（1）电桥电路及其调试电路设计的电气原理图、电路模型图、印制板图制作不规范，绘制符号与国标不符，每份扣 5 分；有技术性错误，每份扣 10 分；电气原理图、电路模型图、印制板图制作不美观、不整洁，每份扣 5 分；图纸每缺一份扣 10 分。 （2）元器件选用分析的书面报告不齐全，每缺一份扣 10 分，不整洁每份扣 5 分； （3）记录表以及结论分析记录的填写不完整、不整洁，每份扣 5 分，每缺一份扣 10 分	25

二、任务实施

1. 成果验收

项目工作小组之间按照标准互相进行成果验收评价，并制定验收报告。第 n 组对第 $n+2$ 组

评价，若 $n+2>N$（N 是项目工作小组总组数），则对第 $n+2-N$ 组进行成果验收评价。

2．成果验收报告制定

项目验收报告书同表 1.5.2，参见《电工基础技术项目工作手册》项目二中任务五的项目验收报告书。

3．项目完成报告制定

项目验收报告书类同表 1.5.3，参见《电工基础技术项目工作手册》项目二中任务五的项目完成报告书。

三、工作评价

任务完成过程考评表同表 1.5.4，参见《电工基础技术项目工作手册》项目二中任务五的任务完成过程考评表。

 知识技能拓展

知识技能拓展 1　叠加定理的验证

一、任务准备

（一）教师准备

（1）任务实施场地检查、任务实施器材和仪器仪表等准备、技术和技术资料准备、组织管理措施、任务实施场所安全技术措施和管理制度等参考任务一所述。

（2）任务实施计划和步骤：①任务准备、学习有关知识；②测量两电源 U_{s1}、U_{s2} 共同作用下各支路电流和各电阻两端电压；③测量电源 U_{s1} 作用下各支路电流和各电阻两端电压；④测量电源 U_{s2} 作用下各支路电流和各电阻两端电压；⑤分析验证；⑥工作评价。

（二）学生准备

（1）衣着整洁，穿戴好劳保用品；无条件的学校，由学生自行穿好长袖衣、长裤和皮鞋等。
（2）掌握好安全用电规程和触电抢救技能。
（3）准备并检查实验仪器和器材。在实验员指导下，每个项目小组按照表 2.6.1 准备好实验仪器和器材，并检查好实验仪器和器材等物资是否正常和合乎使用标准，对不能正常使用和不符合使用标准的应予以更换。

表 2.6.1　实验仪器和器材

序号	名　称	型号与规格	数量	备　注
1	电工、模拟、数字三合一实验台及组件		1	
2	实验台连接导线	与电工实验台配套	若干	
3	电阻	1/8 W 普通碳膜电阻 510Ω	3	
4	电阻	1/8 W 普通碳膜电阻 330Ω	1	
5	电阻	1/8 W 普通碳膜电阻 1 kΩ	1	
6	实验用电流插孔方板		1	
7	500 型万用表		1	
8	数字万用表		1	

（4）学生准备好《电工基础技术项目工作手册》、波形纸、记录本以及铅笔、圆珠笔、三角

板、直尺、橡皮擦等文具。

(三) 实践应用知识的学习

知识学习准备1　叠加定理

叠加定理可以表述为：当线性电路中有两个或两个以上的独立电源作用时，任意支路的电流（或电压）响应，等于电路中每个独立电源单独作用下在该支路中产生的电流（或电压）响应的代数和。其论证过程略。

一个独立电源单独作用意味着其他独立电源不作用，即不作用的电压源的电压为零，不作用的电流源的电流为零。电路分析中可用短路代替不作用的电压源，而保留实际电源的内阻在电路中；可用开路代替不作用的电流源，而保留实际电源的内阻在电路中。

需要注意，当电路中存在受控电源时，由于受控电源不能够像独立电源一样单独产生激励，因此要将受控电源保留在各分电路中，应用叠加定理进行电路分析。

另外还要注意的是，因为功率与电流呈非线性关系，功率必须根据元件上的总电流和总电压计算，而不能够按照叠加定理计算。

综上所述，应用叠加定理进行电路分析时，应注意下列几点：
(1) 叠加定理只能用来计算线性电路的电流和电压，不适用于非线性电路。
(2) 叠加时要注意电流和电压的参考方向，求其代数和。
(3) 化为几个单电源电路进行计算时，所谓电压源不作用，就是在该电压源处用短路代替；电流源不作用，就是在该电流源处用开路代替；所有电阻不予变动。
(4) 受控电源保留在各分电路中。
(5) 不能用叠加定理直接计算功率。

知识学习准备2　叠加定理应用

1. 含多个独立电源的电路应用叠加定理

【例 2.6.1】　电路如图 2.6.1（a）所示，计算支路电流 I 和端电压 U、4Ω 电阻消耗的功率，并计算两个电源单独作用时 4Ω 电阻消耗的功率。

解　将电流源开路，得到电压源单独作用时的等效电路如图 2.6.1（b）所示；利用电阻串并联关系得到等效电路，如图 2.6.1（c）所示，其中等效电阻为

$$R' = \frac{3\times(2+4)}{3+(2+4)} = 2\ \Omega$$

故有

$$I' = \frac{120}{6+2} = 15\ \text{A}, \quad U' = \frac{3}{3+2+4}I'\times 4 = 20\ \text{V}, \quad P' = \frac{U'^2}{4} = \frac{20^2}{4} = 100\ \text{W}$$

将电压源短路，得到电流源单独作用时的等效电路，如图 2.6.1（d）所示；利用电阻串并联关系得到等效电路，如图 2.6.1（e）所示，其中等效电阻为

$$R'' = 2 + \frac{6\times 3}{6+3} = 4\ \Omega$$

故有

$$I_{并}^{(1)} = \frac{1}{2}\times 12 = 6\ \text{A}$$

所以

$$I'' = \frac{3}{6+3}I_{并}^{(1)} = 2\ \text{A}, \quad I_{并}^{(2)} = 12 - I_{并}^{(1)} = 6\ \text{A}$$

$$U'' = -4I_{并}^{(2)} = -4\times 6 = -24\ V, \quad P'' = \frac{(-24)^2}{4} = 144\ \text{W}$$

由叠加定理得到
$$I = I' + I'' = (15+2) \text{ A} = 17 \text{ A}$$
$$U = U' + U'' = (20-24) \text{ V} = -4 \text{ V}$$
$$P = \frac{U^2}{4} = \frac{(-4)^2}{4} = 4 \text{ W}$$

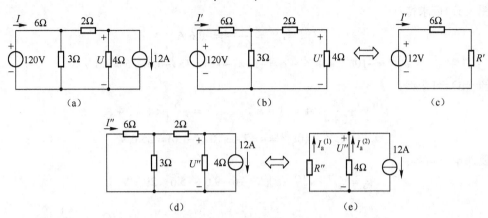

图 2.6.1　例 2.6.1 图

显然 $P \neq P' + P''$，功率不满足叠加定理。

2．齐性定理及其应用

齐性定理可以描述为：线性电路中，当所有激励（独立电源）同时扩大或缩小 k 倍时，电路的响应（电压或电流）也将同时扩大或缩小 k 倍。齐性定理很容易由叠加定理得到论证，它可以看作是叠加定理的一个应用。

如图 2.6.2 所示电路，可用齐性定理从梯形电路最远离电源的一端开始，设该支路电流为某一数值，然后依次推算出其他电压、电流的假定值，再按齐性定理，将电源激励扩大到给定数值，计算待求量。

【例 2.6.2】 电路如图 2.6.2 所示，计算支路电流 I_5。

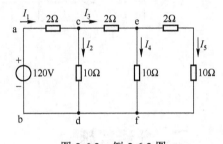

图 2.6.2　例 2.6.2 图

解　设 $I_5' = 1 \text{ A}$，则有
$$U_{ef}' = I_5'(2+10) = 12 \text{ V},$$
$$I_4 = \frac{12}{10} = 1.2 \text{ A}, \quad I_3' = I_4' + I_5' = 2.2 \text{ A}$$
$$U_{ce}' = 2I_3' = 4.4 \text{ V}, \quad U_{cd}' = U_{ce}' + U_{ef}' = 16.4 \text{ V}, \quad I_2' = \frac{16.4}{10} = 1.64 \text{ A}$$
$$I_1' = I_2' + I_3' = 3.84 \text{ A}, \quad U_{ac}' = 2I_1' = 7.68 \text{ V}$$

故有
$$U_{ab}' = U_{ac}' + U_{cd}' \approx 24 \text{ V}$$

当 $U_{ab} = 120 \text{ V}$ 时，相当于激励增加 $\frac{120}{24}$ 倍，因此支路电流也增加相同的倍数，故
$$I_5 = \frac{120}{24} \times I_5' = 5 \text{ A}$$

3．含受控电源的电路应用叠加定理

【例 2.6.3】 电路如图 2.6.3（a）所示，计算支路电压 u_3。

解　10 V 电压源、6 V 电压源、4 A 电流源单独作用时电路，分别如图 2.6.3（b）、（c）和

（d）所示，受控源均保持在分电路中。

由图（b）可求得：

$$i_1^{(1)} = i_2^{(1)} = \frac{10}{6+4} = 1 \text{ A}, \quad u_3^{(1)} = -10i_1^{(1)} + 4i_2^{(1)} = -10 + 4 = -6 \text{ V}$$

由图（c）可求得：

$$i_1^{(2)} = i_2^{(2)} = \frac{-6}{6+4} = -0.6 \text{ A}$$

$$u_3^{(2)} = -10i_1^{(2)} + 4i_2^{(2)} + 6 = -10 \times (-0.6) + 4 \times (-0.6) + 6 = 9.6 \text{ V}$$

由图（d）可求得：

$$i_1^{(3)} = -\frac{4}{6+4} \times 4 = -1.6 \text{ A}, \quad i_2^{(3)} = \frac{6}{6+4} \times 4 = 2.4 \text{ A}$$

故

$$u_3^{(3)} = 4i_2^{(3)} - 10i_1^{(3)} = 4 \times 2.4 - 10 \times (-1.6) = 25.6 \text{ V}$$

由叠加定理可得：

$$u_3 = u_3^{(1)} + u_3^{(2)} + u_3^{(3)} = -6 + 9.6 + 25.6 = 29.2 \text{ V}$$

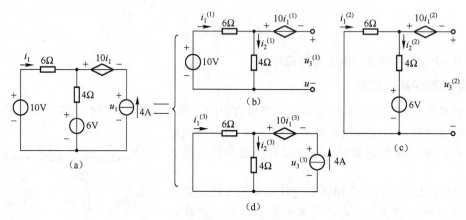

图 2.6.3　例 2.6.3 图

二、任务实施

（1）实验前先任意设定三条支路的电流参考方向，如图 2.6.4 叠加定理实验线路中的 I_1、I_2、I_3 所示，并熟悉线路结构，掌握各开关的操作使用方法。

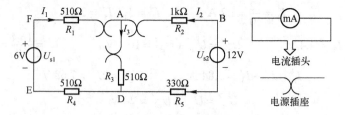

图 2.6.4　叠加定理验证实验线路

（2）取稳压电源 $U_{s1}=6\text{V}$，$U_{s2}=12\text{ V}$ 两电源共同作用下，测量各支路的电流及各电阻元件两端的电压。

（3）U_{s1} 单独作用时，测量各支路的电流及各电阻元件两端的电压。

（4）U_{s2} 单独作用时，测量各支路的电流及各电阻元件两端的电压。

将以上结果记入表 2.6.2 中。

表 2.6.2 叠加定理验证实验数据记录表

电　源	I_1(mA)	I_2(mA)	I_3(mA)	U_{R1}(v)	U_{R2}(v)	U_{R3}(v)	U_{R4}(v)	U_{R5}(v)
U_{s1}、U_{s2}共同作用								
U_{s1}单独作用								
U_{s2}单独作用								

（5）根据表 2.6.2 中的数据进行分析、比较和归纳，总结出实验的结论，验证叠加定理。
（6）注意事项：
① 注意仪表的极性；
② 要根据电流和电压的参考方向，确定被测数值的正负号。

三、工作评价

（一）知识答卷

参见《电工基础技术项目工作手册》项目二中知识技能拓展"知识水平测试卷"。

（二）知识学习考评成绩

知识学习考评表类同表 1.2.10，参见《电工基础技术项目工作手册》项目二中"知识技能拓展知识学习考评表"。

（三）任务实施过程评价

工作过程考核评价表类同表 1.2.11，参见《电工基础技术项目工作手册》项目二中"知识技能拓展一工作过程考核评价表"。

知识技能拓展 2　受控源研究

一、任务准备

（一）教师准备

（1）任务实施场地检查、任务实施器材、仪器仪表等准备、技术和技术资料准备、组织管理措施、任务实施场所安全技术措施和管理制度等参考任务一；
（2）任务实施计划和步骤：①任务准备、学习有关知识；②测试电压控制电压源（VCVS）特性；③测试电压控制电流源（VCCS）特性；④测试电流控制电压源（CCVS）特性；⑤测试电流控制电流源（CCCS）特性；⑥工作评价。

（二）学生准备

（1）衣着整洁，穿戴好劳保用品；无条件的学校，由学生自行穿好长袖衣、长裤和皮鞋等。
（2）掌握好安全用电规程和触电抢救技能。
（3）准备并检查实验仪器和器材。在实验员指导下，每个项目小组按照表 2.6.3 准备好实验仪器和器材，并检查好实验仪器和器材等物资是否正常和合乎使用标准，对不能正常使用和不符合使用标准的应予以更换。
（4）学生准备好《电工基础技术项目工作手册》、波形纸、记录本以及铅笔、圆珠笔、三角板、直尺、橡皮擦等文具。

表 2.6.3 实验仪器和器材

序号	名称	型号与规格	数量	备注
1	电工、模拟、数字三合一实验台及组件		1	含稳压源
2	实验台连接导线	与电工实验台配套	若干	
3	集成双运放	4558 或 LM393	1	
4	电阻	1/8 W 普通碳膜电阻 10 kΩ	2	
5	电阻箱	0～9999 Ω标准电阻箱	1	
6	实验用电流插孔方板		1	
7	毫安表		2	
8	500 型万用表		1	
9	数字万用表		1	

（三）实践应用知识的学习

知识学习准备 1　受控源

1. 受控源及其种类

受控源向外电路提供的电压或电流是受其他支路的电压或电流控制，因而受控源是双口元件：一个为控制端口，或称输入端口，输入控制量（电压或电流），另一个为受控端口或称输出端口，向外电路提供电压或电流。受控端口的电压或电流，受控制端口的电压或电流的控制。根据控制变量与受控变量的不同组合，受控源可分为如下 4 类：

（1）电压控制电压源（VCVS），如图 2.6.5（a）所示，其特性为 $u_2=\mu u_1$，其中 $\mu=u_2/u_1$ 称为转移电压比（即电压放大倍数）。

（2）电压控制电流源（VCCS），如图 2.6.5（b）所示，其特性为 $i_2=gu_1$，其中：$g_m=i_2/u_1$ 称为转移电导。

（3）电流控制电压源（CCVS），如图 2.6.5（c）所示，其特性为 $u_2=ri_1$，其中 $r=u_2/i_1$ 称为转移电阻。

（4）电流控制电流源（CCCS），如图 2.6.5（d）所示，其特性为 $i_2=\beta i_1$，其中 $\beta=i_2/i_1$ 称为转移电流比（即电流放大倍数）。

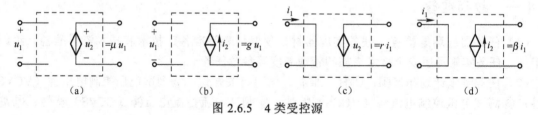

图 2.6.5　4 类受控源

2. 用运算放大器组成的受控源

运算放大器的电路符号如图 2.6.6 所示，具有两个输入端：同相输入端 u_+ 和反相输入端 u_-，一个输出端 u_o。放大倍数为 A，则 $u_o=A(u_+-u_-)$。

对于理想运算放大器，放大倍数 A 为 ∞，输入电阻为 ∞，输出电阻为 0，由此可得出运算放大器的两个特性：① $u_+=u_-$；② $i_+=i_-=0$。

（1）电压控制电压源（VCVS）

电压控制电压源电路如图 2.6.7 所示。

由运算放大器的特性①可知：

$$u_+ = u_- = u_1$$

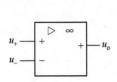   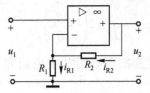

图 2.6.6　运算放大器电路符号　　图 2.6.7　运算放大器构成的 VCVS 电路

则
$$i_{R1} = \frac{u_1}{R_1}, \quad i_{R2} = \frac{u_2 - u_1}{R_2}$$

由运算放大器的特性②可知：$i_{R1} = i_{R2}$ 代入 i_{R1}、i_{R2} 得 $u_2 = (1 + \frac{R_2}{R_1}) u_1$。可见，运算放大器的输出电压 u_2 受输入电压 u_1 控制，其电路模型如图 2.6.5（a）所示，转移电压比为 $\mu = (1 + \frac{R_2}{R_1})$。

（2）电压控制电流源（VCCS）

电压控制电流源电路如图 2.6.8 所示。

由运算放大器的特性①可知：
$$u_+ = u_- = u_1$$

则 $i_{R1} = \frac{u_1}{R_1}$ 由运算放大器的特性②可知：$i_2 = i_{R1} = \frac{u_1}{R_1}$ 即 i_2 只受输入电压 u_1 控制，与负载 R_L 无关（实际上要求 R_L 为有限值）。其电路模型如图 2.6.5（b）所示。转移电导为：$g = \frac{i_2}{u_1} = \frac{1}{R_1}$。

（3）电流控制电压源（CCVS）

电流控制电压源电路如图 2.6.9 所示。

由运算放大器的特性①可知：$u_- = u_+ = 0$，$u_2 = -R\, i_R$，由运算放大器的特性②可知：$i_R = i_1$ 代入上式可得：$u_2 = -R\, i_1$，即输出电压 u_2 受输入电流 i_1 的控制。其电路模型如图 2.6.5（c）所示。

转移电阻为：
$$r = \frac{u_2}{i_1} = -R$$

（4）电流控制电流源（CCCS）

电流控制电流源电路如图 2.6.10 所示。

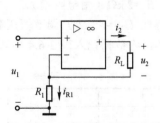　　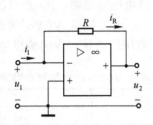　　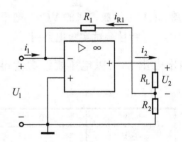

图 2.6.8　运放构成的 VCCS 电路　　图 2.6.9　运放构成的 CCVS 电路　　图 2.6.10　运放构成的 CCCS 电路

由运算放大器的特性①可知：
$$u_- = u_+ = 0, \quad i_{R1} = \frac{R_2}{R_1 + R_2} i_2$$

由运算放大器的特性②可知：$i_{R1} = -i_1$，代入上式，得 $i_2 = -(1 + \frac{R_1}{R_2}) i_1$。

即输出电流 i_2 只受输入电流 i_1 的控制，与负载 R_L 无关。它的电路模型如图 2.6.5（d）所示。转移电流比为 $\beta = \dfrac{i_2}{i_1} = -\left(1+\dfrac{R_1}{R_2}\right)$

3. 组成受控源的典型运放使用简介

（1）4558

4558 是一片低噪音双运放集成块，带内部补偿电路。NE/SA/SE4558 与 RC/RM/RV4558 的引脚完全兼容。其特性有：2MHz 单位增益带宽保证；SE4558 的电源电压为 ±22V，NE4558 的电源电压为±18V；具备短路保护功能；无需频率补偿；无闩锁效应；宽广的共模和差动电压范围；低功耗。

4558 的引脚排列和功能如图 2.6.11 所示，其中 V_{CC} 正电源，V_{EE} 负电源或接地。

（2）LM393

LM393 也是集成双运放电路，采用双列直插 8 脚塑料封装（DIP8）和微形的双列 8 脚塑料封装（SOP8）。其参数特点：工作电源电压范围宽，单电源、双电源均可工作，单电源 2～36 V，双电源 ±1～±18 V；消耗电流小，I_{CC}=0.8 mA；输入失调电压小，V_{IO}=±2 mV；共模输入电压范围宽，V_{ic}=0～V_{CC}-1.5 V；输出与 TTL、DTL、MOS、CMOS 等兼容；输出可以用开路集电极连接"或"门。

LM393 的引脚排列和功能与 4558 相同，如图 2.6.12 所示。

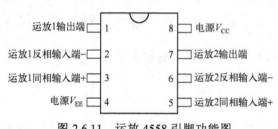

图 2.6.11 运放 4558 引脚功能图

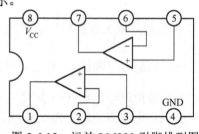

图 2.6.12 运放 LM393 引脚排列图

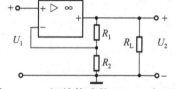

图 2.6.13 运放构成的 VCVS 电压源特性测试实验电路图

二、任务实施

1. 测试电压控制电压源（VCVS）特性

实验电路如图 2.6.13 所示，图中，U_1 用恒压源的可调电压输出端，$R_1=R_2=10\,\text{k}\Omega$，$R_L=2\,\text{k}\Omega$（用电阻箱）。

（1）测试 VCVS 的转移特性 $U_2=f(U_1)$ 调节恒压源输出电压 U_1（以电压表读数为准），用电压表测量对应的输出电压 U_2，将数据记入表 2.6.4 中。

表 2.6.4 VCVS 的转移特性数据

U_1/V	0	1	2	3	4
U_2/V					

（2）测试 VCVS 的负载特性 $U_2=f(R_L)$

保持 U_1=2 V，负载电阻 R_L 用电阻箱，并调节其大小，用电压表测量对应的输出电压 U_2，将数据记入表 2.6.5 中。

表 2.6.5 VCVS 的负载特性数据

R_L/Ω	1k	2k	3k	4k	5k	6k	7k	8k	9k
U_2/V									

2. 测试电压控制电流源（VCCS）特性

实验电路如图 2.6.14 所示，图中，U_1 用恒压源的可调电压输出端，$R_1=10\,\text{k}\Omega$，$R_L=2\,\text{k}\Omega$（用电阻箱）。

（1）测试 VCCS 的转移特性 $I_2=f(I_1)$

调节恒压源输出电压 U_1（以电压表读数为准），用电流表测量对应的输出电流 I_2，将数据记入表 2.6.6 中。

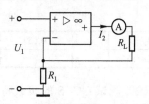

图 2.6.14　运放构成的 VCCS 电流源特性测试实验电路图

表 2.6.6　VCCS 的转移特性数据

U_1/V	0	0.5	1	1.5	2	2.5	3	3.5	4
I_2/mA									

（2）测试 VCCS 的负载特性 $I_2=f(R_L)$

保持 $U_1=2\text{V}$，负载电阻 R_L 用电阻箱，并调节其大小，用电流表测量对应的输出电流 I_2，将数据记入表 2.6.7 中。

表 2.6.7　VCVS 的负载特性数据

R_L/Ω	1k	2k	3k	4k	5k	6k	7k	8k	9k
I_2/mA									

3. 测试电流控制电压源（CCVS）特性

实验电路如图 2.6.15 所示，图中，I_1 用恒流源，$R_1=10\,\text{k}\Omega$，$R_L=2\,\text{k}\Omega$（用电阻箱）。

（1）测试 CCVS 的转移特性 $U_2=f(I_1)$

调节恒流源输出电流 I_1（以电流表读数为准），用电压表测量对应的输出电压 U_2，将数据记入表 2.6.8 中。

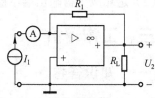

图 2.6.15　运放构成的 CCVS 电压源特性测试实验电路图

表 2.6.8　CCVS 的转移特性数据

I_1/mA	0	0.05	0.1	0.15	0.2	0.25	0.3	0.4
U_2/V								

（2）测试 CCVS 的负载特性 $U_2=f(R_L)$

保持 $I_1=0.2\,\text{mA}$，负载电阻 R_L 用电阻箱，并调节其大小，用电压表测量对应的输出电压 U_2，将数据记入表 2.6.9 中。

表 2.6.9　CCVS 的负载特性数据

R_L/Ω	1k	2k	3k	4k	5k	6k	7k	8k	9k
U_2/V									

4. 测试电流控制电流源（CCCS）特性

实验电路如图 2.6.16 所示，图中，I_1 用恒流源，$R_1=R_2=10\,\text{k}\Omega$，$R_L=2\,\text{k}\Omega$（用电阻箱）。

（1）测试 CCCS 的转移特性 $I_2=f(I_1)$

调节恒流源输出电流 I_1（以电流表读数为准），用电流表测量对应的输出电流 I_2，I_1、I_2 分别用实验用电流插孔方板中的电流插座测量，将数据记入表 2.6.10 中。

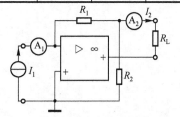

图 2.6.16　运放构成的 CCCS 电流源特性测试实验电路图

表 2.6.10 CCCS 的转移特性数据

I_1/mA	0	0.05	0.1	0.15	0.2	0.25	0.3	0.4
I_2/mA								

（2）测试 CCCS 的负载特性 $I_2=f(R_L)$

保持 I_1=0.2 mA，负载电阻 R_L 用电阻箱，并调节其大小，用电流表测量对应的输出电流 I_2，将数据记入表 2.6.11 中。

表 2.6.11 CCCV 的负载特性数据

R_L/Ω	1 k	2 k	3 k	4 k	5 k	6 k	7 k	8 k	9 k
I_2/mA									

5. 数据处理和分析

（1）根据实验数据，在方格纸上分别绘出 4 种受控源的转移特性和负载特性曲线，并求出相应的转移参量 μ、g、r 和 β；

（2）对实验的结果作出合理地分析和结论，总结对四种受控源的认识和理解，并给出分析简报。

6. 实验注意事项

（1）用恒流源供电的实验中，不允许恒流源开路；

（2）运算放大器输出端不能与地短路，输入端电压不宜过高（小于 5V）。

三、工作评价

（一）知识答卷

参见《电工基础技术项目工作手册》项目二中知识技能拓展二的知识水平测试卷。

（二）知识学习考评成绩

知识学习考评表类同表 1.2.10，参见《电工基础技术项目工作手册》项目二中"知识技能拓展二的知识学习考评表"。

（三）任务实施过程评价

工作过程考核评价表类同表 1.2.11，参见《电工基础技术项目工作手册》项目二中知识技能拓展二的工作过程考核评价表。

思考与练习

参见《电工基础技术项目工作手册》项目二中的思考与练习。

项目三　家居室内照明线路的设计、安装与调试

项目介绍

随着人们生活水平的不断提高，居民的居住条件日益改善，人们对于生活环境的要求也越来越高。城乡居民乔迁新居或布置新房时，都将进行一番装修。住宅装修当然离不开家居照明的设计与装饰。良好的家居照明可以渲染和突出家居环境设计的个人魅力，可以为我们的生活营造舒适温馨的环境氛围。当然设计家居照明线路时，我们还要充分考虑照明电能的利用效率，为创建起经济、实惠、低碳的家居生活也是我们努力的目标。

如何通过对典型的家居照明电路的分析、设计、制作和调试，从而完成典型的家居照明线路的最优化设计呢？我们根据家居照明线路设计的一般过程，在对五年制高职学生学情特点分析的基础上，创设了本项目。通过本项目的实施最终完成白炽灯、荧光灯这类典型的家居照明电路的最优化设计，并完成线路的安装和调试。

项目实施步骤：
（1）项目实施必要的知识和基本技能准备；
（2）项目实施文件制定及实施准备；
（3）日光灯、荧光灯等典型家居室内照明线路的设计与安装；
（4）照明线路的调试与日光灯线路故障排除；
（5）优化设计提高家居室内照明线路的功率因数；
（6）成果验收并制定验收报告和项目完成报告

项目实施必备的知识、技能主要包括：
（1）掌握正弦交流电的基本概念、表示方法及电路分析计算的基本知识；
（2）掌握示波器、交流电压表、电流表等常用的正弦交流电测量的仪器仪表选用和维护的基本知识；
（3）会正确操作示波器、交流电压表、电流表来观察和测量正弦交流电的波形、电压、电流等；
（4）掌握正弦交流电路电感器、电容器等常用电路元件的识别、使用和维护的基本知识；
（5）会正确识别和选用常用的电感器、电容器；
（6）掌握 RLC 正弦交流电路分析方法以及幅频、相频特性曲线的基本知识；
（7）会正确运用仪器仪表测试正弦交流电路的幅频、相频特性参数，能正确处理测试的数据和绘制特性曲线，并能科学分析得出合理的结论。

通过本项目的实施训练，最终达到知识、能力、素养的培养目标如下：
（1）掌握单相正弦交流电路的分析方法和相关理论等知识；
（2）掌握示波器、交流电压表、电流表等常用电工仪器仪表的基本知识，会正确使用示波器等常用电工仪器仪表来观察和测试正弦交流电；
（3）会正确识别和选用常用的电感器、电容器；
（4）能正确测试分析正弦交流电路的幅频、相频特性；

（5）会分析、设计、制作和调试家居照明线路等常规的正弦交流电路，掌握电路设计的基本步骤；

（6）掌握家居照明线路等常规的正弦交流电路测量、线路安装、故障排除的基本实践技能；

（7）掌握实验数据的采集、处理的方法，能科学合理的处理和分析实验数据，并能正确得出结论；

（8）培养学生用正弦交流电基本理论分析问题、解决问题的能力；

（9）使学生能够熟悉企业生产的基本工艺流程，培养学生具备生产一线基层管理的职业能力和6S管理的职业素养；

（10）培养学生严肃认真的科学态度；

（11）开发学生的创新设计能力，培养学生观察、思考和自主学习的能力；

（12）培养学生相互协作、与人沟通的能力以及集体荣誉感和团队精神；

（13）树立学生安全、质量意识；

（14）培养学生良好的专业基本实践能力。

任务一　岗前学习准备1　测量正弦交流电

一、任务准备

（一）教师准备

（1）教师准备好正弦交流电、示波器的演示课件。

（2）任务实施场地准备和电源等检查：教师首先去任务实施的实验实训室巡视检查，并与实验实训室管理员联系，在任务实施期间是否与其他教学活动冲突，请实验员安排好场地。检查多功能电工装置等设施能正常工作的数量。检查电源是否符合任务完成要求，若不能应该采取措施以保证任务的正常实施。

（3）任务实施材料、工具、仪器仪表等准备：与仓库管理员和实验员联系为每个项目小组按表3.1.1 物资清单准备好材料、工具和仪器仪表等，请实验员配合检查每个项目小组的工具、仪器仪表是否正常和合乎使用标准，对不符合使用标准的应予以更换。

表3.1.1　物资清单

序　号	材料、工具设备、仪器仪表	规格、型号	数　量	备　注
1	多功能电工实验装置		1套	
2	钢丝钳		1把	
3	尖嘴钳		1把	
4	剥线钳		1把	
5	一字螺钉旋具		1把	
6	十字螺钉旋具		1把	
7	验电笔		1支	
8	万用表		1只	
9	示波器		1台	
10	交流电压表		1只	
11	交流电流表		1只	
12	单相自耦调压器		1台	
13	函数信号发生器		1台	
14	双刀开关		1只	
15	连接导线		若干	

注：规格、型号根据实际条件自定。

（4）技术和技术资料准备：
① 教师熟练掌握示波器、交流电压表、电流表、函数信号发生器的使用方法和使用步骤以及注意事项并能熟练操作，制作好教学电子教案 ppt。
② 准备好电路图纸、仪器仪表使用说明书等材料。
（5）拟定组织管理措施：
① 教师根据实验实训场所的实际条件和学生数量，分配好项目小组并安排好组长。
② 制定好平时学习表现考核细目表。
（6）拟定任务实施场所安全技术措施和管理制度：
① 教师根据《电气安全作业规程》结合本校任务实施场所以及学生的实际情况，拟定切实可行的安全保障措施。实验实训基本操作规程见附录一。
② 教师拟定好任务实施场所 5S（整理、整顿、清理、清扫、素养）管理制度和实施方案。
（7）任务实施计划和步骤：① 任务准备；② 示波器的自检和调试；③ 示波器观察波形并绘制波形；④ 分析波形得出结论；⑤ 波形测绘过程阶段性评价；⑥ 连接正弦交流电路，正确连接交流电压表、电流表；⑦ 改变电路参数，测量电阻器电压和电流并正确记录；⑧ 分析测量数据并得出结论；⑨ 交流电压、电流测量和分析过程工作评价。

（二）学生准备

（1）衣着整洁，穿戴好劳保用品。无条件的学校，由学生自行穿好长袖衣、长裤和皮鞋等。
（2）掌握好安全用电规程和触电抢救技能
（3）学习好正弦交流电的基本知识。可在教师安排下，预习好正弦交流电的基本知识。
（4）掌握示波器、交流电压表和电流表的正确使用方法和使用技能。可在教师安排下，预习相关仪器仪表的使用知识。
（5）准备好文具和记录纸。学生在实施任务前准备好铅笔、圆珠笔、三色记录笔、三角板、直尺、橡皮擦等文具以及《电工基础技术项目工作手册》、记录本等。
（6）各项目工作小组在课前配合老师在每组工位上各准备一台 CS-4125A 型双踪示波器（或根据实际条件自定），在示波器与工作台之间加垫一层橡皮擦绝缘垫，在每组示波器操作工位地面上放置一张绝缘垫，检查电源是否正常工作。
（7）各项目工作小组在课前老师指导下，完成示波器自检：①接通示波器电源；②在一通道接上探头线；③探头线探针接"CAL"端子（示波器内部方波输出端）；④调节并观察示波器内部自激方波是否正常。
（8）各项目工作小组在课前配合老师在每组工位上各准备不同型号的交流电压表、电流表若干只（数量、规格、型号根据实际条件定），并检查是否能正常工作。

（三）实践应用知识的学习

知识学习内容 1 正弦交流电的概念

1. 什么是正弦交流电？

交流电（alternating current）也称"交变电流"，简称"交流"，用字母"AC"表示，一般指大小和方向随时间做周期性变化的电压或电流。当线圈在磁场中匀速转动时，线圈里就产生大小和方向作周期性改变的交流电。我们常见的电灯、电动机等用的电都是交流电。在实用中，交流电用符号"～"表示。

大小和方向随时间按正弦规律（正弦函数或余弦函数）变化的电压、电流、电动势等物理量，统称为正弦交流电。它是交流电的最基本形式，在工业中得到广泛的应用，它在生产、输送和应用上比起直流电来有不少优点，而且正弦交流电变化平滑且不易产生高次谐波，这有利于保护电器设备的绝缘性能和减少电器设备运行中的能量损耗。另外各种非正弦交流电都可由不同频率的正弦交流电叠加而成（用傅里叶分析法），因此可用正弦交流电的分析方法来分析非正弦交流电。

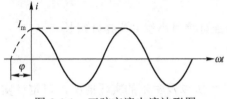

图3.1.1　正弦交流电流波形图

2．正弦交流电有哪几个要素？

正弦交流电以交流电流为例，其瞬时表达式为：$i=I_m\sin(\omega t+\varphi)$，其波形见图3.1.1所示。

正弦交流电中，幅值（振幅、最大值）I_m、角频率ω、初相角φ称为正弦量的三要素。

1）幅值（振幅、最大值）I_m

反映正弦量变化过程中所能达到的最大幅度。

2）角频率ω

描述正弦量变化快慢的几种方法：

（1）周期T：交流电变化一周所需的时间（单位：秒、毫秒）。如图3.1.2所示。

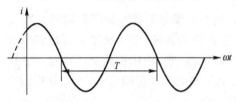

图3.1.2　正弦交流电流的周期

（2）频率f：交流电每秒变化的次数（单位：赫兹、千赫兹）。

（3）角频率ω：交流电每秒变化的弧度（单位：弧度/秒）。

周期，频率及角频率三者关系为

$$f=\frac{1}{T}, \qquad \omega=\frac{2\pi}{T}=2\pi f$$

交流电常用的频率范围：

① 我国电力的标准频率为50Hz；美国、日本等国采用标准为60Hz；

② 中频电炉的工作频率为500～8000Hz；

③ 高频电炉的工作频率为200～300kHz；

④ 无线电工程的频率为10^4～30×10^{10}Hz；

⑤ 低频电子工程的频率为20～20×10^3Hz。

3）初相角φ

（1）相位

相位是反映交流电任何时刻的状态的物理量。交流电的大小和方向是随时间变化的，随着时间的推移，交流电流可以从零变到最大值，从最大值变到零，又从零变到负的最大值，从负的最大值变到零，在三角函数$i=I_m\sin(\omega t+\varphi)$中，$(\omega t+\varphi)$相当于角度，它反映了交流电任何时刻所处的状态，是在增大还是在减小，是正的还是负的等等，因此把$(\omega t+\varphi)$叫做相位，或者叫做相。

（2）相位角

相位角是某一物理量随时间（或空间位置）作正弦或余弦变化时，决定该量在任一时刻（或位置）状态的一个数值。如交流电流$i=I_m\sin(\omega t+\varphi)$，在不同时刻的电流决定于$(\omega t+\varphi)$的数值，$(\omega t+\varphi)$就称相位角。

当$t=0$时的相位角φ就称为初相角。

3．正弦电流、电压的有效值有什么实际意义？

周期性电流、电压的瞬时值随时间而变，为了衡量其平均效应，工程上采用有效值来表示。周期电流、电压有效值的物理意义如图3.1.3所示，通过比较直流电

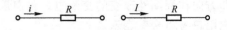

图3.1.3　交直流电流通过电阻器示意图

流 I 和交流电流 i 在相同时间 T 内流经同一电阻 R 产生的热效应,即

$$RI^2T = \int_0^T Ri^2(t)dt$$

从中获得周期电流和与之相等的直流电流 I 之间的关系为

$$I = \sqrt{\frac{1}{T}\int_0^T i^2(t)dt}$$

这个直流量 I 称为周期量的有效值。有效值也称方均根值。

同样,可定义电压有效值为

$$U = \sqrt{\frac{1}{T}\int_0^T u^2(t)dt}$$

正弦电流的有效值与最大值满足关系为

$$I_m = \sqrt{2}I$$

同理,可得正弦电压有效值与最大值的关系为

$$U = \frac{1}{\sqrt{2}}U_m \text{ 或 } U_m = \sqrt{2}U$$

若一交流电压有效值为 $U=220\,\text{V}$,则其最大值为 $U_m \approx 311\,\text{V}$。

需要注意的是:

(1) 工程上说的正弦电压、电流一般指有效值,如设备铭牌额定值、电网的电压等级等。但绝缘水平、耐压值指的是最大值。因此,在考虑电器设备的耐压水平时应按最大值考虑。

(2) 测量中,交流测量仪表指示的电压、电流读数一般为有效值。

(3) 区分电压、电流的瞬时值 i、u,最大值 I_m、U_m 和有效值 I、U 的符号。

知识学习内容 2 同频率正弦量的相位差

在分析正弦交流电路时,常常要对正弦量之间的相位角进行比较。把频率相同的同种函数形式的正弦量的相位之差称为相位差,用 φ 表示。如设两个同频率的电流 i_1、i_2 分别为 $i_1 = I_{m1}\sin(\omega t + \varphi_1)$ 和 $i_2 = I_{m2}\sin(\omega t + \varphi_2)$,如图 3.1.4 所示。

i_1、i_2 之间的相位差 $\varphi = \varphi_1 - \varphi_2$,

当 $\varphi = \varphi_1 - \varphi_2 > 0$ 时,称 i_1 超前 i_2 φ 角;

当 $\varphi = \varphi_1 - \varphi_2 < 0$ 时,称 i_1 滞后 i_2 $|\varphi|$ 角;

当 $\varphi = \varphi_1 - \varphi_2 = 0$ 时,称 i_1 与 i_2 同相;

当 $\varphi = \varphi_1 - \varphi_2 = \pm\frac{\pi}{2}$ 时,称 i_1 与 i_2 正交;

当 $\varphi = \varphi_1 - \varphi_2 = \pm\pi$ 时,称 i_1 与 i_2 反相;

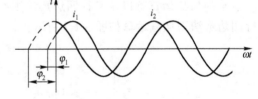

图 3.1.4 i_1 和 i_2 电流波形

如图 3.1.5(a)、(b)、(c)、(d)所示分别表示两个正弦量同相、超前、正交、反相。

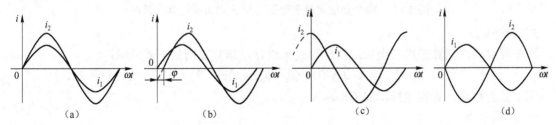

图 3.1.5 i_1 和 i_2 之间的相位关系

注意:不同频率的正弦量之间不存在相位差的概念,且同频率的正弦量之间相位差不得超过 $\pm 180°$。

知识学习内容3　复数的形式及其运算

1．一个复数 A 的几种表示形式

（1）代数形式（直角坐标形式）：

$$A = a_1 + ja_2$$

式中 a_1、a_2 都是实数，分别为 A 的实部和虚部，$j = \sqrt{-1}$ 称为虚数单位。

采用 Re 和 Im 两种记号表示实部和虚部。

因此有：$\text{Re}(A) = \text{Re}(a_1 + ja_2) = a_1$，$\text{Im}(A) = \text{Im}(a_1 + ja_2) = a_2$。

2）三角形式（用三角函数表示）：

$$A = a\cos\theta + ja\sin\theta = a(\cos\theta + j\sin\theta)$$

式中，$a = \sqrt{a_1^2 + a_2^2}$ 称为复数 A 的模（或幅值），总为正值；$\tan\theta = a_2/a_1$，$\theta = \arctan(a_2/a_1)$ 称为复数 A 的辐角。

复数 A 在复平面上可用向量表示，如图 3.1.6 所示。

3）指数形式

由欧拉公式 $e^{j\theta} = \cos\theta + j\sin\theta$ 可得：$A = ae^{j\theta}$。

4）极坐标形式

$A = a\angle\theta$ 是复数三角形式和指数形式的简写形式。

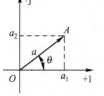

图 3.1.6　复数 A 的向量示意图

2．复数的运算

1）相等

两个复数相等时，它们的实部和虚部分别相等；

两个复数相等时，它们的模和辐角分别相等。

2）加减运算

两个复数的加减运算可采用代数形式来进行。

两个以上复数的相加或相减，就是它们的实部和虚部分别相加或相减。

复数的加减运算可以用平行四边形法则在复平面上用作图法来进行。两个复数 A_1、A_2 运用平行四边形法则加减运算如图 3.1.7 所示。

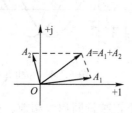 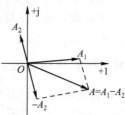

图 3.1.7　两个复数向量平行四边形法则加减运算示意图

3）乘法运算

两个复数乘法运算采用极坐标或指数形式来进行，运算规则如下式所示：

$$A \cdot B = a \cdot b \angle (\theta_a + \theta_b) = abe^{j(\theta_a + \theta_b)}$$

即：两个复数相乘，其模相乘，其辐角相加。

4）除法运算

两个复数除法运算采用极坐标或指数形式来进行，运算规则如下式所示：

$$A/B = a/b \angle (\theta_a - \theta_b) = a/b e^{j(\theta_a - \theta_b)}$$

即：两个复数相除，其模相除，其辐角相减。

5）旋转因子

复数 $e^{j\theta}$ 称为旋转因子。$e^{j\theta}=1\angle\theta$ 是一个模等于 1 而辐角为 θ 的复数。

任意复数 $A=a\angle\theta_a$ 乘以 $e^{j\theta}$ 等于把复数 A 逆时针旋转一个角度 θ，而 A 的模值 a 不变。一个复数乘以 j，等于把该复数在复平面上逆时针旋转 $\pi/2$；一个复数除以 j，等于把该复数乘以 –j，即等于把该复数在复平面上顺时针旋转 $\pi/2$。

知识学习内容 4　正弦量的相量表示方法

1. 相量

在含有电阻、电容和电感等元件的电路中，如果施加的电源（激励）是同一频率的正弦交流电，则电路中所有的电压、电流等物理量（响应）都是正弦量且频率相同，故对电路中响应进行分析时，重点只要分析出每个响应的幅值（有效值）、初相角，然后根据正弦交流电的三要素便可写出该正弦量响应的瞬时表达式。

在这样的正弦交流电路中，每个响应只要幅值（有效值）和初相角确定，该正弦量便可确定，这个关系就如同在复数中，只要确定一个复数的实部和虚部（或模和幅角）便可确定该复数一样，因此在同一频率的正弦交流电路中，激励和响应我们可以用复数进行表示，按照复数的运算规则进行运算。当正弦激励和响应用复数表示时就称作相量。为区别与一般复数，相量的头顶上一般加符号"·"。

1）电压相量

幅值相量 $\qquad\qquad\qquad\dot{U}_m=U_m\angle\varphi_u$

有效值相量 $\qquad\qquad\qquad\dot{U}=U\angle\varphi_u$

两者关系为 $\qquad\qquad\qquad\dot{U}_m=\sqrt{2}\dot{U}$

式中，U_m 为电压幅值；U 为电压有效值；φ_u 为电压初相。

2）电流相量

幅值相量 $\qquad\qquad\qquad\dot{I}_m=I_m\angle\varphi_i$

有效值相量 $\qquad\qquad\qquad\dot{I}=I\angle\varphi_i$

两者关系为 $\qquad\qquad\qquad\dot{I}_m=\sqrt{2}\dot{I}$

式中，I_m 为电流幅值；I 为电流有效值；φ_i 为电流初相。

注意：相量只能表示正弦量，并不等于正弦量，若不作特殊说明，所称相量均指有效值相量。

2. 相量图

每个复数在复平面上用向量表示时，就形成了向量图，当每个正弦相量以参考相量为基准，在复平面上表示时就形成了相量图。

按照各个正弦量的大小和相位关系用初始位置的有向线段画出的若干个相量的图形，称为相量图。

电压幅值相量 $\dot{U}_m=U_m\angle\varphi_u$ 在相量图上表示时，如图 3.1.8 所示。

在图中"+1"实轴，其幅角为 0，就是参考相量。在同一频率正弦交流电路中，为了分析电路的方便，可以任意确定某个相量为参考相量（即辐角为 0 的相量），但参考相量一旦确定，在电路分析中便不可再改变，其他各正弦量的辐角则是代表该正弦量与参考正弦量之间的相位差，参考相量选择不同，则各相量辐角就不同。这种情况就如同直流电路中电位的概念一样，一旦电位参考点确定，电路中各点电位便确定，电位参考点选择不同，

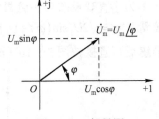

图 3.1.8　相量图

各点的电位就不同。

如在某正弦交流电路中有三个正弦量分别为

$$i_1(t)= I_{m1} \sin(\omega t + 60°), \qquad i_2(t)= I_{m2} \sin(\omega t + 90°), \qquad u(t)= U_{m1} \sin(\omega t + 30°)$$

若选取 $u(t)$ 作为参考正弦量，则三个幅值相量分别表示为

$$\dot{I}_1 = I_{m1}\angle 30° \qquad \dot{I}_2 = I_{m2}\angle 60° \qquad \dot{U} = U_{m1}\angle 0°$$

若选取 $i_1(t)$ 作为参考正弦量，则三个幅值相量分别表示为

$$\dot{I}_1 = I_{m1}\angle 0° \qquad \dot{I}_2 = I_{m2}\angle 30° \qquad \dot{U} = U_{m1}\angle -30°$$

虽然选取的参考相量不同，三个相量的表示也不同，但在相量图上三者的关系不变。

知识学习内容 5　正弦交流电的表示方法

1．波形图

一个正弦量有三要素，为了能直观反映出它大小和方向随时间变化情况，可以通过画出波形来表示。如正弦电流 $i(t) = I_m \sin(\omega t + \varphi)$，用波形来表示时如图 3.1.9 所示。

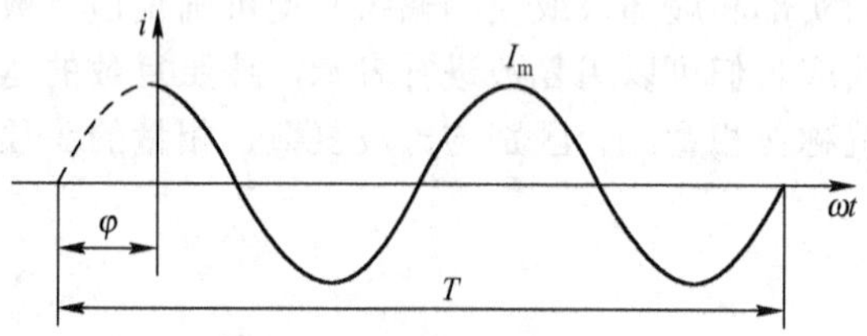

图 3.1.9　正弦电流波形

2．三角函数瞬时表达式

一个正弦量有三要素，为了能通过数学计算反映出它大小和方向随时间变化情况，可以通过三角函数瞬时表达式来表示，只要知道正弦量变化的时刻，我们就可以通过三角函数计算出它瞬时值的大小和正负。如正弦电流 $i(t) = I_m \sin(\omega t + \varphi)$，如果 $t=T/4$，则 $i= I_m \cos\varphi$。

3．复数相量

为了方便运用相量分析法分析正弦交流电路，我们可以把同频率的正弦交流电路中每个正弦量用复数相量表示。如正弦电流 $i(t) = I_m \sin(\omega t + \varphi)$，用复数相量来表示时有下列 4 种形式：

（1）代数形式　　　　　　　　　　$\dot{I} = I_m \cos\varphi + jI_m \sin\varphi$

（2）三角形式　　　　　　　　　　$\dot{I} = I_m (\cos\varphi + j\sin\varphi)$

（3）极坐标形式　　　　　　　　　$\dot{I} = I_m \angle\varphi$

（4）指数形式　　　　　　　　　　$\dot{I} = I_m e^{j\varphi}$

4．相量图

为了直观反映各正弦量大小和相位关系，我们可以用相量图来表示各正弦量。如已知两个正弦量：$u_1 = \sqrt{2}U_1 \sin(\omega t + \psi_1)$，$u_2 = \sqrt{2}U_2 \sin(\omega t + \psi_2)$，画出它们相量图，如图 3.1.10（a）所示，熟练后可直接按图 3.1.10（b）所示画出相量图。

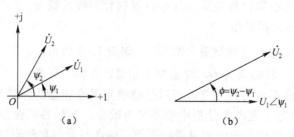

图 3.1.10　相量图

知识学习内容 6　示波器的基本结构及二踪显示原理

示波器的种类很多,但它们都包含下列基本组成部分,如图 3.1.11 所示。

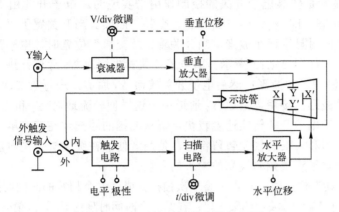

图 3.1.11　示波器的基本结构框图

1．主机

主机包括示波管及其所需的各种直流供电电路,在面板上的控制旋钮有：辉度、聚焦、水平移位、垂直移位等。

2．垂直通道

垂直通道主要用来控制电子束按被测信号的幅值大小在垂直方向上的偏移。它包括 Y 轴衰减器、Y 轴放大器和配用的高频探头。通常示波管的偏转灵敏度比较低,因此在一般情况下,被测信号往往需要通过 Y 轴放大器放大后加到垂直偏转板上,才能在屏幕上显示出一定幅度的波形。Y 轴放大器的作用是提高示波管 Y 轴偏转灵敏度。为了保证 Y 轴放大不失真,加到 Y 轴放大器的信号不宜太大,但是实际的被测信号幅度往往在很大范围内变化,此 Y 轴放大器前还必须加一个 Y 轴衰减器,以适应观察不同幅度的被测信号。示波器面板上设有"Y 轴衰减器"（通常称"Y 轴灵敏度选择"开关）和"Y 轴增益微调"旋钮,分别调节 Y 轴衰减器的衰减量和 Y 轴放大器的增益。

对 Y 轴放大器的要求是：增益大,频响好,输入阻抗高。为了避免杂散信号的干扰,被测信号一般都通过同轴电缆或带有探头的同轴电缆加到示波器 Y 轴输入端。但必须注意,被测信号通过探头幅值将衰减（或不衰减）,其衰减比为 10∶1（或 1∶1）。

3．水平通道

水平通道主要是控制电子束按时间值在水平方向上偏移。主要由扫描发生器、水平放大器、触发电路组成。

（1）扫描发生器

扫描发生器又叫锯齿波发生器,用来产生频率调节范围宽的锯齿波,作为 X 轴偏转板的扫描电压。锯齿波的频率（或周期）调节是由"扫描速率选择"开关和"扫速微调"旋钮控制的。使用时,调节"扫速选择"开关和"扫速微调"旋钮,使其扫描周期为被测信号周期的整数倍,保证屏幕上显示稳定的波形。

（2）水平放大器

其作用与垂直放大器一样,将扫描发生器产生的锯齿波放大到 X 轴偏转板所需的数值。

（3）触发电路

用于产生触发信号以实现触发扫描的电路。为了扩展示波器应用范围,一般示波器上都设有触发源控制开关，触发电平与极性控制旋钮和触发方式选择开关等。

4．二踪显示原理

示波器的二踪显示是依靠电子开关的控制作用来实现的。电子开关由"显示方式"开关控制，共有5种工作状态，即Y_1、Y_2、Y_1+Y_2、交替、断续。当开关置于"交替"或"断续"位置时，荧光屏上便可同时显示两个波形。当开关置于"交替"位置时，电子开关的转换频率受扫描系统控制，工作过程如图3.1.12所示。即电子开关首先接通Y_2通道，进行第一次扫描，显示由Y_2通道送入的被测信号的波形；然后电子开关接通Y_1通道，进行第二次扫描，显示由Y_1通道送入的被测信号的波形；接着再接通Y_2通道……这样便轮流地对Y_2和Y_1两通道送入的信号进行扫描、显示，由于电子开关转换速度较快，每次扫描的回扫线在荧光屏上又不显示出来，借助于荧光屏的余辉作用和人眼的视觉暂留特性，使用者便能在荧光屏上同时观察到两个清晰的波形。这种工作方式适宜于观察频率较高的输入信号场合。

当开关置于"断续"位置时，相当于将一次扫描分成许多个相等的时间间隔。在第一次扫描的第一个时间间隔内显示Y_2信号波形的某一段；在第二个时间时隔内显示Y_1信号波形的某一段；以后各个时间间隔轮流地显示Y_2、Y_1两信号波形的其余段，经过若干次断续转换，使荧光屏上显示出两个由光点组成的完整波形如图3.1.13（a）所示。由于转换的频率很高，光点靠得很近，其间隙用肉眼几乎分辨不出，再利用消隐的方法使两通道间转换过程的过渡线不显示出来，见图3.1.13（b），因而同样可达到同时清晰地显示两个波形的目的。这种工作方式适合于输入信号频率较低时使用。

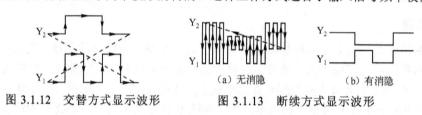

图3.1.12　交替方式显示波形　　　图3.1.13　断续方式显示波形

5．触发扫描

在普通示波器中，X轴的扫描总是连续进行的，称为"连续扫描"。为了能更好地观测各种脉冲波形，在脉冲示波器中，通常采用"触发扫描"。采用这种扫描方式时，扫描发生器将工作在待触发状态。它仅在外加触发信号作用下，时基信号才开始扫描，否则便不扫描。这个外加触发信号通过触发选择开关分别取自"内触发"（Y轴的输入信号经由内触发放大器输出触发信号），也可取自"外触发"输入端的外接同步信号。其基本原理是利用这些触发脉冲信号的上升沿或下降沿来触发扫描发生器，产生锯齿波扫描电压，然后经X轴放大后送X轴偏转板进行光点扫描。适当地调节"扫描速率"开关和"电平"调节旋钮，能方便地在荧光屏上显示具有合适宽度的被测信号波形。

上面介绍了示波器的基本结构，下面将结合使用介绍电工技术实验中常用的CS-4125A型双踪示波器和SB-10型普通示波器。

知识学习内容7　CS-4125A型双踪示波器的应用方法

1．概述

CS-4125A型示波器为便携式双通道示波器。本机具有1mV/div～5V/div的偏转灵敏度，配以10:1探极，灵敏度可达5V/div。本机在全频带范围内可获得稳定触发，触发方式设有常态、自动、TV和峰值自动，尤其峰值自动给使用带来了极大的方便。内触设置了交替触发，可以稳定地显示两个频率不相关的信号。本机水平系统具有0.5s/div～0.2μs/div的扫描速度，并设有扩展×10，可将最快扫速度提高到20ns/div。

2. 面板控制件介绍

CS-4125A 面板如图 3.1.14 所示，各控制件名称及功能如表 3.1.2 所示。

表 3.1.2　CS-4125 型双踪示波器面板图

序号	控制件名称	功　　能
（1）	显示屏 CRT	显示范围为垂直轴 8 div（80 mm），水平轴 10 div
（2）	POWER	电源开关
（3）	电源指示灯	当电源开启时，灯亮，调节光迹的清晰度
（4）	CAL 端子	为校正用电压端子，使用于调整探针时，可得到 1 V 正极性、1 kHz 之方波信号输出。调节光迹与水平刻度线平行
（5）	校正信号　INTEN	调节光迹的亮度
（6）	FOCUS	为焦点调整钮可调整之以得到清晰的显示信号
（7）	TRACE ROTA	可调整水平亮线的的倾角
（8）	刻度照明	本机无
（9）	GND 端子	为接地的端子
（10）	▲▼ POSITION	可用以调整荧屏上 CH1 波形垂直位置
（11）	VOLTS/DIV	可用以设定 CH1 垂直轴灵敏度之减钮
（12）	CH1 区域 VARIABLE	为 CH1 垂直轴衰减微调旋钮。向右旋至 CAL 位置时，可得到已校正值。在 X-Y 状态下则成为 Y 轴的衰减微调钮
（13）	AC-GND-DC	可用于选择 CH1 垂直轴输入信号之组合方式。
（14）	CH1 INPUT	为 CH1 之垂直轴输入端子。在 X-Y 动作下时为 Y 轴的输入端子
（15）	CH1 区域 BAL	调整 CH1 的 DC 平衡。
（16）	VOLTS/DIV	为 CH2 的垂直衰减钮，在 X-Y 动作下时则成为 X 轴之衰减钮
（17）	CH2 区域 VARIABLE	为 CH2 的垂直轴之衰减微调钮。在 X-Y 动作时则为 X 轴之衰减微调钮
（18）	AC-GND-DC	用以选择 CH2 垂直轴输入信号之组合方式
（19）	CH2 INPUT	CH2 之垂直轴输入端子。在 X-Y 动作时则成为 X 轴之端子
（20）	CH2 区域 BAL	调整 CH2 的 DC 平衡
（21）	VERT MODE	用于选择垂直轴的作用方式。 CH1：显示 CH1 之输入信号； CH2：显示 CH2 之输入信号； ALT：每次扫描交替显示 CH1 及 CH2 之输入信号； CHOP：与 CH1 及 CH2 输入信号频率无关，而以 250kHz 在两频道间切换显示； ADD：显示 CH1 及 CH2 输入信号之合成波形。但在 CH2 设定为 INVERT 状态下时，则显示 CH1 与 CH2 输入信号之差
（22）	CH2　INVERT	当按下此钮时，CH2 输入信号被反相
（23）	X-Y	当按下此钮时，VERT MODE 之设定为无效，而将 CH1 变成 Y 轴，CH2 变成 X 轴的 X-Y 轴示波器
（24）	MODE	可用以选择 TRGGER 之方式。 AUTO：由 TRGGER 信号启动扫描，若无 TRGGER 时，则显示 Free run 亮线； NORM:由 TRGGER 信号启动扫描，但与 AUTO 不同的是若无正确的 TRGGER 信号则不显示亮线； FIX：将同步 Level 加以固定，此时与（28）无关； TV-F：将复合映象信号的垂直同步脉冲分离出来与 TRGGER 电路结合； TV-L:将复合映象信号的水平同步脉冲分离出来与 TRGGER 电路结合
（25）	SOURCE	用以选择 TRGGER 信号之来源
（26）	SLOPE	用以选择触发扫描之信号 SLOPE 极性
（27）	TRIGGER LEVEL	为调整 TRIGGER LEVEL 之用。可用于设定在 TRIGGER 信号波形 SLOPE 的那一点上被触发而开始进行扫描
（28）	EXT TRIG	为外部 TRIGGER 信号之输入端子
（29）	POSTION◀▶	可用于调整所显示波形之水平位置，在 X-Y 按钮动作时则成为 X 轴之位置调整钮
（30）	SWEEP TIME/DIV	为扫描时间的切换器。可在 0.2μs/div～0.5s/div 之间以 1-2-5 级数调整，共有 20 种变化。当 VARIABLE 向右旋至 CAL 位置时则成为校正之指示值
（31）	VARIABLE	为扫描时间的微调器。可在 SWEEP TIME/DIV 之各段间作连续变化，向右旋至 CAL 位置时，可得到被校正之值
（32）	×10MAG	按下此钮时，则显示波形由荧屏中央向左右扩大 10 倍

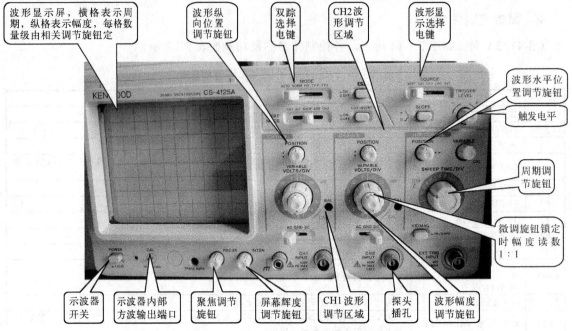

图 3.1.14　CS-4125A 示波器面板示意图

3. 操作方法

1）面板一般功能检查

① 将有关控制件按表 3.1.3 所示置位，并将示波器探头线（如图 3.1.15 所示）插头接入一通道 CH1 输入插座。

表 3.1.3　一般功能置位表

控制件名称	作用位置	控制件名称	作用位置
亮度	居中	触发方式	峰值自动
聚焦	居中	扫描速率	0.5ms/div
位移	居中	极性	正
垂直方式	CH1	触发源	INT
灵敏度选择	10mV/div	内触发源	CH1
微调	校正位置	输入耦合	AC

② 接通电源，电源指示灯亮，稍预热后，屏幕上出现扫描光迹，分别调节亮度、聚焦、辅助聚焦、迹线旋转、垂直、水平移位等控制件，使光迹清晰并与水平刻度平行。

③ 用 10∶1 探极将校正信号输入至 CH1 通道。

④ 调节示波器有关控制件，使荧光屏上显示稳定且易观察方波波形。

⑤ 将探极换至 CH2 输入插座，垂直方式置于 CH2，内触发源置于 CH2，重复④操作。

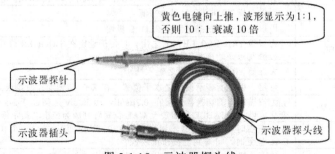

图 3.1.15　示波器探头线

2）垂直系统的操作
（1）垂直方式的选择
当只需观察一路信号时，将"垂直方式"开关置 CH1 或 CH2，此时被选中的通道有效，被测信号可从通道端口输入。当需要同时观察两路信号时，将"垂直方式"开关置"交替"，该方式使两个通道的信号被交替显示，交替显示的频率受扫描周期控制。当扫速低于一定频率时，交替方式显示会出现闪烁，此时应将开关置于"断续"位置。当需要观察两路信号代数和时，将"垂直方式"开关置于"代数和"位置，在选择这种方式时，两个通道的衰减设置必须一致，CH2 移位处于常态时为 CH1+CH2，CH2 移位拉出时为 CH1-CH2。
（2）输入耦合方式的选择
直流（DC）耦合：适用于观察包含直流成份的被测信号，如信号的逻辑电平和静态信号的直流电平，当被测信号的频率很低时，也必须采用这种方式。
交流（AC）耦合：信号中的直流分量被隔断，用于观察信号的交流份量，如观察较高直流电平上的小信号。
接地（GND）：通道输入端接地（输入信号断开），用于确定输入为零时光迹所处位置。
（3）灵敏度选择（V/div）的设定
按被测信号幅值的大小选择合适档级。"灵敏度选择"开关外旋钮为粗调，中心旋钮为细调（微调），微调旋钮按顺时针方向旋足至校正位置时，可根据粗调旋钮的示值（V/div）和波形在垂直轴方向上的格数读出被测信号幅值。
3）触发源的选择
（1）触发源选择
当触发源开关置于"电源"触发，机内 50 Hz 信号输入到触发电路。当触发源开关置于"常态"触发，有两种选择，一种是"外触发"，由面板上外触发输入插座输入触发信号；另一种是"内触发"，由内触发源选择开关控制。
（2）内触发源选择
CH1 触发：触发源取自通道 1。
CH2 触发：触发源取自通道 2。
交替触发：触发源受垂直方式开关控制，当垂直方式开关置于 CH1，触发源自动切换到通道 1；当垂直方式开关置于 CH2，触发源自动切换到通道 2；当垂直方式开关置于"交替"，触发源与通道 1、通道 2 同步切换，在这种状态使用时，两个不相关的信号其频率不应相差很大，同时垂直输入耦合应置于 AC，触发方式应置于"自动"或"常态"。当垂直方式开关置于"断续"和"代数和"时，内触发源选择应置于 CH1 或 CH2。
4）水平系统的操作
（1）扫描速度选择（t/div）的设定
按被测信号频率高低选择合适档级，"扫描速率"开关外旋钮为粗调，中心旋钮为细调（微调），微调旋钮按顺时针方向旋足至校正位置时，可根据粗调旋钮的示值（t/div）和波形在水平轴方向上的格数读出被测信号的时间参数。当需要观察波形某一个细节时，可进行水平扩展×10，此时原波形在水平轴方向上被扩展 10 倍。
（2）触发方式的选择
"常态"：无信号输入时，屏幕上无光迹显示；有信号输入时，触发电平调节在合适位置上，电路被触发扫描。当被测信号频率低于 20 Hz 时，必须选择这种方式。
"自动"：无信号输入时，屏幕上有光迹显示；一旦有信号输入时，电平调节在合适位置上，电路自动转换到触发扫描状态，显示稳定的波形，当被测信号频率高于 20 Hz 时，最常用这一种方式。

"电视场"：对电视信号中的场信号进行同步，如果是正极性，则可以由 CH2 输入，借助于 CH2 移位拉出，把正极性转变为负极性后测量。

"峰值自动"：这种方式同自动方式，但无须调节电平即能同步，它一般适用于正弦波、对称方波或占空比相差不大的脉冲波。对于频率较高的测试信号，有时也要借助于电平调节，它的触发同步灵敏度要比"常态"或"自动"稍低一些。

（3）"极性"的选择

用于选择被测试信号的上升沿或下降沿去触发扫描。

（4）"电平"的位置

用于调节被测信号在某一合适的电平上启动扫描，当产生触发扫描后，触发指示灯亮。

4．测量电参数

1）电压的测量

示波器的电压测量实际上是对所显示波形的幅度进行测量，测量时应使被测波形稳定地显示在荧光屏中央，幅度一般不宜超过 6 div，以避免非线性失真造成的测量误差。

（1）交流电压的测量

① 将信号输入至 CH1 或 CH2 插座，将垂直方式置于被选用的通道。

② 将 Y 轴"灵敏度微调"旋钮置校准位置，调整示波器有关控制件，使荧光屏上显示稳定、易观察的波形，则交流电压幅值为

$$V_{p-p} = 垂直方向格数（div）\times 垂直偏转因数（V/div）$$

（2）直流电平的测量

① 设置面板控制件，使屏幕显示扫描基线。

② 设置被选用通道的输入耦合方式为"GND"。

③ 调节垂直移位，将扫描基线调至合适位置，作为零电平基准线。

④ 将"灵敏度微调"旋钮置校准位置，输入耦合方式置"DC"，被测电平由相应 Y 输入端输入，这时扫描基线将偏移，读出扫描基线在垂直方向偏移的格数（div），则被测电平为

$$V = 垂直方向偏移格数（div）\times 垂直偏转因数（V/div）\times 偏转方向（+ 或 -）$$

式中，基线向上偏移取正号，基线向下偏移取负号。

2）时间测量

时间测量是指对脉冲波形的宽度、周期、边沿时间及两个信号波形间的时间间隔（相位差）等参数的测量。一般要求被测部分在荧光屏 X 轴方向应占（4～6）div。

（1）时间间隔的测量

对于一个波形中两点间的时间间隔的测量，测量时先将"扫描微调"旋钮置校准位置，调整示波器有关控制件，使荧光屏上波形在 X 轴方向大小适中，读出波形中需测量两点间水平方向格数，则时间间隔为

$$时间间隔 = 两点之间水平方向格数（div）\times 扫描时间因数（t/div）$$

（2）脉冲边沿时间的测量

上升（或下降）时间的测量方法和时间间隔的测量方法一样，只不过是测量被测波形满幅度的 10% 和 90% 两点之间的水平方向距离，如图 3.1.16 所示。

用示波器观察脉冲波形的上升边沿、下降边沿时，必须合理选择示波器的触发极性（用触发极性开关控制）。显示波形的上升边沿用"＋"极性触发，显示波形下降边沿用"－"极性触发。如波形的上升沿或下降沿较快则可将水平扩展×10，使波形在水平方向上扩展 10 倍，则上升（或下降）时间为

$$上升（或下降）时间 = \frac{水平方向格数（\mathrm{div}）\times 扫描时间因数（t/\mathrm{div}）}{水平扩展倍数}$$

(3) 相位差的测量

① 参考信号和一个待比较信号分别馈入"CH1"和"CH2"输入插座。
② 根据信号频率，将垂直方式置于"交替"或"断续"。
③ 设置内触发源至参考信号那个通道。
④ 将 CH1 和 CH2 输入耦合方式置"⊥"，调节 CH1、CH2 移位旋钮，使两条扫描基线重合。
⑤ 将 CH1、CH2 耦合方式开关置"AC"，调整有关控制件，使荧光屏显示大小适中、便于观察两路信号，如图 3.1.17 所示。读出两波形水平方向差距格数 D 及信号周期所占格数 T，则相位差为

$$\theta = \frac{D}{T} \times 360°$$

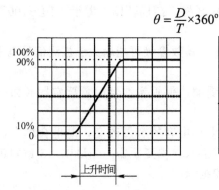

图 3.1.16　上升时间的测量　　图 3.1.17　相位差的测量

知识学习内容 8　SB-10 型普通示波器的使用与维护

1. 通用示波器的使用方法

通用示波器的型号种类很多，面板布置和使用方法大同小异。现以 SB-10 型普通示波器（如图 3.1.18 所示）为例来说明示波器的使用方法。

(1) 使用之前要先检查仪器的熔丝是否完好，面板上各旋钮有无损坏，转动是否灵活。

(2) 将电源插头接到 220 V 交流电源上，合上电源开关，指示灯应发亮，表明仪器进入预备工作状态，预热 5 分钟后才能正常使用。

(3) 调节"辉度"旋钮，使亮度适中。光点不宜太亮，也不宜长时间停留在一点上，以免影响示波管的使用寿命。

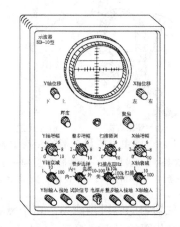

图 3.1.18　SB-10 型通用示波器面板布置图

(4) 调节"聚焦"旋钮，使屏幕上呈现的光点直径不大于 1 mm。
(5) 调节"X 轴位移"和"Y 轴位移"旋钮，把光点调到屏幕正中位置。
(6) 当 Y 轴输入信号时，应将被测信号接在"Y 轴输入"和"接地"端，再根据被测信号幅度，选择适当的"Y 轴衰减"挡位。
(7) 在观测 Y 轴输入信号的波形时，应取机内扫描，将"X 轴衰减"置于"扫描"偏置，然后将"扫描范围"置于所选择的频率挡。扫描频率应根据"Y 轴输入电压的频率为扫描频率的整数倍"这个原则来选择，该倍数就是能在荧光屏上看到完整被测波形的个数。例如，Y 轴输入

频率为 200 Hz，要在屏幕上看到 4 个完整的波形时，则扫描频率应取 200/4=50 Hz。此时，应将"扫描范围"置于 10～100 Hz 挡，并缓慢调节"扫描微调"旋钮，使扫描频率为 50 Hz，则屏幕上就会显示出 4 个完整的波形。

（8）为使波形稳定，扫描信号必须由输入信号整步。当 Y 轴输入信号，"整步选择"旋钮应置于"内+"或"内-"挡。先调节"扫描微调"使波形趋于稳定，再调节"整步增幅"，适当增大整步电压，即可使波形稳定。

（9）如需观测 220 V 工频交流电波形时，可将"试验电压"和"Y 轴输入"的两个端钮用导线连接起来，此时，试验电压由机内电源变压器上 6.3 V、50 Hz 电源提供，整步选择应置于电源挡。

2．通用示波器的的维护

（1）使用过程中暂时不测量波形时，最好将"扫描范围"置于"10～100"挡，不要频繁开关电源，防止损伤示波管灯丝。

（2）由于人体上有 50 Hz 感应交流电压，其数量级可能远大于被测信号电平，因此在观测波形时，应避免人体触及 Y 轴输入端。

（3）示波器应置于通风干燥处，防止受潮；保管示波器时，要定期（如一个月）通电工作一段时间（2 小时）。

（4）长期不使用的示波器，由于机内电解电容的容量改变，漏电会增大，若直接加额定电压易造成击穿短路；如需使用示波器时，应接入自耦变压器，先通以 2/3 额定电压工作 2 小时，再升至额定电压，以恢复电解电容的容量和绝缘。

知识学习内容 9　磁电系仪表的基本知识和选用方法

磁电系仪表是电工指示仪表中应用最广泛的一种仪表，它可以直接测量直流电压和电流。整流系仪表由测量灵敏度和准确度高的磁电系仪表的测量机构与整流电路组合而成，可用来测量交流电压和电流。

1．磁电系仪表的结构和原理

磁电系仪表的测量机构是由固定的磁路系统和可动部分组成，其结构如图 3.1.19 所示。

仪表的固定部分是磁路系统，磁路系统包括永久磁铁、固定在磁铁两极的极掌以及处于两个极掌之间的圆柱形铁芯。圆柱形铁芯固定在仪表支架上，采用这种结构是为了减少磁阻，并使极掌和铁芯间的空气

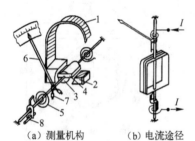

（a）测量机构　　（b）电流途径
图 3.1.19　磁电系测量机构的结构示意图
1—永久磁铁　2—极掌　3—圆柱形铁芯　4—可动线圈
5—游丝　6—指针　7—平衡锤　8—调零器

隙中产生均匀的辐射型磁场。这个磁场的特点是，沿着圆柱形铁芯的表面，磁感应强度处处相等，而方向则与圆柱形表面垂直。圆柱形铁芯与极掌间留有一定的气隙，使可动线圈能在气隙中转动。

可动部分由绕在矩形铝框架上的可动线圈、线圈两端的两个半轴（转轴）、与转轴相连的指针、平衡锤 7 以及游丝所组成。整个可动部分支承在轴承上，线圈位于环形气隙之中。在矩形框架的两短边上固定有转轴，转轴分前后两个半轴，每个半轴的一端固定在矩形框架上，另一端则通过轴尖支承于轴承中。在前半轴上装有指针 6，可动部分偏转时，带动指针偏转，用来指示被测量的大小。

当可动线圈通以电流之后，在永久磁铁的磁场作用下，产生转动力矩并使线圈转动。反作用力矩通常由游丝产生。磁电系仪表的游丝一般有两个，且绕向相反，游丝一端与可动线圈相连，另一端固定在支架上，它的作用是既产生反作用力矩，同时又将电流引进可动线圈的引线，如图 3.1.19（b）所示。

仪表的阻尼力矩由铝制的矩形框架产生。高灵敏度的仪表为了减轻可动部分的重量，通常采用无框架可动线圈，并在可动线圈中加短路线圈，利用短路线圈中产生的感应电流与磁场相互作用产生阻尼力矩。

为了使仪表指针起始在零的位置，通常还存在一个"调零器"，如图 3.1.19（a）中所示。"调零器"的一端与游丝相连。如果在仪表使用前其指针不指在零位，则可用螺丝刀轻轻调节露在表壳外面的"调零器"的螺杆，使仪表指针逐渐趋近于零位。

磁电系测量机构按磁路结构的不同，可分为外磁式、内磁式和内外磁式三种，如图 3.1.20 所示。外磁式结构是指永久磁铁在可动线圈的外部。内磁式结构是指永久磁铁在可动线圈的内部。内外磁式结构是在可动线圈的内外都有永久磁铁，因此，磁性更强，仪表的结构可以做得更紧凑。

（a）内磁式　　　（b）外磁式　　　（c）内外磁式

图 3.1.20　磁电系测量机构的磁路结构

当转动线圈中有电流通过时，线圈受磁场力而转动，转动力矩的大小与电流的大小有关。电流增大，转动力矩增大，指针转角也增大，当转动力矩与游丝的反作用力矩平衡时，指针停止转动，停留在某一位置上，指示出电流的数值。矩形铝框可对转动产生阻尼力矩。当线圈转动时，铝框因切割磁感线产生感应电流，感应电流与磁场相互作用，产生阻碍线圈转动的阻尼力矩。线圈停止转动，阻尼力矩立刻消失。阻尼力矩的作用是使指针尽快地停到平衡位置上，减少指针由于惯性在平衡位置附近来回摆动的时间。

根据磁场对通电导线的作用力公式，可以推导出磁电系仪表指针的偏转角 a 的公式，即

$$a = \frac{BNA}{D}I$$

式中，B 为磁感应强度；N 为线圈匝数；A 为线圈的有效面积；D 为游丝的反作用系数；I 为通电电流。

对于已经制成的仪表，B、A、N、D 都是固定值。因此偏转角 a 仅与通电电流 I 成正比，a 与 I 是线性关系。因而磁电系仪表的刻度盘是均匀的。

2．准确度等级

电工指示仪表的准确度等级分为 7 级，即 0.1，0.2，0.5，1.0，1.5，2.5，5.0。准确度等级表示仪表允许的最大绝对误差与仪表满刻度值之比的百分比。

中学实验室中的学生用电表一般都是 2.5 级的。对于电流表的 0 A～3 A 挡，它的示值最大可能绝对误差 $\Delta I = \pm 2.5\% \times 3\,A = \pm 0.075\,A$。电压表的 0 V～15 V 挡，示值的最大可能绝对误差为 $\Delta U = \pm 2.5\% \times 15\,V = 0.375\,V$。

3．磁电系仪表的优缺点

1）优点

（1）准确度高。磁电系仪表采用永久磁铁，磁场强，受外界磁场影响小。分流电阻和附加电阻都可以做得很准确。因此这种仪表的准确度高，可以达到0.1级，甚至可达到0.05级。

（2）灵敏度高。只需通以很小的电流，线圈就能产生足够大的转动力矩，所以灵敏度很高，可达 1 μA 分格。

（3）仪表消耗的功率小。测量机构内部通过的电流很小，所以消耗的功率小，对被测电路的影响小。

（4）刻度均匀。指针的偏转角 a 与被测电流 I 成正比，是线性关系，所以刻度均匀。

2）缺点

（1）过载能力低。由于电流通过很细的游丝，线圈导线也很细，所以电流超过额定值后易

烧坏游丝和线圈。

（2）只能直接测量直流电。

（3）结构较复杂，成本高。磁电系仪表有永久磁铁和活动线圈，比电动系仪表和电磁系仪表结构复杂，成本也高。

4．仪表的选择与使用

选择和使用磁电系仪表要注意以下事项：

（1）按被测量的大小选择适当量程的仪表。合理选择适当量程的仪表可以充分发挥仪表准确度的作用，减小测量的相对误差。被测量的值应选在仪表测量的最大值和 2/3 最大值之间。

（2）按被测量的实际要求合理地选择仪表的准确度级别。仪表的准确度级别应等于或小于被测量允许误差的 1/3～1/5，不必追求更高准确度的仪表。

（3）购买仪表时要检查是否有合格证书，合格证书不能超期，否则应进行周期检定。

（4）磁电系仪表用在直流电路中，要注意接线的极性，不能接反。

（5）应使仪表处在规定的位置，例如水平放置、竖直放置，或按表的规定倾斜角度放置。

（6）调好零点。读数时姿态要端正，视线要平直，避免产生读数误差。

知识学习内容 10　电流表的基本知识和使用方法

1．电流表的工作原理

电流表（ammeter），又称"安培表"。电流表是测量电路中电流大小的工具，在电路图中，电流表的符号为"圈 A"。电流表的结构如图 3.1.21 所示。

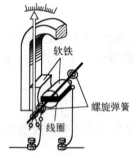

图 3.1.21　电流表的结构

电流表是根据通电导体在磁场中受磁场力的作用而制成的。电流表内部有一永磁体，在极间产生磁场，在磁场中有一个线圈，线圈两端各有一个游丝弹簧，弹簧各连接电流表的一个接线柱，在弹簧与线圈间由一个转轴连接，在转轴相对于电流表的前端，有一个指针。当有电流通过时，电流沿弹簧、转轴通过磁场，电流切磁感线，所以受磁场力的作用，使线圈发生偏转，带动转轴、指针偏转。由于磁场力的大小随电流增大而增大，所以就可以通过指针的偏转程度来观察电流的大小。这叫磁电式电流表，就是我们平时实验室里用的那种。一般可直接测量微安或毫安数量级的电流，为测更大的电流，电流表应有并联电阻器（又称分流器）。主要采用磁电系电表的测量机构。分流器的电阻值要使满量程电流通过时，电流表满偏转，即电流表指示达到最大。对于几安的电流，可在电流表内设置专用分流器。对于几安以上的电流，则采用外附分流器。大电流分流器的电阻值很小，为避免引线电阻和接触电阻附加于分流器而引起误差，分流器要制成四端形式，即有两个电流端，两个电压端。例如，当用外附分流器和毫伏表来测量 200 A 的大电流时，若采用的毫伏表标准化量程为 45mV（或 75mV），则分流器的电阻值为 0.045/200=0.000225Ω（或 0.075/200=0.000375Ω）。若利用环形（或称梯级）分流器，可制成多量程电流表。

2．直流电流表使用的基本知识

电流表是分为直流电流表和交流电流表。交直流电流表如图 3.1.22 所示。

直流电流表主要采用磁电系电表的测量机构。一般可直接测量微安或毫安数量级的电流，为测更大的电流，电流表应有并联电阻器（又称分流器）。分流器的电阻值要使满量程电流通过时，电流表满偏转，即电流表指示达到最大。对于几安的电流，可在电流表内设置专用分流器。对于几安以上的电流，则采用外附分流器。大电流分流器的电阻值很小，为避免引线电阻和接触电阻附加于分流器而引起误差，分流器要制成四端形式，即有两个电流端，两个电压端。例如，当用外附分流器和毫伏表来测量 200A 的大电流时，若采用的毫伏表标准化量程为 45mV（或 75mV），则分流器的电阻值为 0.045/200=0.000225Ω（或 0.075/200=0.000375Ω）。若利用环形（或称梯级）分流器，可制成多量程电流表。

3. 交流电流表的基本知识

交流电流表主要采用电磁系电表、电动系电表和整流式电表的测量机构。图 3.1.23 所示为 KLY-T670 交流电流表。

图 3.1.22　交直流电流表外形结构图　　图 3.1.23　KLY-T670 交流电流表

电磁系测量机构的最低量程约为几十毫安，为提高量程，要按比例减少线圈匝数并加粗导线。

用电动系测量机构构成电流表时，动圈与静圈并联，其最低量程约为几十毫安。为提高量程，要减少静圈匝数，并加粗导线，或将两个静圈由串联改为并联，则电流表的量程将增大一倍。

用整流式电表测交流电流时，仅当交流为正弦波形时，电流表读数才正确。为扩大量程也可利用分流器。此外，也可用热电式电表测量机构测量高频电流。

交流电流表一般在 5A 以下的小电流中可以直接使用，在电力系统中使用的大量程交流电流表多是用 5A 或 1A 的电磁系电流表，并配以适当电流变比的电流互感器。选择电流表前要算出设备的额定工作电流，再选择合适的电流互感器和电流表。例如：设备为一台 30kW 电机，大概额定电流为 60A 左右，这样我们就要选择 75/5A 电流互感器，则电流表就要选择量程为 0A～5A 的电流表。

4. 电流表的使用规则

（1）电流表要串联在电路中（否则短路）。

（2）直流电流表要从"+"接线柱入，从"-"接线柱出（否则指针反转）。

（3）被测电流不要超过电流表的量程（可以采用试触的方法来看是否超过量程）。

（4）绝对不允许不经过用电器而把电流表连到电源的两极上（电流表内阻很小，相当于一根导线。若将电流表连到电源的两极上，轻则指针打歪，重则烧坏电流表、电源、导线）。

（5）看清量程。

（6）看清分度值（一般而言，量程 0～3A 分度值为 0.1A，0～0.6A 为 0.02A）。

（7）看清表针停留位置（一定从正面观察）。

5. 电流表的使用步骤

（1）校零，用平口改锥调整校零按钮。

（2）选用量程（用经验估计或采用试触法）。试触法：把电源开关先试触一下，若电流表指针摆动不明显，则换小量程的表，若指针摆动角度大，则换大量程的表。

（3）观察指针位置并读数。一般指针在表盘中间左右，读数比较合适。读数前要做到"三看"，即

一看量程。电流表的测量范围。

二看分度值。表盘的一小格代表多少。

三看指针位置。指针的位置包含了多少个分度值。

知识学习内容 11　电压表的基本知识和使用方法

1. 电压表的基本知识

电压表（voltmeter）是测量电压的一种仪器，常用电压表——伏特表，其符号为 V。直流电压表的符号要在 V 下加一个下角标"–"，交流电压表的符号要再 V 下加一个下角标波浪线"～"。

1）分类

电压表按其工作原理和读数方式分为模拟式电压表和数字式电压表两大类。数字式电压表如图 3.1.24 所示。

图 3.1.24　数字式电压表

模拟式电压表又叫指针式电压表，分为直流电压表和交流电压表。一般都采用磁电式直流电流表头作为被测电压的指示器。测量直流电压时，可直接或经放大或经衰减后变成一定量的直流电流驱动直流表头的指针偏转指示。测量交流电压时，必需经过交流-直流变换器即检波器，将被测交流电压先转换成与之成比例的直流电压后，再进行直流电压的测量。模拟式电压表按工作的方式不同又分为如下几种类型。

（1）按工作频率分类：分为超低频（1kHz 以下）、低频（1MHz 以下）、视频（30MHz 以下）、高频或射频（300MHz 以下）、超高频（300MHz 以上）电压表。

（2）按测量电压量级分类：分为电压表（基本量程为 V 量级）和毫伏表（基本量程为 mV 量级）。

（3）按检波方式分类：分为均值电压表、有效值电压表和峰值电压表。

（4）按电路组成形式分类：分为检波-放大式电压表、放大-检波式电压表、外差式电压。

2）电压表性能特点

（1）频率范围宽。被测信号电压的频率可以从零赫兹到几千兆赫兹范围内变化，这就要求测量信号电压仪表的频带要覆盖较宽的率频范围。

（2）测量电压范围广。通常被测信号电压小到微伏级，大到千伏以上。这就要求测量电压仪表的量程相当宽。电压表所能测量的下限值定义为电压表的灵敏度，目前只有数字电压表才能达到微伏级的灵敏度。

（3）输入阻抗高。电压测量仪表的输入阻抗是被测电路的附加并联负载。为了减小电压表对测量结果的影响，就要求电压表的输入阻抗很高，即输入电阻大，输入电容小，使附加的并联负载对被测电路影响很小。

（4）测量精度高。一般的工程测量，如市电的测量、电路电源电压的测量等都不要求高的精度。但对一些特殊电压的测量则要求有很高的测量精度。如对 A/D 变换器的基准电压的测量，对稳压电源的稳压系数的测量都要求有很高的测量精度。

（5）抗干扰能力强。测量工作一般都在存在干扰的环境下进行，所以要求测量仪表具有较强的抗干扰能力。特别是高灵敏度、高精度的仪表都要具备很强的抗干扰能力，否则就会引入明显的测量误差，达不到测量精度的要求。对于数字电压表来说，这个要求更为突出。

2. 指针式电压表的结构原理

电压表是由小量程电流表与定值电阻串联改装而来，它的指针偏转靠通过表内的电流决定，而他的读数则等于电压表本身作为电阻所分得的电压或者与外电路并联后并联电阻所分得的电压。

电压表内，有一个磁铁和一个导线线圈，通过电流后，会使线圈产生磁场，这样线圈通电后在磁铁的作用下会旋转，这就是电流表、电压表的表头部分。这个表头所能通过的电流很小，两端所能承受的电压也很小（肯定远小于 1V，可能只有零点零几伏甚至更小），为了能测量我们实际电路中的电压,需要给这个电压表串联一个比较大的电阻,做成电压表。这样,即使两端加上比较大的电压,可是大部分电压都作用在我们加的那个大电阻上了,表头上的电压就会很小了。可见,电压表是一种内部电阻很大的仪器,一般应该大于几千欧。

表头是跟据通电导体在磁场中受磁场力的作用而制成的。结构和原理类同于图 3.1.21 所示电流表结构和原理。

3. 直流电压表

直流电压表主要采用磁电系电表和静电系电表的测量机构。磁电系电压表由小量程的磁电系电流表与串联电阻器(又称分压器)组成,最低量程为十几毫伏。为了扩大电压表量程,可以增大分压器的电阻值。例如 50 μA 的电流表形成 250 V 的电压表时,要使分压器与测量机构的总电阻值为 250/(50×10-6)=5×106 Ω=5 MΩ,这相当于电压表的内阻为 20 kΩ/V。为了避免电压表的接入过多影响原工作状态,要求电压表有较高的内阻。用几个电阻组成的分压器和测量机构串联,可形成多量程电压表。静电系电压表的最低量程为几十伏,扩大量程是靠改变电表内部结构和极间距离来达到。此外,电磁系电表的测量机构在理论上也可用于测量直流电压。

4. 交流电压表

交流电压表主要采用整流式电表、电磁系电表、电动系电表和静电系电表的测量机构。交流电压表不分正负极,正确选择量程,直接把电压表并联在被测电路的两端。交流电压表测的电压是交流电压的有效值。交流电压表外形如图 3.1.25 所示。

除静电系电压表外,其他系电表都是用小量程电流表与分压器串联而成。也可用几个电阻组成的分压器与测量机构串联而形成多量程电压表。这些系的交流电压表难于制成低量程的,最低量程在几伏到几十伏之间,而最高量程则约为 1~2 kV。静电系电压表的最低量程约为 30 V,而最高量程则可达很高。电力系统中用的高压电压表是由电压额定量程为 100 V 的电磁系电压表,结合适当电压变比的电压互感器组成。由于受测量机构线圈电感的限制,电磁系电表、电动系电压表的使用频率范围较窄,上限频率低于 1~2 kHz。电动系略优于电磁系。静电系和热电系电压表的使用频率范围都较宽。整流式电压表的上限使用频率约几千赫,但要注意,仅当交流电压为正弦波形时,整流式电表读数才是正确的。

20 世纪 80 年代已制成可测 500 kV 电压的静电电压表(如图 3.1.26 所示)。电力系统中用的高压电压表是由电压额定量程为 100 V 的电磁系电压表,结合适当电压变比的电压互感器(见互感器)组成。

图 3.1.25　交流电压表示意图　　图 3.1.26　500kV 静电电压表

二、任务实施

1. 正弦交流电波形测量

用示波器(本项目示波器型号为 CS-4125A)测量正弦交流电的波形,分析正弦交流电的三要素。
1)波形绘制方格的制作

在波形记录纸上,对照使用的示波器显示屏,把方格按 1∶1 比例绘制出来。示波器面板显示屏如图 3.1.14 所示。

2）示波器通电调试

把示波器置于装置合适位置，便于观测。示波器在通电正常工作时，外壳会有电，为安全起见，在示波器和装置之间垫上一块橡皮擦绝缘垫，并把接地接口接地。给示波器接上电源，打开示波器电源开关，根据示波器使用情况，把示波器各开关和旋钮调整到合适位置，把探头输入线（如图 3.1.15 所示）接在 CH1 通道上，并把探针接在 CAL 端进行自检，确认示波器能正常工作。

3）观测单相正弦交流电波形

（1）纵轴幅值调节

选取多功能电工实验装置上三相正弦交流电中的任一相，把探头输入线探针接在该相上，观察示波器显示屏上波形，调节 CH1 通道幅值调节旋钮，合理选择每分格（每大格）的电压值，使得波形在显示屏纵轴方向上显示合适，合适后调节旋钮中间的微调旋钮让幅值锁定。

注意：在幅值调节时，不可调节垂直方向的上下移动旋钮。

（2）横轴扫描周期调节

调节扫描周期旋钮，合理选择横轴方向每分格（每大格）的时间值，使得每周期波形在横轴方向上占 5～6 分格为宜，并锁定扫描微调旋钮。

（3）坐标原点选择

为了便于观测和绘制波形，在示波器显示屏上坐标原点宜选在横轴与方格纵线相交的最左端点上，可通过横轴水平移动旋钮，把波形由负到正的零点置于坐标原点上。

（4）波形绘制

波形调整合适后，在画有方格的波形记录纸上用铅笔按照示波器显示屏上所显示的波形，选择合适的各点用平滑曲线绘制下来。画好以后再用三色记录笔中的一种沿铅笔绘制的波形描画一遍，并把波形观测数据记录在表 3.1.4 中。

（5）其他两相波形绘制

在上述第（4）步基础上，把探头输入线探针分别接到其他两相上观测波形，并按照上述办法绘制在上述波形记录纸上，把波形观测数据记录在表 3.1.4 中。

注意：在观测其他两相波形时，不能调节幅值旋钮和扫描周期旋钮，以及上下和水平移动旋钮，以免波形观测和绘制不准。

表 3.1.4 示波器相电压波形观测数据记录表

波形观测数据	相电压相序	A相	B相	C相
示波器"VOLT/DIV"挡位值×峰-峰波形格数				
峰-峰值电压 U_{P-P}（V）读数				
根据示波器显示计算出的波形有效值（V）				
示波器（TIME/DIV）挡位值×周期格数				
信号周期 T 值（ms）				
信号频率 $f=1/T$（Hz）				

注：波形有效值为 $U_{P-P}/2\sqrt{2}$。

（6）参照以上 1）～5）步骤，观察三组线电压波形，把波形绘制在另外画有方格的波形记录纸上并把波形观测数据记录在表 3.1.5 中。

（7）有函数信号发生器的学校，可安排学生分别观测三组不同信号频率（500 Hz、1000 Hz、1500 Hz）的正弦波形，把波形观测数据记录在数据记录表中。

① 按函数信号发生器的使用方法和调试步骤调试输出正弦波形。

函数信号发生器的面板如图 3.1.27 所示。产生正弦波形的使用方法和调试步骤如下。

表 3.1.5　示波器线电压波形观测数据记录表

波形观测数据	线电压相序	AB 相	BC 相	CA 相
示波器"VOLT/DIV"挡位值×峰-峰波形格数				
峰-峰值电压 U_{P-P}（V）读数				
根据示波器显示计算出的波形有效值（V）				
示波器（TIME/DIV）挡位值×周期格数				
信号周期 T 值（ms）				
信号频率 $f=1/T$（Hz）				

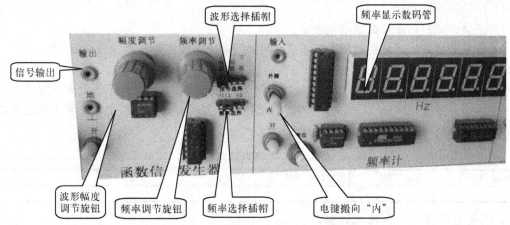

图 3.1.27　函数信号发生器面板示意图

步骤一：把示波器探针与函数信号发生器输出端子相连，示波器与函数信号发生器共"地"；

步骤二：把函数信号发生器的波形选择插帽戴在正弦波的选择针上，把频率选择插帽戴在左数第 2、第 3 选择针上；

步骤三：调节信号发生器正弦波的输出电压，使其输出信号分别为：U_1=0.4 V，f_1=500 Hz；U_2=2 V，f_2=1000 Hz；U_3=50 mV，f_3=1500 Hz 的正弦波。调节信号发生器产生波形的输出频率时，应以频率显示数码管的显示数值为基本依据，分别调节出要求的频率值。

② 用示波器观察各信号，测量各信号的电压、频率等值，并填在表 3.1.6 中。

表 3.1.6　函数信号发生器输出波形的测量数据

输 出 电 压	0.4 V	2.0 V	50 mV
信号发生器产生的信号频率	500 Hz	1000 Hz	1500 Hz
示波器"VOLT/DIV"挡位值×峰-峰波形格数			
峰-峰值电压 U_{P-P}（V）读数			
根据示波器显示计算出的波形有效值（V）			
示波器（TIME/DIV）挡位值×周期格数			
信号周期 T 值（ms）			
信号频率 $f=1/T$（Hz）			

（8）绘制波形比较分析：

① 分别选取一组相电压和线电压波形，分析在纵轴方向上幅值大小改变时，波形的变化情况。

② 分别选取另一组相电压和线电压波形，分析在横轴方向上周期大小改变时，波形的变化情况。若观测了函数信号发生器输出波形的，可结合绘制的波形和记录的数据分析波形随周期变化的情况。

③ 分别对照三组相电压和线电压波形，分析三相由负到正的零点距离坐标原点的位置变化

时,而引起波形的变化情况。

④ 给出分析结论:正弦交流电的三要素为幅值、周期、初相位。

2. 用交流电压表、电流表测量正弦电压和电流

1)电源三组线电压测量

(1)断开多功能电工实验装置的电源;

(2)把交流电压表端钮用专用接插线与三相电源中 A、B 两相端钮连接;

(3)调节交流电压表量程选择开关,选择合适量程;

(4)接通装置电源;

(5)正确读数并记录在数据记录表上;

(6)依照上述各步,分别测量 BC 和 CA 两组线电压有效值并记录在表 3.1.7 中。

2)电源相电压测量

把交流电压表端钮用专用接插线与 A 相和零线端钮连接,按照 1)中测量线电压的步骤测量出 A 相相电压有效值并记录在表 3.1.7 中。然后以同样方法分别测量出 B、C 两相相电压的有效值并记录在表 3.1.7 中。

表 3.1.7 电源电压测量数据

U_{AB}(V)	U_{BC}(V)	U_{CA}(V)	U_A(V)	U_B(V)	U_C(V)

3)测量电阻器电压和通过的电流

(1)断开多功能电工实验装置的电源。

(2)合理选择电工实验装置中的电阻器(可选 1 kΩ/2 W)和电位器(可选 5 kΩ/2 W),连同单相自耦调压器(图 3.1.28)、双刀开关 S、交流电压表和电流表一起运用接插线按图 3.1.29 所示,连接好电路。

(3)接通装置电源。

(4)正确调节调压器:接通电源前调压器手轮应放在"零"位,电压接通后,徐徐调节手轮,注意观察万用表,使输出电压调节至 24 V。

(5)调节电位器,在电路总阻值分别为 1.2 kΩ、1.6 kΩ、2.0 kΩ(在双刀开关 S 合上之前,分别用万用表测量)下,合上 S 后,读出电阻器两端电压和通过的电流,把数据记录在表 3.1.8 中。

(6)调节单相自耦调压器使输出电压为 36V,重复第(5)步把数据记录在表 3.1.8 中。

(7)根据测量数据分析是否满足欧姆定律。

表 3.1.8 电阻器电压和电流数据

总阻值 电源电压	1.2 kΩ		1.6 kΩ		2.0 kΩ	
	U_R(V)	I_R(mA)	U_R(V)	I_R(mA)	U_R(V)	I_R(mA)
24 V						
36 V						

图 3.1.28 单相自耦调压器

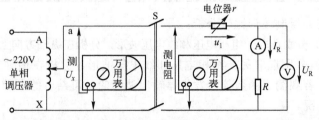

图 3.1.29 测量电阻器电压、电流接线图

三、工作评价

（一）知识答卷

参见《电工基础技术项目工作手册》项目三中工作任务一的知识水平测试卷。

（二）知识学习考评成绩

知识学习考评表同表 1.2.10，参见《电工基础技术项目工作手册》项目三中任务一的知识学习考评表。

（三）任务实施过程评价

工作过程考核评价表类同表 1.2.11，参见《电工基础技术项目工作手册》项目三中任务一的工作过程考核评价表。

任务二 岗前学习准备2 电感、电容器的识别与选用

一、任务准备

（一）教师准备

（1）教师准备好电感、电容器的演示课件。

（2）任务实施场地检查。

教师首先去任务实施的实验实训室巡视检查，并与实验实训室管理员联系，在任务实施期间是否与其他教学活动冲突，请管理员安排好场地，保证实验实训室整洁、明亮，有专业职业特色。检查教具等设施保证能正常工作。

（3）任务实施材料、工具、仪器仪表等准备。

与仓库管理员和实验员联系为每个项目小组按表 3.2.1 物资清单准备好材料、工具和仪器仪表等。

（4）技术和技术资料准备：

① 教师熟练掌握应用万用表检测电感器和电容器的方法，制作好教学电子教案（ppt）。

② 准备好不同类型电感器和电容器的使用说明书等材料。

（5）拟定组织管理措施：

① 教师根据实验实训场所的实际条件和学生数量，分配好项目小组并安排好组长。

② 制定好平时学习表现考核细目表。

表 3.2.1 物资清单

序号	材料、工具设备、仪器仪表	规格、型号	数量	备注
1	钢丝钳		1把	
2	尖嘴钳		1把	
3	剥线钳		1把	
4	一字螺钉旋具		1把	
5	十字螺钉旋具		1把	
6	验电笔		1支	
7	万用表		1只	
8	电感器	不同规格/型号	若干	有一定数量旧电感，其中有三种具有明显型号标识的新电感，由实验员协助用不透明胶纸封住铭牌
9	电容器	不同规格/型号	若干	有一定数量旧电容，其中有三种具有明显型号标识的新电容，由实验员协助用不透明胶纸封住铭牌

注：规格、型号根据实际条件自定。

(6) 拟定任务实施场所安全技术措施和管理制度：
① 教师根据《电气安全作业规程》结合本校任务实施场所以及学生的实际情况，拟定切实可行的安全保障措施。本次实训基本操作规程见附录 A。
② 教师拟定好任务实施场所 5S（整理、整顿、清理、清扫、素养）管理制度和实施方案。
(7) 任务实施计划和步骤：①任务准备；②完成电感器识别、使用和维护等基本应用知识的学习和考核；③完成电容器的识别、使用和维护等基本应用知识的学习和考核；④多种电感器的识别与检测；⑤多种电容器的识别与检测；⑥任务实施训练过程考评。

（二）学生准备

(1) 衣着整洁，穿戴好劳保用品；无条件的学校，由学生自行穿好长袖衣、长裤和皮鞋等。
(2) 掌握好安全用电规程和触电抢救技能。
(3) 复习好正弦交流电的基本知识。
(4) 学生准备好《电工基础技术项目工作手册》、笔和记录本。
(5) 检查好材料、工具、仪器仪表。在实验员指导下，每个项目小组检查好材料、工具、仪器仪表是否正常和合乎使用标准，对不符合使用标准的应予以更换。

（三）实践应用知识的学习

知识学习内容 1　电感器的识别、使用和维护

1．电感器的基本概念

电感是导线内通过交流电流时，在导线的内部及其周围产生交变磁通，导线的磁通量与生产此磁通的电流之比。

当电感中通过直流电流时，其周围只呈现固定的磁力线，不随时间而变化；可是当在线圈中通过交流电流时，其周围将呈现出随时间而变化的磁力线。根据法拉弟电磁感应定律——磁生电来分析，变化的磁力线在线圈两端会产生感应电势，此感应电势相当于一个"新电源"。当形成闭合回路时，此感应电势就要产生感应电流。由楞次定律知道感应电流所产生的磁力线总量要力图阻止原来磁力线的变化的。由于原来磁力线变化来源于外加交变电源的变化，故从客观效果看，电感线圈有阻止交流电路中电流变化的特性。

电感线圈有与力学中的惯性相类似的特性，在电学上取名为"自感应"，通常在拉开闸刀开关或接通闸刀开关的瞬间，会发生火花，这就是自感现象产生很高的感应电势所造成的。总之，当电感线圈接到交流电源上时，线圈内部的磁力线将随电流的交变而时刻在变化着，致使线圈不断产生电磁感应。这种因线圈本身电流的变化而产生的电动势，称为"自感电动势"。

由此可见，电感量只是一个与线圈的圈数、大小形状和介质有关的一个参量，它是电感线圈惯性的量度而与外加电流无关。

电感器就是能产生电感作用的元件的统称。其作用就是"阻交流通直流，阻高频通低频（滤波）"。

电感元件是各种家用电器中重要的元件之一，它包括电感线圈和各种变压器。电感元件和电阻器，电容器、晶体管进行恰当的配合构成各种功能的电子电路。

2．电感器的种类

(1) 按电感器结构的分类
可分为线绕式电感器和非线绕式电感器（多层片状、印刷电感等）。

（2）按电感器形式的分类

可分为固定式电感器和可调式电感器。

① 固定式电感器

固定式电感器又分为空心电子表电感器、磁心电感器、铁芯电感器等。根据其结构外形和引脚方式还可分为立式同向引脚电感器、卧式轴向引脚电感器、大中型电感器、小巧玲珑型电感器和片状电感器等。

小型固定式电感器通常是用漆包线在磁心上直接绕制而成，主要用在滤波、振荡、陷波、延迟等电路中。它有密封式和非密封式两种封装形式，两种形式又都有立式和卧式两种外形结构。

● 立式密封固定电感器：立式密封固定电感器采用同向型引脚，国产有 LG 和 LG2 等系列电感器，其电感量范围为 $0.1 \sim 2200 \mu H$（直标在外壳上），额定工作电流为 $0.05 \sim 1.6 A$，误差范围为$\pm 5\% \sim \pm 10\%$。进口有 TDK 系列色码电感器，其电感量用色点标在电感器表面。

● 卧式密封固定电感器：卧式密封固定电感器采用轴向型引脚，国产有 LG1、LGA、LGX 等系列。LG1 系列电感器的电感量范围为 $0.1 \sim 22000 \mu H$（直标在外壳上），额定工作电流为 $0.05 \sim 1.6 A$，误差范围为$\pm 5\% \sim \pm 10\%$。LGA 系列电感器采用超小型结构，外形与 1/2W 色环电阻器相似，其电感量范围为 $0.22 \sim 100 \mu H$（用色环标在外壳上），额定电流为 $0.09 \sim 0.4 A$。LGX 系列色码电感器也为小型封装结构，其电感量范围为 $0.1 \sim 10000 \mu H$，额定电流分为 $50 mA$、$150 mA$、$300 mA$ 和 $1.6 A$ 四种规格。

② 可调式电感器

可调式电感器又分为磁心可调电感器、铜心可调电感器、滑动接点可调电感器、串联互感可调电感器和多抽头可调电感器。

常用的可调电感器有半导体收音机用振荡线圈、电视机用行振荡线圈、行线性线圈、中频陷波线圈、音响用频率补偿线圈、阻波线圈等。

（3）按工作频率不同分类

电感器按工作频率不同可分为高频电感器、中频电感器和低频电感器。空心电感器、磁心电感器和铜心电感器一般为中频或高频电感器，而铁芯电感器多数为低频电感器。

（4）按用途不同分类

电感器按用途不同可分为振荡电感器、校正电感器、显像管偏转电感器、阻流电感器、滤波电感器、隔离电感器、补偿电感器等。

振荡电感器又分为电视机行振荡线圈、东西枕形校正线圈等。

显像管偏转电感器分为行偏转线圈和场偏转线圈。

阻流电感器（也称阻流圈）分为高频阻流圈、低频阻流圈、电子镇流器用阻流圈、电视机行频阻流圈和电视机场频阻流圈等。

滤波电感器分为电源（工频）滤波电感器和高频滤波电感器等。

（5）按导磁体性质不同分类可分为空芯线圈、铁氧体线圈、铁芯线圈、铜芯线圈。

（6）按工作性质不同分类可分为天线线圈、振荡线圈、扼流线圈、陷波线圈、偏转线圈。

（7）按绕线结构不同分类可分为单层线圈、多层线圈、蜂房式线圈。

常见的电感器如图 3.2.1（a）、(b)、(c)、(d) 所示。

3．电感器结构特点

电感器的结构与特点电感器一般由骨架、绕组、屏蔽罩、封装材料、磁心或铁芯等组成。

1）骨架

骨架泛指绕制线圈的支架。一些体积较大的固定式电感器或可调式电感器（如振荡线圈、阻流圈等），大多数是将漆包线（或纱包线）环绕在骨架上，再将磁心或铜心、铁芯等装入骨架的内腔，以提高其电感量。骨架通常是采用塑料、胶木、陶瓷制成，根据实际需要可以制成不同的形状。小型电感器（例如色码电感器）一般不使用骨架，而是直接将漆包线绕在磁心上。空心电感器（也称脱胎线圈或空心线圈，多用于高频电路中）不用磁心、骨架和屏蔽罩等，而是先在模具上绕好后再脱去模具，并将线圈各圈之间拉开一定距离。

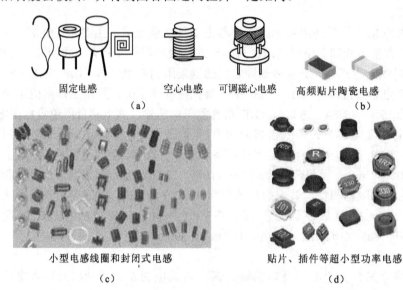

图 3.2.1　常见的电感器外形

2）绕组

绕组是指具有规定功能的一组线圈，它是电感器的基本组成部分。绕组有单层和多层之分。单层绕组又有密绕（绕制时导线一圈挨一圈）和间绕（绕制时每圈导线之间均隔一定的距离）两种形式；多层绕组有分层平绕、乱绕、蜂房式绕法等多种。

3）磁心与磁棒

磁心与磁棒一般采用镍锌铁氧体（NX 系列）或锰锌铁氧体（MX 系列）等材料，它有"工"字形、柱形、帽形、"E"形、罐形等多种形状。

4）铁芯

铁芯材料主要有硅钢片、坡莫合金等，其外形多为"E"型。

5）屏蔽罩

为避免有些电感器在工作时产生的磁场影响其他电路及元器件正常工作，就为其增加了金属屏幕罩（例如半导体收音机的振荡线圈等）。采用屏蔽罩的电感器，会增加线圈的损耗，使 Q 值降低。

6）封装材料

有些电感器（如色码电感器、色环电感器等）绕制好后，用封装材料将线圈和磁心等密封起来。封装材料采用塑料或环氧树脂等。

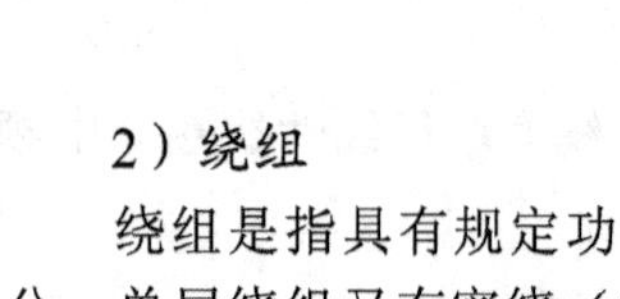

图 3.2.2　电感器电路符号

4．电感的符号与单位

电感的符号用 L；电路的符号如图 3.2.2 所示；电感的单位：亨（H）、毫亨（mH）、微亨（μH），$1H=10^3 mH=10^6 \mu H$。

5．电感器的主要参数及电感量标注方法

1）电感量

电感器上标注的电感量的大小。表示线圈本身固有特性，反映电感线圈存储磁场能的能力,也反映电感器通过变化电流时产生感应电动势的能力,单位为亨(H)。它的大小与线圈的圈数、绕制方式及磁芯材料等因素有关,与电流大小无关。圈数越多,绕制的线圈越集中,电感量越大;线圈内有磁芯的比无磁芯的电感量大;磁芯导磁率大的电感量大。

2) 允许误差

电感的实际电感量相对于标称值的最大允许偏差范围称为允许误差。

3) 感抗 X_L

电感线圈对交流电流阻碍作用的大小称感抗 X_L,单位是欧姆。它与电感量 L 和交流电频率 f 的关系为 $X_L=2\pi fL$。

4) 品质因素 Q

它是衡量线圈品质好坏的一个物理量,用字母"Q"表示。Q 值越高,表明电感线圈功耗越小,效率越高,则"品质"越好。Q 值与线圈的结构(导线粗细、多股或单股、绕法、磁心)有关。为感抗 X_L 与其等效的电阻的比值,即 $Q=X_L/R$。线圈的 Q 值愈高,回路的损耗愈小,线圈的 Q 值与导线的直流电阻,骨架的介质损耗,屏蔽罩或铁芯引起的损耗,高频趋肤效应的影响等因素有关,线圈的 Q 值通常为几十到一百。

5) 标称电流

标称电流是指线圈允许通过电流的大小,常以字母A、B、C、D、E来代表,标称电流分别为 50 mA、150 mA、300 mA、700 mA 和 1600 mA。大体积的电感标称电流及电感量都在外壳上标明。

6) 分布电容(寄生电容)

线圈的匝与匝间、线圈与屏蔽罩间、线圈与底版间存在的电容被称为分布电容。分布电容的存在使线圈的 Q 值减小,稳定性变差,因而线圈的分布电容越小越好。

7) 电感量和误差的标注方法

(1) 直标法:在电感线圈的外壳上直接用数字和文字标出电感线圈的电感量、允许误差及最大工作电流等主要参数。

(2) 色标法:电感的色标法同电阻标法,其单位为μH。

6. 电感器故障检修方法和选配要求

1) 常见故障现象

电感的主要故障是线圈烧成开路或因线圈的导线太细而在引脚处断线。当不同电路中的电感器出现线圈故障后,会表现为不同的故障现象,主要有下列几种情况:

(1) 在电源电路中的线圈容易出现因电流太大烧断的故障,可能是滤波电感器先发热,严重时烧成开路,此时电源的电压输出电路将开路,故障表现为无直流电流输出。

(2) 其他小信号电路中的线圈之后,一般表现为无信号输出。

(3) 一些微调线圈还会表现为磁心松动而引起的电感量不对,此时线圈所在电路不能正常工作,表现为对信号的损耗增大或根本就无信号输出。

(4) 线圈受潮后,线圈的品质因数 Q 值下降,对信号的损耗增大。

2) 电感开路故障分析

(1) 电感器构成的直流通路中,当电感器开路之后,电路的直流通路中断,将影响直流电路的正常工作,而在电路中直流通路是保障电路系统正常工作的必要条件,所以当直流电路不能正常工作后,必将影响电路系统的信号放大处理。

(2) 当 LC 谐振回路中的电感器开路后,由于谐振回路往往用来取出信号,此时电路无信号输出,造成无信号输出故障等。

(3)当电源电路中的滤波电感器开路之后,由于整机电路无直流工作电压,电路系统不能进入工作状态,整机电路没有信号输出,对于音频电路而言出现无声故障,对于视频电路没有图像,对于控制电路没有控制信号输出。

3)电感量不正常故障分析

电感器很少出现短路、漏电等故障,但是会出现电感量不正常故障,不同电路中的电感量不足会引起不同的故障现象。

(1)对于电源电路中的电感器,出现电感量不正常对电路工作没有很大影响。

(2)在 LC 谐振回路中,电感量的大小决定了谐振频率的高低,如果 LC 谐振回路不能起正常作用,将使电路输出信号小,严重时将造成无信号输出。

4)电感器检测方法

对电感器的检测的有效方法主要有直观检查和万用表欧姆挡测量直流电阻大小两种。

(1)直观检查主要是查看引脚是否断、磁心是否松动、线圈是否发霉等。

(2)万用表进行检测主要测量线圈是否开路,其他故障(如匝间短路等)用万用表是测量不出来的。如果知道电感器以前正常工作时的直流电阻值,可用万用表测量电感器直流电阻和先前的数值进行比较。

具体检测方法是:用万用表 R×1 挡,两支表棒分别接线圈的两根引脚,此时的电阻应为几欧姆,甚至更小。对于匝数较多、线径较细的线圈,其直流电阻会达到几十欧姆,甚至几百欧姆。通常情况下,线圈的直流电阻只有几欧姆。

关于万用表检测线圈质量说明以下几个问题:

① 由于线圈的直流电阻很小,要注意万用表的 R×1 挡的表头校零。

② 检测线圈时可以不分在路和脱开电路测量,因为线圈的直流电阻很小,在路测量时外电路对线圈测量的影响很小。

③ 如果测量直流电阻很大,说明线圈已经开路,这是线圈的常见故障。

④ 测量时,手指碰到线圈引脚对测量结果影响很小,可以忽略不计。

⑤ 对于有抽头的线圈,抽头到另两根引脚的直流电阻均应该很小,若有一个为很大,说明线圈存在开路故障。

5)电感器选配方法

关于电感的选配原则说明以下几点:

(1)电感器损坏后,一般应尽力修复,因为电感器的配件并不丰富。

(2)对于电源电路中的电感器,主要考虑最大工作电流,应不小于原电感器的工作电流,大些是可以的。另外,电感量大些可以,小了则会影响滤波效果。

(3)对于其他电路中对电感器的电感量要求比较严格时,应用同型号、同规格电感器更换损坏的电感器。

知识学习内容 2　电容器的识别、使用和维护

1. 电容器概念及其作用

1)什么是电容器

电容器(capacitor),顾名思义,是装电的容器,是一种容纳电荷的器件。电容是电子设备中大量使用的电子元件之一,广泛应用于隔直、耦合、旁路、滤波、调谐回路、能量转换、控制电路等方面。从广义上说,任何两个彼此绝缘的导体(包括导线)间都构成一个电容器。

2)电容器作用

在直流电路中,电容器是相当于断路的。这要从电容的结构上说起。最简单的电容是由两

端的极板和中间的绝缘电介质构成的。通电后，极板带电，形成电压（电势差），但是中间由于是绝缘的物质，所以是不导电的。不过，这样的情况是在没有超过电容器的临界电压（击穿电压）的前提条件下的。我们知道，任何物质都是相对绝缘的，当物质两端的电压加大到一定程度后，物质是都可以导电的，我们称这个电压叫击穿电压。电容也不例外，电容被击穿后，就不是绝缘体了。

在交流电路中，因为电流的方向是随时间成一定的函数关系变化的。而电容器充放电的过程是有时间的，这个时候，在极板间形成变化的电场，而这个电场也是随时间变化的函数。实际上，电流是通过场的形式在电容器间通过的。

电容器具有"通交流，阻直流"特性。

3）充电和放电是电容器的基本功能

（1）充电：使电容器带电（储存电荷和电能）的过程称为充电。这时电容器的两个极板总是一个极板带正电，另一个极板带等量的负电。把电容器的一个极板接电源（如电池组）的正极，另一个极板接电源的负极，两个极板就分别带上了等量的异种电荷。充电后电容器的两极板之间就有了电场，充电过程把从电源获得的电能储存在电容器中。

（2）放电：使充电后的电容器失去电荷（释放电荷和电能）的过程称为放电。例如，用一根导线把电容器的两极接通，两极上的电荷互相中和，电容器就会放出电荷和电能。放电后电容器的两极板之间的电场消失，电能转化为其他形式的能。

在一般的电子电路中，常用电容器来实现旁路、耦合、滤波、振荡、相移以及波形变换等，这些作用都是其充电和放电功能的演变。

2．电容器的种类

（1）按照结构分三大类：固定电容器、可变电容器和微调电容器。
（2）按电解质分类有：有机介质电容器、无机介质电容器、电解电容器和空气质电容器等。
（3）按用途分有：高频旁路、低频旁路、滤波、调谐、高频耦合、低频耦合、小型电容器。
（4）按高频旁路分有：陶瓷电容器、云母电容器、玻璃膜电容器、涤纶电容器、玻璃釉电容器。
（5）按低频旁路分有：纸介电容器、陶瓷电容器、铝电解电容器、涤纶电容器。
（6）按滤波分有：铝电解电容器、纸介电容器、复合纸介电容器、液体钽电容器。
（7）按调谐分有：陶瓷电容器、云母电容器、玻璃膜电容器、聚苯乙烯电容器。
（8）按高频耦合分有：陶瓷电容器、云母电容器、聚苯乙烯电容器。
（9）按低频耦合分有：纸介电容器、陶瓷电容器、铝电解电容器、涤纶电容器、固体钽电容器。
（10）按小型电容分有：金属化纸介电容器、陶瓷电容器、铝电解电容器、聚苯乙烯电容器、固体钽电容器、玻璃釉电容器、金属化涤纶电容器、聚丙烯电容器、云母电容器。
（11）按电容量可否变化分有：固定式及可变式两大类。
（12）按介质分有：有空气介质电容器、油浸电容器及固体介质（云母、纸介、陶瓷、薄膜等）电容器。
（13）按极性分：有极性电容器和无极性电容器。

常见的几种电容器外形如图 3.2.3 所示。

3．电容器符号、单位和型号命名方法

电容器用的符号 C 表示，电容单位有法拉（F）、微法拉（μF）、皮法拉（pF），它们之间的换算为 $1F = 10^6 \mu F = 10^{12} pF$。

电容器的型号命名方法：国产电容器的型号一般由 4 部分组成（不适用于压敏、可变、真空电容器），依次分别代表名称、材料、分类和序号。

(a) 铝电解电容器　　(b) 钽电解电容器（CA）铌电解电容（CN）　　(c) 薄膜电容器　　(d) 瓷介电容器

(e) 独石电容器　　(f) 纸质电容器　　(g) 微调电容器　　(h) 陶瓷电容器　　(i) 玻璃釉电容器（CI）

图 3.2.3　常见的几种电容器的外形

第一部分：名称，用字母表示，电容器用英文字母 C。

第二部分：材料，用字母表示。用字母表示产品的材料：A-钽电解、B-聚苯乙烯等非极性薄膜、C-高频陶瓷、D-铝电解、E-其他材料电解、G-合金电解、H-复合介质、I-玻璃釉、J-金属化纸、L-涤纶等极性有机薄膜、N-铌电解、O-玻璃膜、Q-漆膜、T-低频陶瓷、V-云母纸、Y-云母、Z-纸介。

第三部分：分类，一般用数字表示，个别用字母表示。

第四部分：序号，用数字表示。

4．电容器主要特性参数

1) 标称电容量和允许偏差

标称电容量是标志在电容器上的电容量。电容器的基本单位是法拉（F），但是，这个单位太大，在实地标注中很少采用。其他单位关系如下：

$1F=1000 mF$，　　　$1 mF=1000 \mu F$，　　　$1 \mu F=1000 nF$，　　　$1 nF=1000 pF$

电容器实际电容量与标称电容量的偏差称误差，在允许的偏差范围称精度。精度等级与允许误差对应关系：00（01）—±1%、0（02）—±2%、Ⅰ—±5%、Ⅱ—±10%、Ⅲ—±20%、Ⅳ—（+20%～10%）、Ⅴ—（+50%～20%）、Ⅵ—（+50%～30%）。

一般电容器常用Ⅰ、Ⅱ、Ⅲ级，电解电容器用Ⅳ、Ⅴ、Ⅵ级，可根据用途选取。

2) 额定电压

在最低环境温度和额定环境温度下可连续加在电容器的最高直流电压有效值，一般直接标注在电容器外壳上。如果工作电压超过电容器的耐压，电容器击穿，造成不可修复的永久损坏。

3) 绝缘电阻

直流电压加在电容上，并产生漏电电流，两者之比称为绝缘电阻。当电容较小时，主要取决于电容的表面状态，容量>0.1 μF 时，主要取决于介质的性能，绝缘电阻越小越好。

电容的时间常数：为恰当的评价大容量电容的绝缘情况而引入了时间常数，它等于电容的绝缘电阻与容量的乘积。

4) 损耗

电容在电场作用下，在单位时间内因发热所消耗的能量叫做损耗。各类电容都规定了其在某频率范围内的损耗允许值，电容的损耗主要由介质损耗，电导损耗和电容所有金属部分的电阻所引起的。

在直流电场的作用下，电容器的损耗以漏导损耗的形式存在，一般较小，在交变电场的作用下，电容的损耗不仅与漏导有关，而且与周期性的极化建立过程有关。

5) 频率特性

随着频率的上升，一般电容器的电容量呈现下降的规律。

5．学习电容器标示方法

1）直标法
用数字和单位符号直接标出。如 1μF 表示 1 微法，有些电容用"R"表示小数点，如 R56 表示 0.56μF。

2）文字符号法
用数字和文字符号有规律的组合来表示容量。如 p10 表示 0.1pF，1p0 表示 1pF，6p8 表示 6.8pF，2μ2 表示 2.2μF。

3）色标法
用色环或色点表示电容器的主要参数。电容器的色标法与电阻相同。

电容器偏差标志符号：+100%~0 用 H、+100%~10%用 R、+50%~10%用 T、+30%~10%用 Q、+50%~20%用 S、+80%~20%用 Z。

4）数学计数法
一些小容量的电容采用的是数学计数法，一般有 3 位数，第一、二位数为有效的数字，第三位数为倍数，即表示后面要跟多少个 0。

如瓷介电容，标值 272，容量就是：27×100 pF=2700 pF。如果标值 473，即为 47×1000 pF=0.047μF。（后面的 2、3，都表示 10 的多少次方）。又如：332=33×100 pF=3300 pF。

另外，如果第三位数为 9，表示 10^{-1}，而不是 10 的 9 次方，例如：479 表示 4.7 pF。

6．电容器检测与更换的方法

1）电容器异常情况分析
补偿电容器运行时常易发生外壳鼓肚、套管或油箱漏油，其主要原因是电容器的温度太高所致。而温升过高由下列因素造成：

（1）环境温度太高，通风不良。

（2）电源电压超过额定值，引起过载发热。

2）检测与更换
更换电容时主要应注意电容的耐压值一般要求不低于原电容的耐压要求。在要求较严格的电路中，其容量一般不超过原容量的±20％即可。在要求不太严格的电路中，如旁路电路，一般要求不小于原电容的 1/2 且不大于原电容的 2~6 倍即可。

（1）固定电容器的检测

① 检测 10 pF 以下的小电容：因 10 pF 以下的固定电容器容量太小，用万用表进行测量，只能定性的检查其是否有漏电，内部短路或击穿现象。测量时，可选用万用表 R×10k 挡，用两表笔分别任意接电容的两个引脚，阻值应为无穷大。若测出阻值（指针向右摆动）为零，则说明电容漏电损坏或内部击穿。

② 检测 10 pF~1000μF 固定电容器是否有充电现象，进而判断其好坏。万用表选用 R×1k 挡，观察万用表指针的摆动情况。应注意的是：在测试操作时，特别是在测较小容量的电容时，要反复调换被测电容引脚，才能明显地看到万用表指针的摆动。

③ 对于 1000μF 以上的固定电容，可用万用表的 R×10k 挡直接测试电容器有无充电过程以及有无内部短路或漏电，并可根据指针向右摆动的幅度大小估计出电容器的容量。

（2）电解电容器的检测

① 因为电解电容的容量较一般固定电容大得多，所以测量时应针对不同容量选用合适的量程。根据经验，一般情况下，1~47μF 间的电容，可用 R×1k 挡测量，大于 47μF 的电容可用 R×100 挡测量。

② 将机械式万用表红表笔接负极，黑表笔接正极，在刚接触的瞬间，万用表指针即向右偏转较大幅度（对于同一电阻挡，容量越大，摆幅越大），接着逐渐向左回转，直到停在某一位置。此时的阻值便是电解电容的正向漏电阻，此值略大于反向漏电阻。实际使用经验表明，电解电容的漏电阻一般应在几百 kΩ以上，否则，将不能正常工作。在测试中，若正向、反向均无充电的现象，即表针不动，则说明容量消失或内部断路；如果所测阻值很小或为零，说明电容漏电大或已击穿损坏，不能再使用。

③ 对于正、负极标志不明的电解电容器，可利用上述测量漏电阻的方法加以判别。即先任意测一下漏电阻，记住其大小，然后交换表笔再测出一个阻值。两次测量中阻值大的那一次便是正向接法，即黑表笔接的是正极，红表笔接的是负极。

④ 使用万用表电阻挡，采用给电解电容进行正、反向充电的方法，根据指针向右摆动幅度的大小，可估测出电解电容的容量。

（3）可变电容器的检测

① 用手轻轻旋动转轴，应感觉十分平滑，不应感觉有时松有时紧甚至有卡滞现象。将转轴向前、后、上、下、左、右等各个方向推动时，转轴不应有松动的现象。

② 用一只手旋动转轴，另一只手轻摸动片组的外缘，不应感觉有任何松脱现象。转轴与动片之间接触不良的可变电容器，是不能再继续使用的。

③ 将万用表置于 R×10k 挡，一只手将两个表笔分别接可变电容器的动片和定片的引出端，另一只手将转轴缓缓旋动几个来回，万用表指针都应在无穷大位置不动。在旋动转轴的过程中，如果指针有时指向零，说明动片和定片之间存在短路点；如果碰到某一角度，万用表读数不为无穷大而是出现一定阻值，说明可变电容器动片与定片之间存在漏电现象。

二、任务实施

1. 工作要求

根据给每个项目小组分配的相应数量不同类型和规格的新旧电感、电容器（各校根据实际条件自定数量、类型、规格），根据以下工作内容要求逐一完成：

（1）分拣出电感器、电容器；

（2）正确判断每个电感器、电容器的类型；

（3）正确阐述每个有铭牌标识的电感器、电容器型号的含义；

（4）正确写出三个铭牌被封住的新电感器、电容器的型号、规格；

（5）正确应用万用表检测并判断旧电感器、电容器质量的好坏。

2. 考核标准

考核标准参见《电工基础技术项目工作手册》项目三中任务二的工作过程考核评价表。

三、工作评价

（一）知识答卷

参见《电工基础技术项目工作手册》项目三中任务二的知识水平测试卷。

（二）知识学习考评成绩

知识学习考评表同表 1.2.10，参见《电工基础技术项目工作手册》项目三中任务二的知识学习考评表。

（三）任务实施过程评价

工作过程考核评价表类同表 1.2.11，参见《电工基础技术项目工作手册》项目三中任务二的工作过程考核评价表。

任务三　岗前学习准备3　测试并分析正弦信号激励下的RLC特性

一、任务准备

（一）教师准备

（1）教师准备好电感、电容器的演示课件。

（2）任务实施场地检查：教师首先去任务实施的实验实训室巡视检查，并与实验实训室管理员联系，在任务实施期间是否与其他教学活动冲突，请管理员安排好场地，保证实验实训室整洁、明亮，有专业职业特色。检查教具等设施保证能正常工作。

（3）任务实施材料、工具、仪器仪表等准备。与仓库管理员和实验员联系为每个项目小组按表 3.3.1 物资清单准备好材料、工具和仪器仪表等。

表 3.3.1　材料清单

序号	材料、工具设备、仪器仪表	规格、型号	数量	备注
1	多功能电工实验装置		1套	
2	钢丝钳		1把	
3	尖嘴钳		1把	
4	剥线钳		1把	
5	一字螺钉旋具		1把	
6	十字螺钉旋具		1把	
7	验电笔		1支	
8	万用表		1只	
9	示波器		1台	
10	交流电压表		1只	
11	交流电流表		1只	
12	单相自耦调压器		1台	
13	双刀开关		1只	
14	连接导线		若干	
15	电感器		1只	
16	电容器		1只	

注：规格、型号根据实际条件自定。

（4）技术和技术资料准备

① 教师熟练掌握示波器、交流电压表、电流表的使用方法以及注意事项并能熟练操作，制作好教学电子教案（ppt）。

② 准备好电路图纸、仪器仪表使用说明书等材料。

（5）拟定组织管理措施

① 教师根据实验实训场所的实际条件和学生数量，分配好项目小组并安排好组长。

② 制定好平时学习表现考核细目表。

（6）拟定任务实施场所安全技术措施和管理制度

① 教师根据《电气安全作业规程》结合本校任务实施场所以及学生的实际情况，拟定切实

可行的安全保障措施。本次实训基本操作规程见附录 A。

② 教师拟定好任务实施场所 5S（整理、整顿、清理、清扫、素养）管理制度和实施方案。

（7）任务实施计划和步骤：①任务准备；②仪器仪表的自检和调试；③连接 RC 电路并测试分析电路的幅频特性和相频特性；④连接 RL 电路并测试分析电路的幅频特性和相频特性；⑤连接 RLC 电路并测试分析电路的幅频特性和相频特性；⑥工作评价。

（二）学生准备

（1）衣着整洁，穿戴好劳保用品；无条件的学校，由学生自行穿好长袖衣、长裤和皮鞋等。

（2）掌握好安全用电规程和触电抢救技能。

（3）复习好正弦交流电的基本知识。

（4）掌握示波器、交流电压表和电流表的正确使用方法和使用技能。

（5）检查好材料、工具、仪器仪表。在实验员指导下，每个项目小组检查好材料、工具、仪器仪表等物资是否正常和合乎使用标准，对不符合使用标准的应予以更换。

（6）学生准备好《电工基础技术项目工作手册》、记录本以及铅笔、圆珠笔、三角板、直尺、橡皮擦等文具。

（三）实践应用知识的学习

知识学习内容 1 正弦交流电路的阻抗

1. 纯电阻电路

1）电压与电流关系

纯电阻电路是最简单的正弦交流电路，如图 3.3.1 所示。在日常生活和工作中接触到的白炽灯、电炉、电烙铁等都属于电阻性负载，它们与交流电源连接成纯电阻电路。

设电阻两端电压为

$$u(t) = U_m \sin \omega t$$

则

$$i(t) = \frac{u(t)}{R} = \frac{U_m \sin \omega t}{R} = \frac{U_m}{R} \sin \omega t = I_m \sin \omega t \tag{3-3-1}$$

绘制电压、电流波形如图 3.3.2 所示，比较电压和电流的关系式可见：电阻两端电压 u 和电流 i 的频率相同，电压与电流的有效值（或最大值）的关系符合欧姆定律，而且电压与电流同相。它们在数值上满足如下关系式：

$$U = IR \tag{3-3-2}$$

用相量表示电压与电流的关系为

$$\dot{U} = R\dot{I} \tag{3-3-3}$$

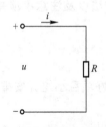
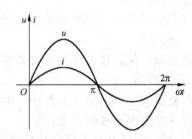

图 3.3.1　纯电阻电路　　　　图 3.3.2　电阻元件电压与电流的波形图

电阻元件电流与电压的相量图如图 3.3.3 所示。

2）复阻抗

复阻抗　　　　　　　$Z_R = R$　　　　（3-3-4）

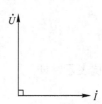

图 3.3.3　电阻元件电压与电流的相量

2. 纯电感电路

1）电压与电流关系

纯电感电路如图 3.3.4 所示。设电路正弦电流为 $i = I_m \sin\omega t$，在电压、电流关联参考方向下，电感元件两端电压为

$$u = L\frac{di}{dt} = U_m \sin(\omega t + 90°) \quad (3\text{-}3\text{-}5)$$

比较电压和电流的关系式可见：电感两端电压 u 和电流 i 也是同频率的正弦量，电压的相位超前 90°，图 3.3.5 所示为电感元件电压与电流的波形图。电压与电流在数值上满足如下关系式：

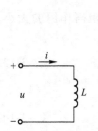 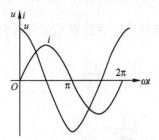

图 3.3.4　纯电感电路　　图 3.3.5　电感元件电压与电流的波形图　　图 3.3.6　电感元件电压与电流的相量图

$$U_m = \omega L I_m \quad (3\text{-}3\text{-}6)$$

用相量表示电压与电流的关系为

$$\dot{U} = jX_L \dot{I} = j\omega L \dot{I} \quad (3\text{-}3\text{-}7)$$

电感元件的电压、电流相量图如图 3.3.6 所示。

2）感抗

电感具有对交流电流起阻碍作用的物理性质，感抗表示线圈对交流电流阻碍作用的大小，用 X_L 表示，即

$$X_L = \omega L = 2\pi f L \quad (3\text{-}3\text{-}8)$$

用复阻抗表示，即

$$Z_L = jX_L = j\omega L \quad (3\text{-}3\text{-}9)$$

当 $f=0$ 时，$X_L = 0$，表明线圈对直流电流相当于短路，这就是线圈本身所固有的"直流畅通，高频受阻"作用。

3. 纯电容电路

1）电压与电流关系

纯电容电路如图 3.3.7 所示。如果在电容 C 两端加一正弦电压 $u = U_m \sin\omega t$，则

$$i = C\frac{du}{dt} = I_m \sin(\omega t + 90°) \quad (3\text{-}3\text{-}10)$$

如图 3.3.8 所示为电容元件电压与电流的波形图，比较电压和电流的关系式可见，电容两端电压 u 和电流 i 也是同频率的正弦量，电流的相位超前电压 90°，电压与电流在数值上满足如下关系式

$$I_m = \omega C U_m \quad (3\text{-}3\text{-}11)$$

用相量表示电压与电流的关系为

$$\dot{U} = -jX_C \dot{I} = -j\frac{1}{\omega C}\dot{I} = \frac{\dot{I}}{j\omega C} \quad (3\text{-}3\text{-}12)$$

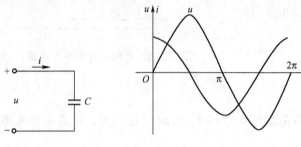
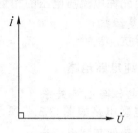

图 3.3.7　纯电容电路　　图 3.3.8　纯电容元件电压与电流的波形图　　图 3.3.9　纯电容元件电压与电流的相量图

电容元件的电压、电流相量图如图 3.3.9 所示。

2）容抗

电容具有对交流电流起阻碍作用的物理性质，容抗表示电容对交流电流阻碍作用的大小，用 X_C 表示，即

$$X_C = \frac{1}{\omega C} = \frac{1}{2\pi f C} \quad (3\text{-}3\text{-}13)$$

用复阻抗表示，即

$$Z_C = -\mathrm{j}\frac{1}{\omega C} = \frac{1}{\mathrm{j}\omega C} \quad (3\text{-}3\text{-}14)$$

电容元件对高频电流所呈现的容抗很小，相当于短路；而当频率 f 很低或 $f=0$（直流）时，电容就相当于开路。这就是电容的"隔直通交"作用。

4．RLC 串联电路

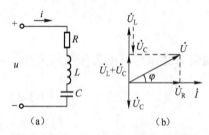

图 3.3.10　RLC 串联电路及相量图

图 3.3.10（a）所示电路是 RLC 串联电路，图（b）所示电路是 RLC 串联电路相量图。

RLC 电路中各元件复阻抗分别为

$$Z_R = R$$
$$Z_L = \mathrm{j}X_L = \mathrm{j}\omega L$$
$$Z_C = -\mathrm{j}\frac{1}{\omega C} = \frac{1}{\mathrm{j}\omega C}$$

RLC 串联电路总复阻抗为

$$Z = Z_R + Z_L + Z_C = R + \mathrm{j}\omega L - \mathrm{j}\frac{1}{\omega C} = R + \mathrm{j}(X_L - X_C)$$

5．阻抗三角形

RLC 串联电路，Z 的模（大小）为

$$|Z| = \sqrt{R^2 + (X_L - X_C)^2}$$

$|Z|$、R、$(X_L - X_C)$ 三者之间的关系可用一个直角三角形——阻抗三角形来表示，如图 3.3.11 所示。

阻抗三角形中 φ 称为电路阻抗角，$\varphi = \arctan\dfrac{X_L - X_C}{R}$，它与电路中电源电压 u 与电流 i 之间的相位差相同。

当阻抗三角形中：

$X_L - X_C = 0$，即纯电阻电路，$|Z| = R$，$\varphi = 0°$；

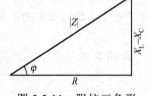

图 3.3.11　阻抗三角形

$R=0$，$X_C=0$，即纯电感电路，$|Z|=X_L$，$\varphi=90°$；

$R=0$，$X_L=0$，即纯电容电路，$|Z|=X_C$，$\varphi=-90°$。

同理分析 RL 电路、RC 电路，它们与纯电阻、纯电感、纯电容电路一样可以看作 RLC 电路的特例。

知识学习内容 2　正弦交流电路的相量分析法

1. 复数形式的欧姆定律

在直流电路分析时，我们已经知道了欧姆定律：在同一电路中，导体中的电流与导体两端的电压成正比，与导体的电阻阻值成反比，这就是欧姆定律。

对于部分电路的欧姆定律，可用公式表示为 $I=U/R$。

对不含独立电源的单端口 N_0，如图 3.3.12（a）所示，图（b）是其等效电路，Z 是 N_0 的等效复阻抗。单端口 N_0 在正弦激励作用下处于稳定状态时，其端口电压相量 $\dot{U}$、电流相量 $\dot{I}$、复阻抗 Z 三者之间满足：

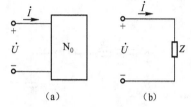

$$Z=\frac{\dot{U}}{\dot{I}} \quad (3\text{-}3\text{-}15)$$

图 3.3.12　无源二端网络

这样的关系与直流电路欧姆定律关系是一致的。因此，我们可以把欧姆定律推广到应用相量表示的正弦交流电路中，这时复数形式的欧姆定律用公式表示为

$$\dot{I}=\frac{\dot{U}}{Z} \quad (3\text{-}3\text{-}16)$$

2. 正弦串并联电路相量分析

1）正弦串联电路

如图 3.3.13 所示 RLC 串联电路，若 R、L、C 三者的复阻抗分别为 $Z_1(R)$、$Z_2(jX_L)$、$Z_3\left(\dfrac{1}{j\omega C}\right)$，通过它们的电流相量分别为 $\dot{I}_1$、$\dot{I}_2$、$\dot{I}_3$，它们两端电压相量分别为 $\dot{U}_1$、$\dot{U}_2$、$\dot{U}_3$，电路总阻抗为 Z，总电流相量为 $\dot{I}$，总电压相量为 $\dot{U}$，则以上各量之间关系可以总结如下：

（1）$\dot{I}=\dot{I}_1=\dot{I}_2=\dot{I}_3$（正弦串联电路中，各处的电流相量相等）；

（2）$\dot{U}=\dot{U}_1+\dot{U}_2+\dot{U}_3$（正弦串联电路中，总电压相量等于各处电压相量之和）；

（3）$Z=Z_1+Z_2+Z_3$（正弦串联电路中，总阻抗等于各处复阻抗之和）；

（4）$\dot{U}:\dot{U}_1:\dot{U}_2:\dot{U}_3=Z:Z_1:Z_2:Z_3$，即

$$\dot{U}_1=\frac{Z_1}{Z}\dot{U}，\quad \dot{U}_2=\frac{Z_2}{Z}\dot{U}，\quad \dot{U}_3=\frac{Z_3}{Z}\dot{U} \quad \text{（串联电路具有分压特性）}$$

以上各种关系可以推广到 n 条分支的正弦串联电路中。

2）正弦并联电路

如图 3.3.14 所示 RLC 并联电路，若 R、L、C 三者的复阻抗分别为 $Z_1(R)$、$Z_2(jX_L)$、$Z_3\left(\dfrac{1}{j\omega C}\right)$，它们的复数导纳（复阻抗的倒数）分别为 Y_1、Y_2、Y_3，通过它们的电流相量分别为 $\dot{I}_1(\dot{I}_R)$、$\dot{I}_2(\dot{I}_L)$、$\dot{I}_3(\dot{I}_C)$，它们两端电压相量分别为 $\dot{U}_1$、$\dot{U}_2$、$\dot{U}_3$，电路总阻抗为 Z，总导纳为 Y，总电流相量为 $\dot{I}$，总电压相量为 $\dot{U}$，则以上各量之间关系可以总结如下：

（1）$\dot{U}=\dot{U}_1=\dot{U}_2=\dot{U}_3$（正弦并联电路中，总电压相量等于各分支电压相量）；

（2）$\dot{I}=\dot{I}_1+\dot{I}_2+\dot{I}_3$（正弦并联电路中，总电流相量等于各分支电流相量之和）；

(3) $Y = Y_1 + Y_2 + Y_3$（正弦并联电路中，总导纳等于各分支复导纳之和）；

(4) $\dot{I} : \dot{I}_1 : \dot{I}_2 : \dot{I}_3 = Y : Y_1 : Y_2 : Y_3$，即

$$\dot{I}_1 = \frac{Y_1}{Y}\dot{I}, \quad \dot{I}_2 = \frac{Y_2}{Y}\dot{I}, \quad \dot{I}_3 = \frac{Y_3}{Y}\dot{I} \quad \text{（并联电路具有分流特性）}$$

以上各种关系可以推广到 n 条分支的正弦并联电路中。

3．电压三角形

在图 3.3.13 所示和 RLC 串联电路中，$\dot{U} = \dot{U}_1 + \dot{U}_2 + \dot{U}_3 = \dot{U}_R + \dot{U}_L + \dot{U}_C$，把它们之间关系在相量图上表示时，如图 3.3.10（b）所示，在相量图上我们可以看到 $\dot{U}_R$、$\dot{U}_L + \dot{U}_C$、$\dot{U}$ 三者之间形成了一个直角三角形，我们把这个三角形就称作为电压三角形，如图 3.3.15 所示。

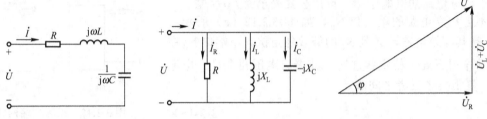

图 3.3.13　串联谐振电路　　图 3.3.14　RLC 并联电路　　图 3.3.15　电压三角形

在电压三角形中，三条边的大小分别为 U_R、$|U_L - U_C|$、U。φ 为电路中电源电压 u 与电流 i 之间的相位差，$\varphi = \arctan\dfrac{U_L - U_C}{U_R}$，它与电路阻抗角 $\varphi = \arctan\dfrac{X_L - X_C}{R}$ 相等。

知识学习内容 3　RLC 正弦交流电路的分析基础

1．RC 正弦交流电路的分析基础

1）各量关系式

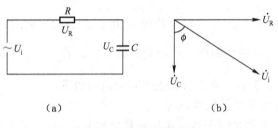

图 3.3.16　RC 串联电路

RC 串联电路及其电压相量关系分别如图 3.3.16（a）、(b) 所示，U_i 为电源电压，U_R 为电阻 R 两端电压，U_C 为电容两端电压，则电路中各量之间关系如下各式所示。

设交流信号的角频率为 ω，则该电路的复阻抗为

$$Z = R - j\frac{1}{\omega C}, \quad |Z| = \sqrt{R^2 + \left(\frac{1}{\omega C}\right)^2} \tag{3-3-17}$$

因此，电路中总电压（有效值）U_i 为

$$U_i = \sqrt{U_R^2 + U_C^2} = I|Z| = \frac{U_R}{R}\sqrt{R^2 + \left(\frac{1}{\omega C}\right)^2} \tag{3-3-18}$$

u_i 落后于电路中电流 i，相位差 φ 为

$$\varphi = -\arctan\frac{1}{\omega CR} \tag{3-3-19}$$

电阻 R 两端电压 U_R 为

$$U_R = IR = \frac{U_i R}{\sqrt{R^2 + \left(\frac{1}{\omega C}\right)^2}} \tag{3-3-20}$$

电容 C 上的电压 U_C 为

$$U_C = I\frac{1}{\omega C} = \frac{U_i}{\sqrt{1+(\omega CR)^2}} \quad (3\text{-}3\text{-}21)$$

2）幅频特性和相频特性

当幅度一定、频率不同的交流电压加在电阻、电感、电容组成的串联电路上时，电路中的电流及各元件上的电压值将随频率而变化，而且电路中的电流与总电压间，各元件上的电压与总电压间的相位差亦随频率而变化，前者变化关系称为幅频特性，后者变化关系称为相频特性。

显然，若保持电路总电压 U_i 一定，输出电压为 U_o，令 $T(\omega) = \frac{U_o}{U_i}$，则若以电阻 R 两端电压 U_R 为输出电压 U_o，根据式（3-3-20），可绘出如图 3.3.17（a）所示的幅频曲线 $T(\omega) \sim \omega$；若以电容 C 两端电压 U_C 为输出电压 U_o，根据式（3-3-21），可绘出如图 3.3.17（b）所示的幅频曲线 $T(\omega) \sim \omega$。根据式（3-3-19）可以绘出如图 3.3.18 所示的相频曲线 $\varphi(\omega) \sim \omega$。

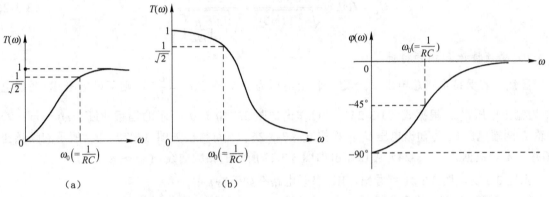

图 3.3.17　RC 电路幅频特性曲线　　　　图 3.3.18　RC 电路相频特性曲线

由图 3.3.17、图 3.3.18 可看出，RC 串联电路有如下特点：

（1）U_R 和 U_C 随 ω 的变化相反。当 ω 很低时，电压主要降落在电容 C 上；而当 ω 很高时，电压主要降落在电阻 R 上。这反映出电容的"低频开路、高频短路"的特点。故当电容 C 两端输出电压时，RC 电路就称为"低通电路"，当电阻 R 两端输出电压时，RC 电路就称为"高通电路"。

（2）当 ω 很低时，u_i 落后于电路中电流 i 的相位 φ 接近 $-\frac{\pi}{2}$；而当 ω 很高时，φ 趋于零。

2．RL 正弦交流电路的分析基础

1）各量关系式

RL 串联电路及其电压相量关系分别如图 3.3.19（a）、（b）所示，U_i 为电源电压，U_R 为电阻 R 两端电压，U_L 为电感 L 两端电压。则电路中各量之间关系见以下各式所示。

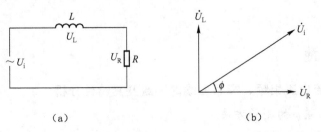

图 3.3.19　RL 串联电路

设交流信号的角频率为 ω，则该电路的复阻抗为

$$Z = R + j\omega L, \qquad |Z| = \sqrt{R^2 + (\omega L)^2} \qquad (3\text{-}3\text{-}22)$$

因此，电路中总电压（有效值）U_i 为

$$U_i = \sqrt{U_L^2 + U_R^2} = I|Z| = \frac{U_R}{R}\sqrt{R^2 + (\omega L)^2} \qquad (3\text{-}3\text{-}23)$$

u_i 超前于电路中电流 i 的相位 φ 为

$$\varphi = \arctan\frac{\omega L}{R} \qquad (3\text{-}3\text{-}24)$$

电阻 R 两端电压 U_R 为

$$U_R = IR = \frac{U_i R}{\sqrt{R^2 + (\omega L)^2}} \qquad (3\text{-}3\text{-}25)$$

电感 L 上的电压 U_L 为

$$U_L = I\omega L = \frac{U_i \omega L}{\sqrt{R^2 + (\omega L)^2}} = \frac{U_i}{\sqrt{1 + \left(\frac{R}{\omega L}\right)^2}} \qquad (3\text{-}3\text{-}26)$$

2）幅频特性和相频特性

显然，若保持电路总电压 U_i 一定，输出电压为 U_o，令 $T(\omega) = \dfrac{U_o}{U_i}$，则若以电阻 R 两端电压 U_R 为输出电压 U_o，根据式（3-3-25），可作出如图 3.3.20（a）所示的幅频曲线 $T(\omega) \sim \omega$；若以电感 L 两端电压 U_L 为输出电压 U_o，根据式（3-3-26），可作出如图 3.3.20（b）所示的幅频曲线 $T(\omega) \sim \omega$。根据式（3-3-24）可以作出如图 3.3.21 所示的相频曲线 $\varphi(\omega) \sim \omega$。

由图 3.3.20、图 3.3.21 可看出，RL 串联电路有如下特点：

（1）U_R 和 U_L 随 ω 的变化相反，当 ω 很低时，电压主要降落在 R 两端；而当 ω 很高时，电压主要降落在 L 两端。这个事实反映了电感 L 的"低频短路、高频开路"的特点。

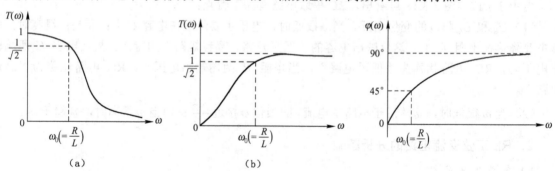

图 3.3.20　RL 电路幅频特性曲线　　　　图 3.3.21　RL 电路相频特性曲线

（2）电路中总电压 U 的相位总超前于总电流 i，二者的相位差 φ 随角频率 ω 的增加逐渐增大，其极限为 $+\dfrac{\pi}{2}$。

二、任务实施

1. RC 正弦交流电路相频、幅频曲线的测绘及其特性分析

1）u_i 与 i 间相位差 φ 的测量方法

电路中 u_R 的波形与总电流 i 的波形形状是一致的，而且是同相。由于双踪示波器一般没有

电流探头，故要测绘电路中电流波形，可通过观察和测绘电路中电阻器两端电压波形便可。另一定频率和幅值的正弦波信号 u_i 可以通过函数发生器形成，输入 RC 电路。

观察和测绘波形前先按任务 1 的方法校准好双踪示波器，将 u_R 输入示波器的 CH1 轴，u_i 输入示波器的 CH2 轴，调整好波形后观察，观察到的波形如图 3.3.22 所示，u_i 与 i 间相位差 φ，即 u_i 与 u_R 间相位差 φ 满足：

$$\varphi = \frac{\Delta t}{T} \times 360° = \frac{MN}{L} \times 360° \qquad (3\text{-}3\text{-}27)$$

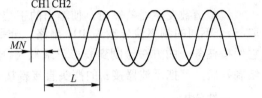

图 3.3.22 测量相位差方法

2）观察并绘制不同频率 f 下 u_i、u_R、u_C 的波形，并分析其特性

调整函数发生器的输出，使输出的正弦波信号，幅值保持不变，频率 f 按一定间隔变化。选取 5 个不同的频率信号输入 RC 电路，分别观察并测绘出不同频率下的 u_i、u_R、u_C 波形，并把它们按任务一的方法绘制到波形记录纸（《电工基础技术项目工作手册》中）上。在 u_i、u_R 波形绘制好后，可把示波器接 u_i 的探头直接换接到电容 C 两端，便可测绘 u_C 波形。

特性分析：

（1）分别分析判断 u_R、u_C 与 u_i 在不同频率下相位关系；

（2）分析判断 u_C、i_C（u_R）在不同频率下相位关系。

3）测绘相频、幅频曲线，并分析随频率的变化关系

在不同频率 f 下波形测绘时，分别在表 3.3.2 中记录下 f、MN、L 等数值，并用万用表（或毫伏表）选择合适量程分别测量 R、C 两端的电压有效值 U_R、U_C，把它们记录在表 3.3.3 中。

表 3.3.2 RC 电路相位测量记录表

$R=$ _____ Ω, $C=$ _____ μF

f（Hz）	ω ($\omega=2\pi f$)	MN(div)	L(div)	$\varphi = \dfrac{MN}{L} \times 360°$（实际大小）	$\varphi = -\arctan \dfrac{1}{\omega CR}$（理论）

表 3.3.3 RC 电路电压测量记录表

$R=$ _____ Ω, $C=$ _____ μF, $U_i =$ _____ V

f（Hz）					
ω ($\omega=2\pi f$)					
U_R（V）					
U_R/U_i					
U_C（V）					
U_C/U_i					

根据表 3.3.2、表 3.3.3 测量的数据用平滑曲线分别绘制出 R、C 不同输出时，幅频曲线 $T(\omega) \sim \omega$，以及相频曲线 $\varphi(\omega) \sim \omega$。若数据点少，可以在测绘时，适当再增加测量几组数据。

2. RL 正弦交流电路相频、幅频曲线的测绘及其特性分析

1）观察并绘制不同频率 f 下 u_i、u_R、u_L 的波形，并分析其特性

调整函数发生器的输出，使输出的正弦波信号，幅值保持不变，频率 f 按一定间隔变化。选取 5 个不同的频率信号输入 RL 电路，分别观察并测绘出不同频率下的 u_i、u_R、u_L 波形，并把它们按任务一的方法绘制到波形记录纸（《电工基础技术项目工作手册》中）上。在 u_i、u_R 波形绘制好后，可把示波器接 u_i 的探头直接换接到电感 L 两端，便可测绘 u_L 波形。

特性分析：

（1）分别分析判断 u_R、u_L 与 u_i 在不同频率下相位关系；

（2）分析判断 u_L、i_L（u_R）在不同频率下相位关系。

2）测绘相频、幅频曲线，并分析随频率的变化关系

RL 正弦交流电路 u_i 与 i 间相位差 φ 的测量方法与 RC 电路相同。

在不同频率下波形测绘时，分别在数据记录纸（《电工基础技术项目工作手册》中）上按表 3.3.2 格式记录下 f、MN、L 等数值，并用万用表（或毫伏表）选择合适量程分别测量 R、L 两端的电压有效值 U_R、U_L，把它们按表 3.3.3 格式记录到数据记录纸[（项目工作手册中）上]。

根据表 3.3.2、表 3.3.3 测量的数据用平滑曲线分别绘制出 R、L 不同输出时，幅频曲线 $T(\omega) \sim \omega$，以及相频曲线 $\varphi(\omega) \sim \omega$。若数据点少，可以在测绘时，适当再增加测量几组数据。

三、工作评价

（一）知识答卷

参见《电工基础技术项目工作手册》项目三中任务三的知识水平测试卷。

（二）知识学习考评成绩

知识学习考评表同表 1.2.10，参见《电工基础技术项目工作手册》项目三中任务三的知识学习考评表。

（三）任务实施过程评价

工作过程考核评价表类同表 1.2.11，参见《电工基础技术项目工作手册》项目三中任务三的工作过程考核评价表。

任务四　项目实施文件制定及工作准备

一、项目实施文件制定

1. 项目工作单

各项目小组参照表 1.1.1 项目一项目工作单，完成《电工基础技术项目工作手册》项目三中项目工作单的填写。

2. 生产工作计划

各项目小组参照项目一中任务一的生产工作计划，完成《电工基础技术项目工作手册》项目三中任务四的生产工作计划。

二、工作准备

（1）工作场地检查

教师首先去任务实施的实验实训室巡视检查，并与实验实训室管理员联系，在任务实施期间是否与其他教学活动冲突，请管理员安排好场地，保证实验实训室整洁、明亮，有专业职业特色。检查教具等设施保证能正常工作。

（2）项目实施材料、工具、生产设备、仪器仪表等准备

每个项目小组按表 3.4.1 物资清单准备好材料、工具、生产设备、仪器仪表等。

表 3.4.1 物资清单

序号	材料、工具、生产设备、仪器仪表	规格、型号	数量	备注
1	多功能电工实验装置		1套	含网孔板为佳
2	钢丝钳		1把	
3	尖嘴钳		1把	
4	剥线钳		1把	
5	一字螺钉旋具		1把	
6	十字螺钉旋具		1把	
7	验电笔		1支	
	手锯		1把	
8	万用表		1只	
9	示波器		1台	
10	交流电压表		1只	
11	交流电流表		1只	
12	交流电功率表	HB404P 智能数显功率表或自定	1只	
13	单相自耦调压器		1台	
14	普通家居开关	单极	2只	含明装底盒
15	普通家居开关	4极（4联）	1只	含明装底盒，连接电容器组
16	双极空气开关	16A、带漏保或自定	1只	作为照明线路电源总开关
17	熔断器	RC1-5	1只	
18	连接软导线	BVR-1.5mm^2	若干	
19	固定螺钉、螺母	$\phi 4 \times 25$	若干	
20	20W日光灯及灯具、附件		1套	
21	25W白炽灯及灯具	家用、螺口	1套	
22	电容器	CBB80 2μF、3μF、4μF、5μF	各1只	灯具补偿和启动电容器
23	线路试验电流插箱		1套	
24	面包板		2块	
25	面包板接插导线		若干	
26	行线槽	24mm 宽	4米	

注：规格、型号未注明的根据实际条件自定。

（3）技术资料准备

① 准备好示波器、智能功率表、交流电压表、电流表等仪器仪表以及单相自耦调压器、荧光灯、电容器等生产设备和材料的使用说明书。

② 准备好《建筑照明设计规范 GB50034—2004》。

③ 准备好《电气照明装置施工及验收规范 GB 50259－1996》。

三、工作评价

任务完成过程考评表同表 1.1.3，参见《电工基础技术项目工作手册》项目三中任务四的任务完成过程考评表。

任务五　典型简单家居室内照明线路的设计与安装

一、任务准备

（一）教师准备

（1）教师准备好照明电路设计的演示课件。

（2）任务实施场地检查、任务实施材料、工具、仪器仪表等准备、技术和技术资料准备、组织管理措施、任务实施场所安全技术措施和管理制度等参考任务四。

（3）任务实施计划和步骤：① 任务准备、学习有关知识；② 家居照明电路原理图设计；③ 电气布置图设计；④ 家居照明安装接线图设计；⑤ 家居照明电路行线槽布线安装；⑥ 工作评价。

（二）学生准备

（1）衣着整洁，穿戴好劳保用品；无条件的学校，由学生自行穿好长袖衣、长裤和皮鞋等。

（2）掌握好安全用电规程和触电抢救技能；

（3）复习好正弦交流电及其分析的基本知识；

（4）检查好材料、工具、仪器仪表。在实验员指导下，每个项目小组检查好材料、工具、仪器仪表等物资是否正常和合乎使用标准，对不符合使用标准的应予以更换。

（5）学生准备好《电工基础技术项目工作手册》、记录本以及铅笔、圆珠笔、三角板、直尺、橡皮擦等文具。

（三）实践应用知识的学习

知识学习内容 1　家居照明设计的基本知识

随着生活水平的提高，人们在搬入新居之前对住宅进行装修成为越来越普遍的现象，其中灯具的选择与布置和照明线路的敷设正确与否不仅对家居使用的便捷性及视觉效果有影响，同时对家居的有效节能及安全均起着不可忽视的作用。

家居照明的设计应本着实用、舒适、安全、经济的原则。

1. 灯光设计及灯具光源选择

按住宅内房间及分区的功能不同加以阐述。

1）门厅或玄关

门厅主要起过渡的作用，通过门厅进入各不同功能的房间，这里的照明一般长时间使用，为了节能和突出其他部位及装修造型的照明效果，照度在满足安全性的前提下不宜太高（按《民用建筑照明设计标准 GBJ133—1990》的规定地面照度在 20~50lx），宜采用吸顶或嵌装的节能型灯具来满足，门厅的墙壁及其他一些玄关部位的壁画和特殊造型一般采用局部照明的射灯光束来突出。

2）客厅（起居室）

会客和家人团聚等均集中在客厅，甚至没有专门书房的经济户型，还需要在客厅内读书，因此可以说客厅是住宅套内的主要活动场所。它的功能决定了这里不但需要高质量的照明而且还得兼顾美观及控制的灵活性。客厅照明可以通过屋顶的主体照明（也即"一般照明"）和墙壁及落地灯的局部照明来满足。主体照明光线比较柔和，稍显黯淡，《民用建筑照明设计标准 GBJ133—90》规定：客厅的一般活动区照度在 50lx 左右。净高低于 2.7m 的客厅可选吸顶灯或吊顶后的嵌装灯，高于 2.7m 的客厅可选用吊灯，光源可选用白炽灯或荧光节能灯，光源相关色温宜不高于 3300K；功能性局部照明，《民用建筑照明设计标准 GBJ133—90》规定：书写及阅读区域 0.75m 工作面照度的中、高标准要求分别为 200lx 和 300lx，照明灯具宜选用的落地灯，光源宜选用显色性好的节能荧光灯，相关色温在 3300~5300K 较适宜。壁灯或射灯的光源可以选择白炽灯和暖色节能灯相结合的方法。主体照明和局部照明灯应分别用开关控制，而且开关宜带指示灯或自发光装置。

3）餐厅

就餐场所的灯光不仅应有增强食欲的功能还应能创造愉悦的、其乐融融的氛围。主体照明可较柔和，主要灯光宜于集中在餐桌，使人能很轻易地看清桌上的食物及就餐人的面部；同时壁炉，酒柜等还需安装局部照明，以突出优雅的格调。餐桌的照明可选用造型别致的吊杆下射造型灯，一般选三个光线较均匀，照度在 30lx 左右；餐厅的照明光源宜选用白炽灯或暖色节能灯，相关色温一般不高于 3300K。

4）厨房

厨房的主体照明安装于顶部，可采用吸顶且便于清洁的节能灯，0.75m 工作面照度在 50lx 左右。灶台上的照明由抽油烟机自带。操作案台采用局部照明来满足，可采用吊柜的底部安装嵌入式筒灯，也可采用操作案台上墙壁安装荧光灯的方式。这种局部照明不宜安装得太低（一般距地不应低于 1.8m），以减少不舒适眩光，避免影响操作或带来其他不安全因素。

5）卫生间

现在人们越来越重视卫生间的装修，卫生间也从原来的单一的入厕功能扩大到具有洗浴、化妆等的功能，这就要求卫生间不但有普通的主体照明，还应有满足使用的局部照明。照明灯具应选用防潮且宜清理的灯具，灯具开关宜装于灯，标准要求照度在 15lx 左右；洗面盆上的镜前或镜侧壁灯可选用白炽灯或高显色性节能灯做光源，相关色温不高于 3300K 较适宜，若兼有化妆功能，标准要求 1.5m 高度的垂直面照度不低于 150lx。

6）卧室

卧室是休息的场所，其照明应有利于构成宁静、温柔的气氛，使人有一种安全、舒适感。卧室的主体照明可选用乳白色吸顶灯，安装于卧室的中央，一般要求 0.75m 水平面照度在 50lx 较适宜；床头阅读灯宜距地 7.8m 墙上安装，或利用床头柜灯来满足，床头阅读照度要求在 100lx 左右。应注意的是灯具的金属部分不宜有太强的反光，灯光也不必太强，以创平和的气氛。

7）书房

书房照明应有利于人精力充沛地学习和工作，光线应明亮并应避免眩光。主体照明可选用白色节能灯吸顶安装。书桌上或计算机桌上应设置护眼台灯作为局部照明，供阅读和写作主用，光源的相关色温标准要求在 3300~5300K，照度要求在 200lx 左右。

2．导线选择及线路敷设

所有照明线路均应选用铜芯绝缘导线，导线截面不应小于 1.5mm^2；低于 1.8m 安装的局部照明灯（壁灯等）应选用Ⅰ类防护灯具，导线为三根（相线、N 线和 PE 线）。所有导线必须穿管敷设，暗敷于墙内的可穿硬质阻燃 PVC 管，吊顶内敷设的要求选用金属管。导线不允许在管内有接头，所有导线接头必须在接线盒内。同一回路的导线共管敷设，但导线的总截面面积（包括外护层）不应超过管内截面净面积的 40%。线管在吊顶内敷设时应尽量避开暖气管和水管附近，实在难以避免时，应敷设于水管的上面或暖气管的下面，并应保持一定的距离。

知识学习内容 2　照明灯具安装的一般要求

（1）装前，灯具及其配件应齐全，并无机械损伤、变形、油漆剥落和灯罩破裂等缺陷。

（2）据灯具的安装场所及用途，引向每个灯具的导线线芯最小截面应符合有关规程规范的规定。

（3）灯具固定应牢固可靠。每个灯具固定用的螺钉或螺栓不应少于两个；当绝缘台直径为 75mm 及以下时，可采用一个螺栓或螺钉固定。当在砖石结构中安装电气照明装置时，应采用预埋吊钩、螺栓、螺钉、膨胀螺栓、尼龙塞或塑料塞固定，严禁使用木楔。当设计无规定时，上述固定件的承载能力应与电气照明装置的重量相匹配。

（4）危险性较大及特殊危险场所，当灯具距地面高度小于 2.4m 时，应使用额定电压为 36V 及以下的照明灯具或采取保护措施。灯具不得直接安装在可燃物件上，当灯具表面高温部位接近可燃物时，应采取隔热、散热措施。

（5）变电所内，高压、低压配电设备及母线的正上方，不应安装灯具。

（6）一室内或场所成排安装的灯具，其中心线偏差不应大于 5mm。室外安装的灯具，距地面的高度不宜小于 3m；当在墙上安装时，距地面的高度不应小于 2.5m。

（7）具安装必须防触电。当灯具的金属外壳必须接地时，应由接地螺栓与接地网连接。庭园灯应安装熔断器。

知识学习内容 3　常用照明灯具安装的具体要求

1．螺口灯头的接线要求

（1）灯具采用螺口灯头时，相线应接灯头的顶心，零线接螺口。

（2）灯头的绝缘外壳不应有破损和漏电。

（3）对带开关的灯头，开关手柄不应有裸露的金属部分。

（4）对装有白炽灯泡的吸顶灯具，灯泡不应紧贴灯罩；当灯泡与绝缘台之间的距离小于 5mm 时，灯泡与绝缘台之间应采取隔热措施。

2．特殊照明要求

（1）公共场所用的应急照明灯和疏散指示等，应有明显的标志。无专人管理的公共场所照明宜装设自动节能开关。

（2）每套路灯应在相线上装设熔断器。由架空线引入路灯的导线，在灯具入口处应做防水弯。

（3）36V 及以下照明变压器的安装要求：

① 电源侧应有短路保护，其熔丝的额定电流不应大于变压器的额定电流。

② 外壳、铁芯和低压侧的任意一端或中性点，均应接地或接零。

（4）固定在移动结构上的灯具要求：其导线宜敷设在移动架构的内侧，在移动架构活动时，导线不应受拉力和磨损。

3．金属卤化物灯的安装要求

（1）灯具安装高度宜大于 5m，导线应经接线柱与灯具连接，且不得靠近灯具表面。

（2）灯管必须与触发器和限流器配套使用。

（3）落地安装的反光照明灯具，应采取保护措施。

4．嵌入顶棚内的装饰灯具的安装要求

（1）灯具应固定在专设的框架上，导线不应贴近灯外壳，且在灯盒内应留有余量，灯具的边框应紧贴在顶棚面上。

（2）矩形灯具的边框宜与顶棚面的装饰直线平行，其偏差不应大于 5mm。当灯具为对称安装时，其纵横中心轴线应在同一条直线上。

（3）日光灯和高压汞灯及其附件应配套使用，安装位置应便于检查和维修。日光灯管组合的开启式灯具，灯管排列应整齐，其金属或塑料的间隔片不应有扭曲等缺陷。

5．花灯的安装要求

（1）固定花灯的吊钩，其预留圆钢直径不应小于灯具吊挂销钩的直径，且不得小于 6mm。

（2）对大型花灯，吊装花灯的固定及悬吊装置，应按灯具重量的 1.25 倍做荷载试验。

（3）安装在大型场所的大型灯具的玻璃罩，应按设计要求采取防止碎裂后向下溅落的措施。

6．吊灯的安装要求

（1）采用钢管作为灯具的吊杆时，钢管内径不应小于 10mm，钢管壁厚度不应小于 1.5mm。

（2）软线吊灯时，在吊盒及灯头内结扣，两端芯线应搪锡。吊链灯具的灯线不应受拉力，灯线应与吊链编缠在一起。

（3）普通吊线灯，灯具重量在 1kg 以下的，可直接用软导线吊装；1kg 以上的，则需采用吊链吊装。凡灯具重量超过 3kg 者，其与顶棚的连接必须通过预埋的吊钩或螺栓。

（4）各种吊灯距地距离不得小于 2m，潮湿、危险场所和户外不低于 2.5m。

（5）吊灯必须装设吊线盒，吊灯线的绝缘必须良好。

（6）用专用绞车悬挂固定大型吊灯时，应做到：绞车的棘轮必须有可靠的闭锁装置，绞车的钢丝绳抗拉强度应不小于花灯重量的 10 倍。

7．霓虹灯的安装要求

（1）灯管应完好、无破损。

（2）灯管应采用专用的绝缘支架固定，且必须牢固可靠。专用支架可用玻璃管制成。固定后的灯管与建筑物、构造物表面的最小距离不宜小于 20mm。

（3）霓虹灯专用变压器所供灯管长度不应超过允许负载长度。

（4）霓虹灯专用变压器的安装位置宜隐蔽，且方便检修，但不宜安装在吊顶内，并不宜被非检修人员触及。明装时，其高度不宜小于 3m；当小于 3m 时，应采取防护措施；在室外安装时，应采取防水措施。

（5）霓虹灯专用变压器的二次导线和灯管间的连接线，应采用额定电压不低于 15V 的高压尼龙绝缘导线。

（6）霓虹灯专用变压器的二次导线与建筑物、构造物表面的距离不应小于 20mm。

知识学习内容 4　　照明灯具的维护

1．灯具的日常维护

（1）必须在预定电压、频率下使用灯具。凡接地的灯具须经常检查接地情况。室内使用的灯具不能移至室外使用。

(2) 电气、煤气、煤油炉等取暖器的上面及其部件或直接遇到蒸汽的场所，不应使用普通灯泡。不能在有煤气、蒸汽等危险物的场所修理灯具，而应在一般场所进行；不得以进行时，要确实保证安全操作。

(3) 灯具内不能装超过指定瓦数的灯泡。换灯、拆卸罩子和保险丝时，必须切断电源。

(4) 在使用灯具的过程中发生异常情况时，应停止使用，切断电源，进行检查。对安全照明灯具应做地暖器检查，以确保不发生异常。

(5) 灯具背后的灰尘宜用干布或掸子清扫。应用温水擦洗或拧干浸肥皂水的布擦洗灯具，不能用汽油、挥发油等擦洗。灯具的金属部分不能随意使用擦亮粉。

2．灯具的防燃

(1) 事故用灯具在高温气体（140℃）下紧急开灯后，不能再使用，应该更换新的灯具。

(2) 不能将纸和布之类物品放置在照明器的近处或盖住照明器。

(3) 各式灯具在易燃结构部位或安装在木制吊顶内时，在灯具周围应做防火或隔热处理。

(4) 卤钨灯具不能在木制或其他易燃材料上吸顶安装。安装灯具要使其本身线条与室内建筑线条相配合。

知识学习内容5　常用照明灯具的安装方法和步骤

1．白炽灯的安装

1）白炽灯的类型

白炽灯的结构简单，使用可靠，价格低廉，装修方便。白炽灯灯泡的规格很多，按其工作电压分，有6V、12V、24V、36V、110V和220V等6种，其中36V以下的属于低压安全灯泡。按灯泡的灯头形式分，有插口式和螺口式两种，功率超过300W的灯泡，一般采用螺口式灯头，因为螺口式灯头在电接触和散热方面，都要比插口式灯头好得多。

2）白炽灯照明线路的安装

(1) 平灯座的安装

平灯座上有两个接线桩，一个与电源的中性线（零线）连接，另一个与来自开关的一根线（开关线）连接。

插口平灯座上两个接线桩，可任意连接上述两个线头；螺口平灯座上两个接线桩，为了使用安全，必须把电源中性线线头连接在连通螺纹的接线桩上，把来自开关的线头，接在连通中心簧片的接线桩上。如图3.5.1所示。

(2) 吊灯座的安装

吊灯座必须用两根绞合的塑料软线或花线作为与挂线盒的连接线，两端均应将线头绝缘层削去，将上端塑料软线穿入挂线盒盖孔内打个结，使其能承受吊灯的重量，然后把软线上端两个线头分别穿入挂线盒底座正凸起部分的两个侧孔里，再分别接到两个接线桩上，罩上挂线盒盖，接着将下端塑料软线穿入吊灯座盖孔内也打一个结，把两个线头接到吊灯座上的两个接线线桩上，罩上挂线盒盖，接着将下端塑料软线穿入吊灯座盖孔内也打一个结，把两个线头接到吊灯座上的两接线桩上，罩上吊灯座盖子即可。安装方法如图3.5.2所示。

2．荧光灯照明线路的安装

1）荧光灯具的结构组成

(1) 荧光灯结构和工作原理

荧光灯俗称日光灯，是应用较普遍的一种照明灯具，荧光灯照明线路的结构主要由灯管、起辉器、镇流器、灯架、和灯座（灯脚）等组成。

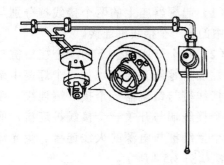

图 3.5.1　螺口平灯座的安装

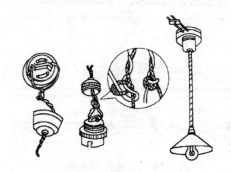

图 3.5.2　吊灯座的安装

灯管由玻璃管、灯丝和灯丝引出脚等组成，玻璃管内抽成真空后充入少量汞（水银）和氩等惰性气体，管壁涂有荧光粉，在灯丝上涂有电子粉。灯管常用的有 6W，8W，12W，20W，30W 和 40W 等规格。

（2）起辉器的结构和功能

起辉器由氖泡（也叫跳泡）、纸介质电容、出线脚和外壳等组成。氖泡内装有 n 型动触片。起辉器的规格有 4～8W，15～20W 和 30～40W 的，以及通用型 4～40W 的等。并联在氖泡上的电容有两个作用，一是与镇流器线圈形成 LC 振荡电路，能延长灯丝的预热时间和维持感应电势，二是能吸收干扰收音机和电视机的交流杂声，当电容击穿时，剪除后，起辉器仍能使用。

（3）镇流器的结构和功能

镇流器主要由铁芯和线圈等组成。镇流器另外还有两个作用，一个是在灯丝预热时，限制灯丝所需的预热电流值，防止预热过高而烧断，并保证灯丝电子的发射能力，二是在灯管起辉后，维持灯管的工作电压和限制灯管工作电流在额定值内，以保证灯管能稳定工作。

（4）灯架

有木制和铁制两种，规格应配合灯管长度使用。

（5）灯座

灯座有开启式和弹簧式（也叫插入式）两种，灯座规格有大型和小型两种，大型的适用 15W 以上灯管，小型的适用 6W、8W 和 12W 灯管。

荧光灯的电路图如图 3.5.3 所示。

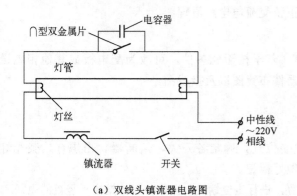

（a）双线头镇流器电路图　　　　　　　　（b）4 线头镇流器电路图

图 3.5.3　荧光灯电路图

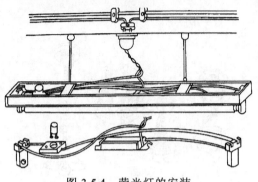

2）荧光灯照明线路的安装方法

（1）起辉器座上的两个接线桩分别与两个灯座中的各一个接线桩连接。

（2）一个灯座中余下的一个接线桩与电源的中性线（零线）连接，另一个灯座中余下的一个接线桩与镇流器一个接线端连接，镇流器另一个接线端与开关一个接线桩连接，而开关另一个接线桩与电源的火线连接。荧光灯的安装方法如图 3.5.4 所示。

图 3.5.4 荧光灯的安装

二、任务实施

1. 设计家居照明用电线路图，并分析绘制电路原理图

家居照明线路中电光源的种类很多，除白炽灯类、荧光灯类等通常的照明光源外，还有兼具照明、节能、装饰功能的 LED 灯类，但不管哪种家居照明光源，虽然发光的工作原理不同，但从正弦交流电电路原理上和安装使用的方法上，都有着异曲同工之处，故在设计简单家居照明用电线路时，可选取白炽灯、荧光灯作为典型的家居照明光源负载来设计，参考的设计方案如图 3.5.5 所示。

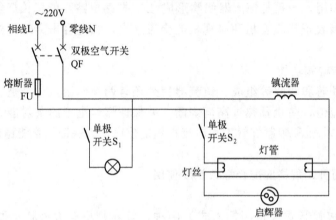

图 3.5.5 简单家居照明用电线路图

要求参考图 3.5.5 设计家居照明用电线路图，各项目工作小组讨论分析家居照明用电线路的组成以及各组成部分的作用，在此基础上绘制正弦交流电电路原理图。

2. 绘制电气器件布置图及接线图

结合电工实验实训装置上电源、网孔板等（若学校无此条件，可改为配电板或其他相宜设施）各项目工作小组分析讨论并正确绘制电气器件布置图以及接线图。

3. 用行线槽安装照明线路

1）安装步骤

（1）根据电气器件布置图，依照实际的安装位置，确定各开关、熔断器、白炽灯、荧光灯及其附件（镇流器、启辉器）等的安装位置并做好标记。

（2）定位划线：按照已确定好的各器件的位置，进行定位划线，操作时要依据横平竖直的原则。

（3）截取塑料槽板：根据实际划线的位置及尺寸，量取并切割塑料槽板，切记要做好每段槽板的相对位置标记，以免混乱。

（4）打孔并固定：可先在每段槽板上间隔 50cm 左右的距离钻 4mm 的排孔（两头处均应钻孔），按每段相对放置位置，把槽板置于划线位置，用划针穿过排孔，在定位划线处和原划线处垂直划一"十"字作为木榫的底孔圆心，然后在每一圆心处均打孔，并镶嵌木榫。

（5）固定槽板：把相对应的每段槽板，安放在墙上的相对应的位置，用木螺钉把槽板固定于墙和天花板上，在拐弯处应选用合适的接头或弯角。

（6）沿行线槽装接各开关、熔断器、白炽灯、荧光灯及其附件等。

注意：导线端头连接时要牢固，相线和零线、每个开关的开关线等要并列行线。

（7）盖上行线槽盖板。

2）安装注意事项

（1）线路安装横平竖直；
（2）线槽内导线不得有接头；
（3）线槽固定点间距小于 800mm，端部固定点距槽底终点距离为 50～100mm.；
（4）导线连接要符合要求；
（5）螺口灯头的中心触头接相线；
（6）插座接线为左零右相，上保护线；
（7）保护线为黄绿双色线；
（8）开关内预留线长度为 100～150mm；
（9）锯槽底和槽盖时，拐角方向要相同，槽板拐角处要成 45°对角；
（10）开关接相线；
（11）固定槽底时，要钻孔，以免线槽开裂；
（12）使用钢锯时，要小心锯片折断伤人。

三、工作评价

（一）知识答卷

参见《电工基础技术项目工作手册》项目三中工作任务五的知识水平测试卷。

（二）知识学习考评成绩

知识学习考评表同表 1.2.10，参见《电工基础技术项目工作手册》项目三中任务五的知识学习考评表。

（三）任务实施过程评价

工作过程考核评价表类同表 1.2.11，参见《电工基础技术项目工作手册》项目三中任务五的工作过程考核评价表。

任务六　家居室内荧光灯照明线路的调试与故障排除

一、任务准备

（一）教师准备

（1）教师准备好日光灯照明电路的演示课件。

（2）任务实施场地检查、任务实施材料、工具、仪器仪表等准备、技术和技术资料准备、组织管理措施、任务实施场所安全技术措施和管理制度等参考任务五。

（3）任务实施计划和步骤：① 在任务五完成的基础上，检查各项准备工作并学习日光灯电路的组成及工作原理和故障排除的有关知识；② 逐步调试家居室内照明电路；③ 室内照明电路的故障处理；④ 工作评价。

（二）学生准备

（1）衣着整洁，穿戴好劳保用品；无条件的学校，由学生自行穿好长袖衣、长裤和皮鞋等。

（2）掌握好安全用电规程和触电抢救技能。

（3）复习好正弦交流电及其分析的基本知识。

（4）检查好材料、工具、仪器仪表。在实验员指导下，每个项目小组检查好材料、工具、仪器仪表等物资是否正常和合乎使用标准，对不符合使用标准的应予以更换。

（5）学生准备好《电工基础技术项目工作手册》、记录本以及铅笔、圆珠笔、三角板、直尺、橡皮擦等文具。

（三）实践应用知识的学习

知识学习内容1　荧光灯电路的组成及工作原理

1. 荧光灯电路的组成

荧光灯电路由荧光灯管、镇流器、启辉器三部分组成，如图 3.6.1 所示。日光灯管是一根细长的玻璃管，内壁均匀涂有荧光粉，管内充有水银蒸汽和稀薄的惰性气体（氩气或氖气），在管子的两端装有灯丝，在灯丝上涂有受热后易发射电子的氧化物。当管内产生弧光放电时，水银蒸气受激发辐射大量紫外线，管壁上的荧光粉在紫外线的激发下辐射出白色荧光，故要日光灯管产生弧光放电必须具备两个条件：一个是将灯管预热使其发射电子；另一个是需要有一个较高的电压使管内气体击穿放电。

镇流器 L 是一个带有铁芯的电感线圈。启辉器的内部结构如图 3.6.2 所示：图中 1 为小容量的电容器，2 是固定触头，3 是圆柱形外壳，4 是辉光管，5 是辉光管内部的倒 U 形双金属片，6 是插头。

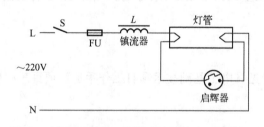

图 3.6.1　日光灯电路

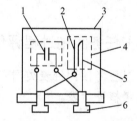

图 3.6.2　启辉器组成示意图

2. 荧光灯工作原理

当荧光灯电路与电源接通后，220V 的电压不能使日光灯点燃，全部加在了启辉器两端。220V 的电压致使启辉器内两个电极辉光放电，放电产生的热量使倒 U 形双金属片受热形变后与固定触头接通。这时日光灯的灯丝与辉光管内的电极，镇流器构成一个回路，灯丝得到预热，经

1~3s 后灯丝因通过电流而发热,从而使氧化物发射电子。同时,辉光管内两个电极接通的同时,电极之间的电压立刻为零,启辉器辉光放电终止,双金属片因温度下降而恢复原状,两电极脱离。在两电极脱离的瞬间,回路中的电流突然切断而为零,因此在铁芯镇流器两端产生一个很高的感应电压,此感应电压和 220V 电压同时加在日光灯两端,立即使管内惰性气体分子电离而产生弧光放电,管内温度逐渐升高,水银蒸汽游离,并猛烈地撞击惰性气体分子而放电。同时辐射出不可见的紫外线,而紫外线激发灯管壁的荧光物质发出可见光,即我们常说的日光。

荧光灯一旦点亮后,由于镇流器的存在,灯管两端的电压比电源电压低的多(具体数值与灯管功率有关,一般在 50~100V 的范围内),这个较低的电压不足以使启辉器辉光放电。因此,启辉器只在日光灯点燃时起作用。日光灯一旦点亮,启辉器就会处在断开状态。日光灯正常工作时,镇流器和灯管构成了电流的通路,由于镇流器与灯管串联并且感抗很大,因此电源电压大部分降落在镇流器上,可以限制和稳定电路的工作电流,即镇流器在日光灯正常工作时起限流作用。

由此可见,启辉器相当于一个自动开关的作用,而镇流器在启动时起产生高电压的作用,在启动前灯丝预热瞬间及启动后灯管工作时则起限流作用。

知识学习内容 2　荧光灯电路的故障处理

日光灯电路安装调试中常常会遇到接错线、断线等原因造成的故障,在日常照明中也常常会碰到启辉器损坏或插头接触不良、灯管灯丝烧断和灯管损坏、镇流器烧断等故障问题,使电路不能正常工作,严重时还会损坏仪表、器材以及危及人身安全。如果电路调试中出现严重短路或其他有可能损坏仪表、器材的故障时,应立即切断电源,排查故障。一般应先复查接线是否正确,在确定接线无误后,若故障不严重,可采用电压表法进行故障查找。

所谓电压表法,即用电压表测量可能产生故障的各部分电压,依据电压的大小和有无,一般可查找到故障处。在调试中,实验器材较少,相距并不太远,故可用测量各点的电位来确定故障点。即选用电源的一端为参考点,从电源的另一端钮,依回路电位降低的方向逐点进行测量判断。其中各连接导线的阻值、电流表的内阻近似为零,可认为无电位降落,否则即为开路故障点。在查找过程中应边判断边处理,直至电路恢复正常。

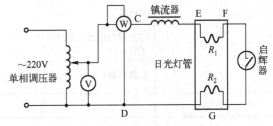

图 3.6.3　日光灯工作实验电路

例如,在图 3.6.3 所示的日光灯实验原理电路中,能以 D 为参考点,在正常工作和故障情况时,各点电位分别如表 3.6.1 所示。表中数据在使用不同型号的电压表或万用表时,数据存在一定差异,但仍可按同理进行分析。

表 3.6.1　不同电路状态下的电压值

电路状态		测量数据				现象
		U_C(V)	U_E(V)	U_F(V)	U_G(V)	
正常情况		220	150 左右	150 左右	0	亮
故障情况	镇流器断路	220	0	0	0	不亮
	启辉器开路	220	220	220	0	不亮
	启辉器短路	约 220	约为 0	约为 0	0	灯丝微亮
	灯丝 R_1 断路	220	220	0	0	不亮
	灯丝 R_2 断路	220	220	220	0	不亮

二、任务实施

1. 线路调试

各工作小组完成线路调试,并把观察到的现象和调试的过程作好记录。

1)线路整体调试

按图 3.5.5 所示在任务五完成的基础上,检查电源无误后,合上双极低压断路器 QF,观察线路是否出现异常情况,若发现异常,应立即分断 QF,采用万用表,检查分析并解决存在的线路故障问题。

2)白炽灯照明调试

若无异常情况发生,合上开关 S_1,观察白炽灯照明是否正常。

3)荧光灯照明调试

若白炽灯工作状态正常,再合上开关 S_2,观察荧光灯照明情况是否正常。若不正常,用万用表采用电压表法检测并排除故障。

以上调试过程中,项目工作小组把观察到的现象和调试的过程按照表 3.6.2 的格式作好相应记录。

表 3.6.2 调试过程记录表

工 作 组 别		工 作 日 期	
工 作 任 务			
调 试 过 程	(1)线路整体调试 现象: 故障排除: (2)白炽灯照明调试 现象: 故障排除: (3)荧光灯照明调试 现象: 故障排除:		
备注			

2. 荧光灯照明电路的故障排除

1)镇流器断路

分断空气开关 QF,切断电路电源,用一只按键开关串接在镇流器 C 端与电源之间,断开开关,然后分别接通 QF、合上 S_2 观察电路现象,最后测试 C、E、F、G 各点电压并记录在表 3.6.3 中。

2)启辉器开路

取掉启辉器(启辉器开路)的情况下,合上 S_2 观察电路现象,测试 C、E、F、G 各点电压并记录在表 3.6.3 中。

3)启辉器短路

分断空气开关 QF,切断电路电源,用一根导线短接 F、G 两点(启辉器短路),然后分别接通 QF、合上 S_2 观察电路现象,最后测试 C、E、F、G 各点电压并记录在表 3.6.3 中。

4）灯丝断路

分断空气开关 QF，切断电路电源，用两只按键开关分别串接在启辉器两端，按键一断一合（灯丝断路），然后分别接通 QF、合上 S_2 观察电路现象，最后测试 C、E、F、G 各点电压并记录在表 3.6.3 中。

表 3.6.3　故障状态下的电压值

电路状态		测量数据				现象
		V_C（V）	V_E（V）	V_F（V）	V_G（V）	
故障情况	镇流器断路					
	启辉器开路					
	启辉器短路					
	灯丝 R_1 断路					
	灯丝 R_2 断路					

三、工作评价

（一）知识答卷

参见《电工基础技术项目工作手册》项目三中工作任务六的知识水平测试卷。

（二）知识学习考评成绩

知识学习考评表同表 1.2.10，参见《电工基础技术项目工作手册》项目三中任务六的知识学习考评表。

（三）任务实施过程评价

工作过程考核评价表类同表 1.2.11，参见《电工基础技术项目工作手册》项目三中任务六的工作过程考核评价表。

任务七　优化设计提高家居室内照明线路的功率因数

一、任务准备

（一）教师准备

（1）教师准备好家居室内照明线路等效电路参数测试的演示课件。

（2）任务实施场地检查、任务实施材料、工具、仪器仪表等准备、技术和技术资料准备、组织管理措施、任务实施场所安全技术措施和管理制度等参考任务四。

（3）任务实施计划和步骤：① 在任务六完成的基础上，检查各项准备工作并学习正弦交流电路功率、功率因数提高以及正弦交流电路等效电路参数测算的有关知识；② 逐步测算家居室内照明线路的等效电路参数；③ 并联电容器提高家居室内照明线路的功率因数；④ 分析功率因数变化趋势，优化设计方案；⑤ 工作评价。

（二）学生准备

（1）衣着整洁，穿戴好劳保用品；无条件的学校，由学生自行穿好长袖衣、长裤和皮鞋等。

（2）掌握好安全用电规程和触电抢救技能。

（3）复习好正弦交流电及其分析的基本知识。

（4）检查好材料、工具、仪器仪表。在实验员指导下，每个项目小组检查好材料、工具、仪器仪表等物资是否正常和合乎使用标准，对不符合使用标准的应予以更换。

（5）学生准备好《电工基础技术项目工作手册》、记录本以及铅笔、圆珠笔、三角板、直尺、橡皮擦等文具。

（三）实践应用知识的学习

知识学习内容1　正弦交流电路的功率

1. 瞬时功率 $p(t)$

如图3.7.1（a）所示无源的RLC单端口电路，端口电压与电流分别为

$$u = \sqrt{2}U\sin(\omega t + \psi_u), \quad i = \sqrt{2}I\sin(\omega t + \psi_i)$$

因此，电压与电流的相位差为 $\varphi = \psi_u - \psi_i$。

设 $\psi_i = 0$，则 $u = \sqrt{2}U\sin(\omega t + \varphi)$，$i = \sqrt{2}I\sin\omega t$，于是有

$$p(t) = ui = \sqrt{2}U\sin(\omega t + \varphi)\sqrt{2}I\sin\omega t = UI\cos\varphi - UI\cos(2\omega t + \varphi)$$
$$= UI\cos\varphi - [UI\cos\varphi\cos(2\omega t) - UI\sin\varphi\sin(2\omega t)]$$

故

$$p(t) = ui = UI\cos\varphi[1 - \cos(2\omega t)] + UI\sin\varphi\sin(2\omega t) \quad (3\text{-}7\text{-}1)$$

式（3-7-1）中第一项的值始终大于零或等于零，它是瞬时功率中不可逆转的部分；第二项正负交替，是瞬时功率中可逆部分，说明能量在正弦交流电源和单端口电路之间来回交换。图3.7.1（b）为瞬时功率的波形图。

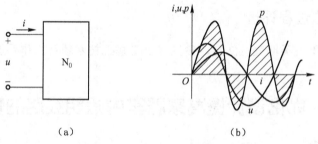

（a）　　　　　　　　　　（b）

图3.7.1　瞬时功率波形图

2. 平均功率（有功功率）P

平均功率（又称有功功率）是瞬时功率在一个周期内的平均值。即

$$P = \frac{1}{T}\int_0^T p(t)dt = \frac{1}{T}\int_0^T UI\cos\varphi[1-\cos(2\omega t)]dt$$

故

$$P = UI\cos\varphi \quad (3\text{-}7\text{-}2)$$

式（3-7-2）表明单端口电路实际消耗的有功功率不仅与电压、电流的大小有关，而且与电压、电流的相位差有关。

式（3-7-2）中电压、电流的相位差 $\varphi = \psi_u - \psi_i$，称为单端口电路的功率因数角（阻抗角），$\cos\varphi$ 称为单端口电路的功率因数，通常用 λ 表示，即 $\lambda = \cos\varphi$。

若单端口电路，只含电阻元件，即 $\varphi = \psi_u - \psi_i = 0°$，则 $\lambda = \cos\varphi = 1$，$P = P_R = U_R I_R$。

若单端口电路，只含电感元件，即 $\varphi = \psi_u - \psi_i = 90°$，则 $\lambda = \cos\varphi = 0$，$P = P_L = 0$。

若单端口电路，只含电容元件，即 $\varphi = \psi_u - \psi_i = -90°$，则 $\lambda = \cos\varphi = 0$，$P = P_C = 0$。

3. 无功功率 Q

在工程上我们引入无功功率的概念，用 Q 表示，它与瞬时功率中的可逆部分有关，相对于有功功率而言，它不是实际所作的功率，而是反映了单端口电路与外部能量交换的最大速率。这部分能量没有被消耗掉，而是被单端口电路中的电感或电容等元件储存或释放给电源了，完成了两者之间的能量交换。Q 的表达式为

$$Q = UI\sin\varphi$$

无功功率是一些电气设备正常工作所必需的指标。无功功率的量纲与有功功率相同，为了反映与有功功率的区别，国际单位制（SI）中，单位为乏（var）或千乏（kvar）。

若单端口电路，只含电阻元件，即 $\varphi = \psi_u - \psi_i = 0°$，则 $\sin\varphi = 0$，$Q = Q_R = 0$。

若单端口电路，只含电感元件，即 $\varphi = \psi_u - \psi_i = 90°$，则 $\sin\varphi = 1$，$Q = Q_L = U_L I_L$。

若单端口电路，只含电容元件，即 $\varphi = \psi_u - \psi_i = -90°$，则 $\sin\varphi = -1$，$Q = Q_C = -U_C I_C$。

一般，对感性负载，$0° < \varphi \leqslant 90°$，有 $Q > 0$；对容性负载，$-90° \leqslant \varphi < 0$，有 $Q < 0$。

4. 视在功率 S

电力设备的容量是由其额定电流与额定电压的乘积决定的，定义单端口电路的电压与电流有效值的乘积为该端口的视在功率，用 S 表示，即

$$S = UI \tag{3-7-3}$$

视在功率表征了电气设备容量的大小。在使用电气设备时，一般电压、电流都不能超过其额定值。视在功率的量纲与有功功率相同，为了反映与有功功率的区别，在国际单位制（SI）中，视在功率的单位用伏安（VA）或千伏安（kVA）表示。

5. 功率三角形

有功功率 P、无功功率 Q、视在功率 S 三者之间存在着下列关系：

$$P = UI\cos\varphi = S\cos\varphi$$
$$Q = UI\sin\varphi = S\sin\varphi$$
$$S^2 = P^2 + Q^2$$

故

$$\varphi = \arctan\left(\frac{Q}{P}\right) \tag{3-7-4}$$

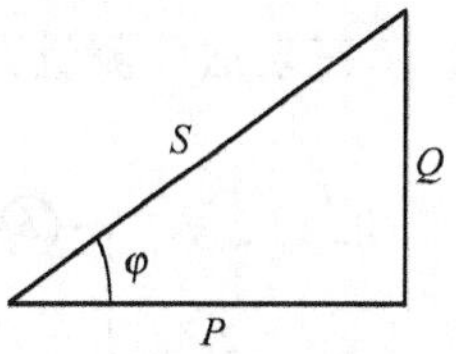

式中，P、Q、S 三者之间关系可以构成一个直角三角形，我们把这个直角三角形称之为功率三角形，如图 3.7.2 所示。

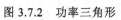

图 3.7.2 功率三角形

知识学习内容 2　正弦交流电路参数测定的基础

在含有荧光灯类光源的照明电路中，往往因为含有镇流器等电感性负载，使得照明线路无功功率增加，功率因数下降，为了改善功率因数，我们需要对所设计的家居室内照明线路进行优化设计，要对线路优化设计，我们必须要测定知道线路中日光灯类负载的电路参数。

交流电路元件的等效电路参数 R、L、C 可以用交流电桥直接测量，但往往在交流电桥不具备时，我们通常采用交流电流表、交流电压表及功率表所测得的 U、I、P 的数值来计算，这种测定方法叫"三表法"。"三表法"测定正弦交流电路参数的基础主要源于电路中的功率三角形、阻抗三角形、电压三角形等三种三角形关系。

1. 正弦交流电路中的电压三角形

如图 3.7.1（a）所示无源的单端口电路，在正弦交流电源作用下，经复数形式的端口电路阻抗

和戴维宁定理分析，该单端口电路都可以等效为 R、L、C 串联的形式，如图 3.3.10（a）所示。

该等效电路中，各电压、电流相量关系如图 3.3.10（b）所示。由电压相量所组成的直角三角形，称为电压三角形，如图 3.3.15 所示。利用这个电压三角形，可求得电源电压的有效值，即

$$U=\sqrt{U_R^2+(U_L-U_C)^2}=\sqrt{(RI)^2+(X_LI-X_CI)^2}=I\sqrt{R^2+(X_L-X_C)^2} \qquad (3\text{-}7\text{-}5)$$

2．阻抗三角形

该等效电路中，电压与电流的有效值（或幅值）之比，即 $\dfrac{U}{I}=\sqrt{R^2+(X_L-X_C)^2}$，它的单位也是 Ω，也具有对电流起阻碍作用的性质，称它为电路阻抗的模（即等效复阻抗的大小），用 $|Z|$ 表示，即

$$|Z|=\frac{U}{I}=\sqrt{R^2+(X_L-X_C)^2}=\sqrt{R^2+\left(\omega L-\frac{1}{\omega C}\right)^2} \qquad (3\text{-}7\text{-}6)$$

在上式中，$|Z|$、R、(X_L-X_C) 三者之间的关系也可用一个直角三角形——阻抗三角形来表示，如图 3.3.11 所示。

无源的单端口电路电源电压 u 与端口电流 i 之间的相位差 φ 也可从电压三角形和阻抗三角形得出，即

$$\varphi=\arctan\frac{U_L-U_C}{U_R}=\arctan\frac{X_L-X_C}{R} \qquad (3\text{-}7\text{-}7)$$

由上述分析，我们可以分析得到功率三角形，如前图 3.7.2 所示，过程由同学们自行分析。

3．特例

上述讨论的是一个在正弦交流电源作用下的无源单端口电路的 RLC 等效电路，若在 RLC 电路中，没有电感 L 或电容 C，则上述各式中 Q_L、U_L、X_L 或 Q_C、U_C、X_C 为 0，上述各式依然正确。故 RL 或 RC 电路便可以视作 RLC 等效电路的特例情况。

4．无源单端口电路等效电路参数的测定

"三表法"测量无源单端口电路等效电路参数的实验线路如图 3.7.3 所示。通过实验由交流电压表、交流电流表、有功功率表分别可测得无源单端口电路的 U、I、P，据此可分别通过上述各式关系求得等效电路各参数。

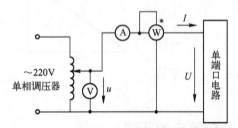

图 3.7.3 "三表法"测量无源单端口电路
等效电路参数

如果无源单端口电路是一个电感线圈，则由

$$|Z|=\frac{U}{I}, \qquad \cos\varphi=\frac{P}{UI}$$

计算出线圈的等效电路参数

$$R=|Z|\cos\varphi, \qquad L=\frac{X_L}{\omega}=\frac{|Z|\sin\varphi}{\omega}$$

同理，如果无源单端口电路是一个电容器，则计算出等效电路参数为

$$R=|Z|\cos\varphi, \qquad C=\frac{1}{\omega X_C}=\frac{1}{\omega|Z|\sin\varphi}$$

如果被测对象不是一个元件，而是一个无源单端口网络，则测量 U、I、P 也可求出 $|Z|$、R、X，然后判断单端口网络是容性还是感性，再求出等效电容 C 或等效电感 L。

知识学习内容 3　提高电路的功率因数

大量电感性负载的存在是功率因数低的根本原因。例如日光灯的功率因数为 0.5 左右；工农

业生产中常用的异步电动机满载时的功率因数在 0.7～0.9 之间，轻载或空载时更低，最低可达 0.2 左右；交流电焊机的功率因数只有 0.3～0.4；交流电磁铁的功率因数甚至低到 0.1。

1. 功率因数低带来的问题

1）电源设备的容量不能充分利用

交流电源设备（发电机、变压器等）一般是根据额定电压和额定电流来进行设计、制造和使用的。它能够提供给负载的有功功率为 $P=U_NI_N\cos\varphi$，如果 $\cos\varphi$ 低，则负载吸收的功率低，电源提供的有功功率也低，电源的潜力没有得到充分发挥。例如额定容量为 1000kVA 的变压器，若负载的功率因数 $\cos\varphi=1$，则变压器额定运行时可供给有功功率 1000kW；若负载的功率因数为 0.5，则变压器额定运行时只能输出有功功率 500kW。若增加输出，则电流必定过载，此时变压器远没有得到充分利用。

2）增加线路的功率及电压损耗

由公式 $I=\dfrac{P}{U\cos\varphi}$ 可知，当电源电压 U 及输出有功功率 P 一定时，负载的功率因数 $\cos\varphi$ 越低，线路电流 I 越大。而线路的功率及电压损耗分别为 $P_1=I^2R_1$ 及 $U_1=IR_1$（R_1 为线路电阻），线路电流 I 越大，两种损耗越大。反之，功率因数越高，则线路电流越小，两种损耗越低。

2. 提高电路的功率因数

提高功率因数的意义在于既提高了电源设备的利用率，同时又降低了线路的功率及电压损耗。所以，《全国供用电规则》规定，高压供电的工业企业平均功率因数不低于 0.95，其他单位应不低于 0.9。

提高功率因数常用的方法就是在电感性负载两端并联电容器。可以在大电力用户变电所的高压侧并联电力电容，也可以在用户的低压进线处并联低压电容。电路与相量图如图 3.7.4 和图 3.7.5 所示。

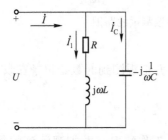
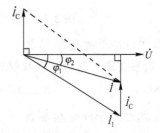

图 3.7.4　提高功率因数的电路　　　　图 3.7.5　提高功率因数的相量图

需要注意的是，提高功率因数是提高整个线路的功率因数，感性负载自身的功率因数是无法改变的。除此以外，并联电容后，感性负载的电压、电流、有功功率和无功功率均不变，只是减少了负载与电源之间的能量交换。此时感性负载所需的无功功率大部分或全部由电容供给，即能量交换主要或完全发生在电感与电容之间，因而电源设备的容量得到更充分利用；同时线路的总电流减小了，从而降低了线路的功率及电压损耗。

将图 3.7.5 所示的相量图转换为功率三角形，有

$$Q_C = Q_1 - Q_2 = P\tan\varphi_1 - P\tan\varphi_2 = P(\tan\varphi_1 - \tan\varphi_2)$$

又由于 $Q_C = \dfrac{U^2}{X_C} = \omega C U^2$，故所需电容量为

$$C = \dfrac{P}{\omega U^2}(\tan\varphi_1 - \tan\varphi_2)$$

用并联电容器提高线路的功率因数，一般提高到 0.9 左右即可，因为若将功率因数提高到接近于 1 时，所需的电容量太大，反而不经济。

实际问题：欲使功率为 40W、工频电压为 220V、电流为 0.364A 的荧光灯电路的功率因数提高到 0.9，应并联多大的电容器？此时电路的总电流是多少？通过计算分析可知：$C = 3.3\ \mu F$，$I = 0.2\ A$。

二、任务实施

1．测试家居室内照明线路的等效电路参数

在任务六完成的基础上，按图 3.7.6 完成测试线路的连接，交流电压表、电流表、智能数显功率表（可采用机械指针式功率表）选择好合适的量程，然后合上电源开关 QF。

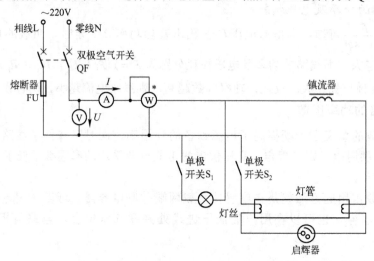

图 3.7.6　照明线路等效电路参数测试线路图

1）测试白炽灯的等效电路参数

合上 S_1，观察线路、白炽灯以及仪表的工作情况，并把观测到的数据记录在表 3.7.1 中，并计算各电路参数。

2）测试日光灯的等效电路参数

断开 S_1，合上 S_2，观察线路、荧光灯以及仪表的工作情况，并把观测到的数据记录在表 3.7.1 中，并计算各电路参数。

3）测试白炽灯、日光灯并联电路的等效电路参数

同时合上 S_1、S_2，观察线路、白炽灯、日光灯以及仪表的工作情况，并把观测到的数据记录在表 3.7.1 中，并计算各电路参数。

表 3.7.1　等效电路参数测算记录表

数据 被测元件	测量值			计算值					
	U (V)	I (A)	P (W)	$\|Z\|$ $\dfrac{U}{I}$	$\cos\varphi$ $\dfrac{P}{UI}$	R $\|Z\|\cos\varphi$	X $\|Z\|\sin\varphi$	L $\dfrac{X}{\omega}$	C $\dfrac{1}{\omega X}$
白炽灯									
日光灯									
白炽灯+日光灯									

2. 分别并联各电容器，测量电压、电流、功率，计算线路功率因数

1) 按照图 3.7.7 所示连接好电容器组和单极开关 $S_3 \sim S_6$。注意电容器（图 3.7.8）的连接方法。

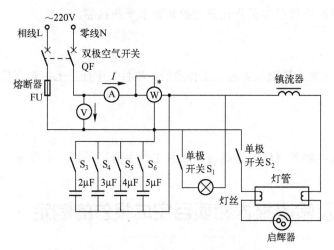

图 3.7.7　照明电路并入电容器组后测试线路　　　图 3.7.8　CBB80 金属化聚丙烯薄膜电容

CBB80 系金属化聚丙烯薄膜电容，用于 50/60Hz 交流电路中，安装简单可靠，适用于灯具补偿和启动，特别适用于格栅灯灯具中的并联补偿和谐振电路。从外形上看系圆柱形阻燃塑壳封装，接插结构引出，接插良好，体积小、重量轻，安装简单可靠，具有良好的自愈性。采用锌铝边缘加厚金属化膜制作，喷金端头接触面大，耐冲击电流大，抗电强度高。

该电容器使用时容许最大电压为额定电压的 1.1 倍，最大电流为额定电流的 1.3 倍，最大功率输出为额定输出的 1.3 倍。

2) CBB80 电容器全部断开，分别合上开关 QF、S_1、S_2，点亮白炽灯和日光灯。

3) 电源电压保持 220V 不变。依次合上开关 S_3、S_4、S_5、S_6，分别并联电容量 2μF、3μF、4μF 和 5μF，观察每一个电容值下 U、I、P，并把数值全部记录在表 3.7.2 中（注意白炽灯和日光灯合成支路的电流和电路总电流的变化情况）。

4) 对所测数据进行技术分析。根据所测数据分别计算各电容值下的功率因数 $\cos\varphi \left(\dfrac{P}{UI}\right)$。

5) 根据 1 所测得的白炽灯和日光灯电路的等效电路参数，根据各电容容抗大小，采用复阻抗运算方法，分别计算出各电容值下的功率因数 $\cos\varphi$，记录在表 3.7.2 中，并与（4）中测算的 $\cos\varphi$ 进行对比，判断电路在各 $\cos\varphi$ 下的性质（感性或容性？）。

6) 分析线路功率因数随并联的电容器容量大小的变化情况，对家居照明线路进行优化设计。

表 3.7.2　等效电路参数测算记录表

数据 电容 容量	测　量　值			测算值	理论值	感性、容性
	U（V）	I（A）	P（W）	$\cos\varphi$	$\cos\varphi$	
2μF						
3μF						
4μF						
5μF						

三、工作评价

（一）知识答卷

参见《电工基础技术项目工作手册》项目三中工作任务七的知识水平测试卷。

（二）知识学习考评成绩

知识学习考评表同表 1.2.10，参见《电工基础技术项目工作手册》项目三中任务七的知识学习考评表。

（三）任务实施过程评价

工作过程考核评价表类同表 1.2.11，参见《电工基础技术项目工作手册》项目三中任务七的工作过程考核评价表。

任务八 成果验收以及验收报告和项目完成报告的制定

一、任务准备

（一）师生准备

任务实施前师生阅读学习《建筑照明设计规范 GB50034—2004》以及《电气照明装置施工及验收规范 GB50259-1996》（见附录 B），并归纳总结出适合本项目的条款，做好成果验收准备。

（二）实践应用知识的学习

知识学习内容1 照明工程交接与验收

1. 照明灯具安装工序交接确认

（1）安装灯具的预埋螺栓、吊杆和吊顶上嵌入式灯具安装专用骨架等完成，按设计要求做承载试验合格，才能安装灯具。

（2）影响灯具安装的模板、脚手架拆除，顶棚和墙面喷浆、油漆或壁纸等及地面清理工作基本完成后，才能安装灯具。

（3）导线绝缘测试合格，才能灯具接线。

（4）高空安装的灯具，地面通断电试验合格，才能安装。

2. 照明开关、插座、风扇安装工序交接确认

吊扇的吊钩预埋完成，电线绝缘测试应合格，顶棚和墙面的喷浆、油漆或壁纸等应基本完成，才能安装开关、插座和风扇。

3. 照明系统的测试和通电试运行工序交接确认

（1）电线绝缘电阻测试前电线的接续应完成。

（2）照明箱（盘）、灯具、开关、插座的绝缘电阻测试在就位前或接线前应完成。

（3）备用电源或事故照明电源作空载自动投切试验前应拆除负荷。空载自动投切试验合格，才能做有载自动投切试验。

(4)电气器具及线路绝缘电阻测试合格,才能通电试验。
(5)照明全负荷试验必须在本条的(1)、(2)、(4)完成后进行。

4.建筑物照明通电试运行

(1)照明系统通电,灯具回路控制应与照明配电箱及回路的标识一致。开关与灯具控制顺序相对应,风扇的转向及调速开关应正常。

(2)公用建筑照明系统通电连续试运行时间应为 24 小时,民用住宅照明系统通电连续试运行时间应为 8 小时。所有照明灯具均应开启,且每 2 小时记录运行状态 1 次,连续试运行时间内无故障。

5.工程交接验收时应对下列项目进行检查

(1)并列安装的相同型号的灯具、开关、插座及照明配电箱(板),其中心轴线、垂直偏差、距地面高度。

(2)暗装开关、插座的面板、盒(箱)周边的间隙,交流、直流及不同电压等级电源插座的安装。

(3)大型灯具的固定,吊扇、壁扇的防松、防震措施。

(4)照明配电箱(板)的安装和回路编号。

(5)回路绝缘电阻测试和灯具试亮及灯具控制性能。

(6)接地或接零。

6.工程交接验收时应提交下列技术资料和文件

(1)竣工图。
(2)变更设计的证明文件。
(3)产品的说明书、合格证等技术文件。
(4)安装技术记录。
(5)试验记录,包括灯具程序控制记录和大型、重型灯具的固定及悬吊装置的过载试验记录。

二、任务实施

1.成果验收

项目工作小组之间按照标准互相进行成果验收评价,并制定验收报告。第 n 组对第 $n+3$ 组评价,若 $n+3>N$(N 是项目工作小组总组数),则对第 $n+3-N$ 组进行成果验收评价。

2.成果验收报告制定

项目验收报告书同表 1.5.2,参见《电工基础技术项目工作手册》项目三中任务八的项目验收报告书。

3.项目完成报告制定

项目验收报告书类同表 1.5.3,参见《电工基础技术项目工作手册》项目三中任务八的项目完成报告书。

三、工作评价

任务完成过程考评表同表 1.5.4,参见《电工基础技术项目工作手册》项目三中任务八的任务完成过程考评表。

知识技能拓展

知识技能拓展1　谐振电路谐振特性分析及测试

一、任务准备

（一）教师准备

（1）教师准备好谐振电路的演示课件。

（2）任务实施场地检查：

教师首先去任务实施的实验实训室巡视检查，并与实验实训室管理员联系，在任务实施期间是否与其他教学活动冲突，请管理员安排好场地，保证实验实训室整洁、明亮，有专业职业特色。检查教具等设施保证能正常工作。

（3）任务实施材料、工具、仪器仪表等准备。与仓库管理员和实验员联系为每个项目小组按表 3.9.1 物资清单准备好材料、工具和仪器仪表等。

表 3.9.1　材料清单

序号	材料、工具设备、仪器仪表	规格、型号	数　　量	备　注
1	多功能电工实验装置及其组件（含电源发生器等）		1套	
2	钢丝钳		1把	
3	尖嘴钳		1把	
4	剥线钳		1把	
5	一字螺钉旋具		1把	
6	十字螺钉旋具		1把	
7	验电笔		1支	
8	数显万用表		1只	
9	示波器		1台	
10	交流毫伏表		1只	
11	双刀开关		1只	
12	连接导线		若干	
13	电阻器		1只	
14	电感器		1只	
15	可变电容器		1只	

注：规格、型号根据实际条件自定。

（4）拟定组织管理措施

① 教师根据实验实训场所的实际条件和学生数量，分配好项目小组并安排好组长。

② 制定好平时学习表现考核细目表。

（5）拟定任务实施场所安全技术措施和管理制度

① 教师根据《电气安全作业规程》结合本校任务实施场所以及学生的实际情况，拟定切实可行的安全保障措施。本次实训基本操作规程见附录 A。

② 教师拟定好任务实施场所 5S（整理、整顿、清理、清扫、素养）管理制度和实施方案。

（6）任务实施计划和步骤：① 任务准备并学习谐振电路的知识；② 仪器、仪表、设备的自检和调试；③ 测试电路的谐振频率；④ 测试电路谐振时电阻器、电感器、电容器等两端电压；⑤ 测试电路的谐振曲线；⑥ 工作评价。

（二）学生准备

（1）衣着整洁，穿戴好劳保用品；无条件则由学生自行穿好长袖衣、长裤和皮鞋等。

（2）掌握好安全用电规程和触电抢救技能。

（3）复习好正弦交流电的基本知识。

（4）熟练使用示波器、交流毫伏表等。

（5）检查好材料、工具、仪器仪表、设备。在实验员指导下，每个项目小组检查好材料、工具、仪器仪表、设备等物资是否正常和合乎使用标准，对不符合使用标准的应予以更换。

（6）学生准备好《电工基础技术项目工作手册》、记录本以及铅笔、圆珠笔、三角板、直尺、橡皮擦等文具。

（三）实践应用知识的学习

知识学习内容 1 　相量形式的基本定理

1．相量形式的基尔霍夫定律

1）基尔霍夫电流定律（KCL）的相量形式

在正弦交流电路中，连接在电路任一节点的各支路电流相量的代数和为零，即

$$\sum \dot{I} = 0 \tag{3-9-1}$$

一般参考方向流入节点的电流相量取正好，反之取反号。如图 3.9.1（b）所示，节点 O 的 KCL 相量表达式为

$$-\dot{I}_1 - \dot{I}_2 + \dot{I}_3 + \dot{I}_4 = 0 \tag{3-9-2}$$

由相量形式的 KCL 可知，正弦交流电路中连接在一个节点的各支路电流的相量组成一个闭合多边形，如图 3.9.1（c）所示。

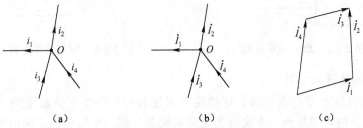

图 3.9.1　KCL 的相量形式

2）基尔霍夫电压定律（KVL）的相量形式

在正弦交流电路中，任一回路的各支路电压相量的代数和为零，即

$$\sum \dot{U} = 0 \tag{3-9-3}$$

在正弦交流电路中，一个回路的各支路电压相量组成一个闭合多边形。如图 3.9.2 所示，取回路为顺时针方向绕行，参考方向与回路绕行方向一致的电压取正，反之为负。故回路的电压方程为

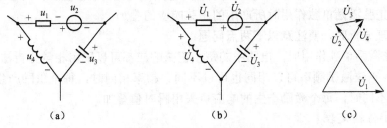

图 3.9.2　KVL 的相量形式

$$u_1 + u_2 + u_3 - u_4 = 0 \tag{3-9-4}$$

其 KVL 相量表达式为

$$\dot{U}_1 + \dot{U}_2 + \dot{U}_3 - \dot{U}_4 = 0 \tag{3-9-5}$$

2．正弦交流电路相量分析法中的 4 个基本定理

1）戴维南定理及其等效电路

在直流电路分析中，我们已经知道一个含源二端网络（单端口网络）可以等效为一个实际电压源，即一个理想电压源和内阻串联。理想电压源的电压就是该二端网络开路时，端口两端的开路电压。内阻就是把二端网络中所有独立电压源（受控电压源除外）短路，所有独立电流源（受控电流源除外）开路时，从端口两端看进去的等效电阻。这就是直流电路中戴维南定理及其等效电路的内容。

在正弦交流电路相量分析中，戴维南定理及其等效电路同样还适用。戴维南定理表述为：一个含正弦激励的二端网络，只要各正弦激励频率相同，便可等效为一个实际的正弦电压源，即一个理想的正弦电压源和内部复阻抗的串联。

戴维南等效电路中，理想的正弦电压源的电压相量就是该二端网络开路时，端口两端的开路电压相量。正弦电压源内阻抗就是把二端网络中所有正弦电压源短路，所有正弦电流源开路时，从端口两端看进去的等效复阻抗。如图 3.9.3 所示，从 1、2 两端看进去，N_S 就是一个有源单端口网络，其戴维南等效电路如图 3.9.4 所示，$\dot{U}_\text{OC}$ 是 N_S 开路电压相量，Z_0 是 N_S 等效内阻抗。

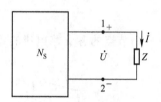

图 3.9.3　最大功率传输

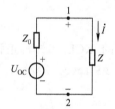

图 3.9.4　最大功率传输等效电路

2）诺顿定理及其等效电路

诺顿定理是戴维南定理的逆定理。诺顿定理表述为：一个含正弦激励的二端网络，只要各正弦激励频率相同，便可等效为一个实际的正弦电流源，即一个理想的正弦电流源和内部复导纳的并联。

诺顿等效电路，可由戴维南等效电路转换而来。理想的正弦电流源的电流相量就是该二端网络短路时，流过端口的短路电流相量。内部复导纳就是把二端网络中所有正弦电压源短路，所有正弦电流源开路时，从端口两端看进去的等效复导纳。

3）叠加定理

交流电路中叠加定理可以表述为：在含有多个正弦激励的交流电路中，电路中每个响应都可以看作由每个正弦激励单独作用时所产生的正弦响应的叠加。

使用叠加定理分析时，要注意以下两点问题：

① 每个正弦激励单独作用时，电路中的每个正弦响应都可以采用相量分析法求解。

② 电路中各正弦激励频率可以相同也可以不同。频率相同时，每个激励产生的响应可采用相量叠加，频率不同时，每个激励产生的响应可采用瞬时值叠加。

4）最大功率传输定理

图 3.9.3 所示电路，有源单端口向负载 Z 传输功率，在不考虑传输效率时，研究负载获得最

大功率（有功功率）的条件。利用戴维南定理将电路简化为图 3.9.4 所示电路。

设 $Z_0 = R_0 + jX_0$，$Z = R + jX$，因为

$$I = \frac{U}{\sqrt{(R_0 + R)^2 + (X_0 + X)^2}} \quad (3\text{-}9\text{-}6)$$

所以，负载 Z 获得的有功功率为

$$P = I^2 R = \frac{U^2 R}{(R_0 + R)^2 + (X_0 + X)^2} \quad (3\text{-}9\text{-}7)$$

可见，当 $X = -X_0$ 时，对任意的 R，负载获得的功率最大，其表达式为

$$P = \frac{U^2 R}{(R_0 + R)^2} \quad (3\text{-}9\text{-}8)$$

此时改变 R 可使 P 最大，可以证明 $R = R_0$ 时，负载获得最大功率，于是有

$$P_{max} = \frac{U^2}{4R_0} \quad (3\text{-}9\text{-}9)$$

因此，负载获得最大功率的条件为 $X = -X_0$，$R = R_0$，即 $Z = Z_0^*$。

故正弦交流电路最大功率传输定理可以表述为：实际正弦电压源对负载供电时，若负载阻抗等于电压源内阻抗的共轭复数时，负载获得最大功率。

还可证明，当电路用诺顿等效电路表示时，获最大功率的条件可表示为 $Y = Y_0^*$。上述获最大功率的条件称为最佳匹配，此时电路的传输效率为 50%。

【例 3.9.1】 电路如图 3.9.5（a）所示，Z_L 多大时可获最大功率，并求最大功率。

解 先用戴维南定理求 Z_L 以外的有源单端口等效电路，如图 3.9.5（b）所示。其中：

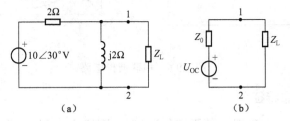

图 3.9.5 例 3.9.1 图

$$\dot{U}_{OC} = 10\angle 30° \times \frac{j2}{2 + j2} = 5\sqrt{2}\angle 75° \text{ V}$$

$$Z_0 = \frac{j2 \times 2}{2 + j2} = (1 + j) \text{ Ω}$$

则 $Z_L = Z_0^* = (1 - j)$ Ω 时可获得最大功率。

最大功率为

$$P_{max} = \frac{(5\sqrt{2})^2}{4 \times 1} = 12.5 \text{ W}$$

知识学习内容 2　串联电路的谐振

对于包含电容和电感元件，而不含独立电源的二端口网络，其端口可能呈现容性、感性及电阻性，电路呈现电阻性的现象称为谐振现象。实际中，谐振现象有着广泛应用，但有时又必须避免谐振现象的出现，因此研究谐振电路具有实际的意义。

1. 串联谐振原理

如图 3.9.6（a）所示电路为 RLC 串联电路，在正弦激励下，当电源频率 f 取某一值时，使得电

压 $\dot{U}$ 和电流 $\dot{I}$ 同相位,我们把这种现象称为电路的串联谐振。此时电源的频率 f_0 称为谐振频率。

$$Z(j\omega) = \frac{\dot{U}}{\dot{I}} = R + j\omega L + \frac{1}{j\omega C} = R + j\left(\omega L - \frac{1}{\omega C}\right) = R + j(X_L - X_C) = R + jX = |Z|e^{j\varphi_z} \quad (3\text{-}9\text{-}10)$$

当 $X = X_L - X_C = \omega_0 L - \dfrac{1}{\omega_0 C} = 0$ 时,$Z(j\omega_0) = R$,电路呈电阻性,电压 $\dot{U}$ 和电流 $\dot{I}$ 同相,电路发生串联谐振。即当电流角频率为

$$\omega_0 = \frac{1}{\sqrt{LC}} \quad (3\text{-}9\text{-}11)$$

电路发生串联谐振,ω_0 称为电路谐振角频率。

$$f_0 = \frac{1}{2\pi\sqrt{LC}} \quad (3\text{-}9\text{-}12)$$

f_0 称为电路固有谐振频率。

图 3.9.6(b)为电抗随频率变化的特性。可见,串联电路的谐振频率由 L 和 C 两个参数决定,与 R 无关。为了实现谐振或消除谐振,在激励频率确定时,可改变 L 或 C;在固定 L 和 C 时,可改变激励频率。如调谐式收音机就是通过改变电容 C 以达到选台的目的,所选电台的频率就是谐振频率。

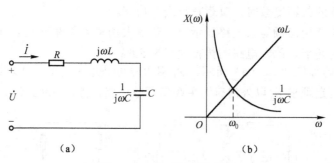

图 3.9.6 串联谐振电路

2. 串联谐振的状态特征

谐振时电路阻抗 $Z = R = R\angle 0°$,即阻抗角为 $0°$,阻抗的模 $|Z| = R$ 最小。定义:

$$\rho = \omega_0 L = \frac{1}{\omega_0 C}$$

ρ 叫做串联谐振电路的特性阻抗,也就是谐振时感抗和容抗的大小。

在电子技术中,通常将特性阻抗 ρ 与回路电阻 R 的比值称为谐振电路的品质因数,用 Q 表示,作为评价谐振电路的一项指标。定义:

$$Q = \frac{\rho}{R} = \frac{\omega_0 L}{R} = \frac{1}{\omega_0 CR} = \frac{1}{R}\sqrt{\frac{L}{C}} \quad (3\text{-}9\text{-}13)$$

品质因数 Q 是由电路参数 R、L 和 C 决定的一个无量纲的量。

谐振时电路的电流 $\dot{I}_0 = \dfrac{\dot{U}}{Z(j\omega_0)} = \dfrac{\dot{U}}{R}$ 称为谐振电流。$\dot{I}_0$ 与同 $\dot{U}$ 相,且在外加电压一定时,电流最大,这也是串联谐振电路的重要特征之一,可由此判断电路是否发生串联谐振。

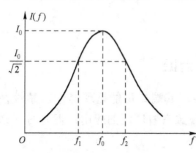

图 3.9.7 电流谐振曲线

在 RLC 串联谐振电路中,阻抗随频率的变化而改变,在外加电压 U 不变的情况下,I 也将随频率变化,这一曲线称为电流谐振曲线,如图 3.9.7 所示。

谐振时各元件上电压分量为

$$\dot{U}_R = R\dot{I}_0 = R\frac{\dot{U}}{R} = \dot{U} \tag{3-9-14}$$

$$\dot{U}_L = Z_L \dot{I}_0 = j\omega_0 L \frac{\dot{U}}{R} = jQ\dot{U} \tag{3-9-15}$$

$$\dot{U}_C = Z_C \dot{I}_0 = -j\frac{1}{\omega_0 C}\frac{\dot{U}}{R} = -jQ\dot{U} \tag{3-9-16}$$

可见 R 上电压大小与电源电压相等，电源电压全加在电阻 R 上；L、C 上电压大小为电源电压 U 的 Q 倍，但 $\dot{U}_L$ 与 $\dot{U}_C$ 大小相等，相位相反，相互抵消，故串联谐振也叫电压谐振。如果 $Q>1$，则 $U_L = U_C > U$，尤其当 $Q \gg 1$ 时，两端出现远远高于外施电压 U 的高电压，这种现象称为谐振过电压现象。

谐振时功率因数及有功功率为

$$\lambda = \cos\varphi = 1, \qquad P = UI_0 \cos\varphi = UI_0 = \frac{U^2}{R} \tag{3-9-17}$$

无功功率为

$$Q = UI_0 \sin\varphi = Q_L + Q_C = 0 \tag{3-9-18}$$

故有

$$Q_L = -Q_C \tag{3-9-19}$$

其中

$$Q_L = \omega_0 L I_0^2 = -Q_C = \frac{1}{\omega_0 C} I_0^2 \tag{3-9-20}$$

谐振时，电路不从外面吸收无功功率，仅在 L、C 之间进行磁场能量和电场能量的互换。

3. RLC 串联谐振时的频率特性

电路中各量随频率变化的特性，称为频率特性，或称为频率响应。即 $Z(j\omega)$、$Y(j\omega)$、$I(j\omega)$、$U(j\omega)$ 随 ω 变化的关系，分别称为阻抗、导纳、电流、电压的频率特性或频率响应。它包括幅频特性和相频特性。

各量的模（大小）随频率变化的关系称为该量的幅频特性；各量的幅角（方向）随频率变化的关系称为该量的相频特性。如 $|Z(j\omega)|$ 称为阻抗的幅频特性，$\varphi(j\omega)$ 称为阻抗的相频特性。

$$Z(j\omega) = R + j\left(\omega L - \frac{1}{\omega C}\right) = R\left[1 + j\left(\frac{\omega L}{R} - \frac{1}{\omega CR}\right)\right] = R\left[1 + jQ\left(\eta - \frac{1}{\eta}\right)\right] \tag{3-9-21}$$

式中 $\eta = \omega/\omega_0$，则

$$U_R(\eta) = \frac{U}{|Z(j\omega)|}R = \frac{U}{\sqrt{1 + Q^2\left(\eta - \frac{1}{\eta}\right)^2}} \tag{3-9-22}$$

故有

$$\frac{U_R(\eta)}{U} = \frac{1}{\sqrt{1 + Q^2\left(\eta - \frac{1}{\eta}\right)^2}} \tag{3-9-23}$$

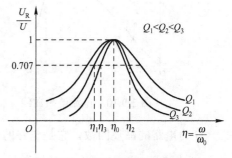

图 3.9.8 不同 Q 值的谐振曲线

上式可用于不同的 RLC 串联谐振电路，在同一个坐标下，根据不同的 Q 值，曲线有不同的形状，而且可以明显看出 Q 值对谐振曲线形状的影响。

图 3.9.8 给出不同 Q 值（$Q_1 < Q_2 < Q_3$）的谐振曲线，可以看出：串联谐振电路对这种输入、输出的形式具有明显的选择性，在 $\eta = \eta_0$（谐振点）时，曲线出现高峰输出，U_R/U 达到最大值；当 $\eta < \eta_0$ 或 $\eta > \eta_0$（偏离谐振点）时，输出逐渐下降，随 $\eta \to 0$ 和 $\eta \to \infty$，输出逐渐下降至零。由此我们可以看出串联谐振电路对偏离谐振点的输出具有较强的抑制作用，只有在谐振点附近频域内，才有较大幅度的输出，电路的这种性能称为选择性。电路的

选择性的优劣取决于电路对非谐振频率的输入信号的抑制能力。Q 值越大，曲线在谐振点附近的形状越尖锐，选择性越好，对非谐振频率的输入信号的抑制能力越强；Q 值越小，曲线在谐振点附近的形状越平缓，选择性越差，对非谐振频率的输入信号的抑制能力越弱。

在工程上，将发生在 $\dfrac{U_R(\eta)}{U} = \dfrac{1}{\sqrt{2}} \approx 0.707$ 时对应的两个角频率 ω_2 与 ω_1 的差定义为通频带，即

$$\Delta\omega = \omega_2 - \omega_1 \quad (可以证明 \eta_2 - \eta_1 = 1/Q, \quad \omega_2 - \omega_1 = \omega_0/Q)$$

可见通频带宽度与 Q 成反比，Q 值越大，通频带越窄，选择性越好；Q 值越小，通频带越宽，选择性越差。

4．RLC 串联谐振电路测试基础

1）RLC 串联谐振电路

在图 3.9.9 所示的 RLC 串联电路上，外施一正弦电压，则电路中的电流的有效值为

$$I = U / \sqrt{R^2 + (X_L - X_C)^2} \tag{3-9-24}$$

当外施电源频率与电路所固有的频率相等时（$f = f_0$），感抗 X_L 与容抗 X_C 相等，电路中的电抗为零。此时，电路发生串联谐振。f_0 称为谐振频率，谐振频率的大小由电路中参数 L，C 决定，即

$$f_0 = 1/(2\pi\sqrt{LC}) \tag{3-9-25}$$

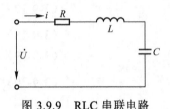

图 3.9.9　RLC 串联电路

2）串联谐振电路的特点

（1）谐振时阻抗最小，且呈纯电阻性，即 $Z = R + \mathrm{j}(X_L - X_C) = R$。

（2）电路中电流最大，$I = U/|Z| = U/R$，且与外施电源电压同相。

（3）电容电压与电感电压大小相等，相位相反，是电源电压的 Q 倍。

3）谐振曲线

RLC 串联，当端电压一定时，电流的有效值随电源频率变化的曲线称为电流谐振曲线，如图 3.9.10 所示。为了便于使电流谐振曲线具有普遍、直观的特点，常以 I/I_0 作为纵坐标 f/f_0 作为横坐标，即可画出串联谐振电路的通用谐振曲线，如图 3.9.11 所示。

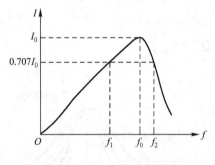

图 3.9.10　电流谐振曲线

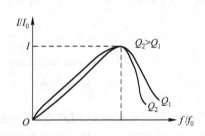

图 3.9.11　通用谐振曲线

Q 为电路的品质因数，它是电路的参数确定的，即

$$Q = \omega_0 L / R = 1/(\omega_0 RC) \tag{3-9-26}$$

4）电压电流的相位关系

当电源频率低于谐振频率时，电路呈容性（$X_C > X_L$），i 超前于 u；当电源频率等于谐振频率时，电路为电阻性，此时 $X_L = X_C$，i 和 u 同相；当电源频率高于谐振频率时，电路呈感性，此时 $X_L > X_C$，u 超前于 i。

5）谐振电路测试时注意事项

（1）谐振曲线的测定要在电源电压保持不变的条件下进行，因此，信号发生器改变频率时应对其输出电压及时调整。

（2）为了使谐振曲线的顶点绘制精确，可以在谐振频率附近多选几组测量数据。

（3）毫伏表测量电压时要防止超过量限，变换挡位后要及时校对指针零点。

知识学习内容 3　并联谐振电路

1. 并联谐振原理

图 3.9.12 所示 GLC 并联电路是一种典型的谐振电路。与串联谐振的定义相同，即当端口电压 $\dot{U}$ 与端口电流 $\dot{I}_S$ 同相时的电路工作状况称为并联谐振。

$$Y(j\omega) = \frac{\dot{I}_S}{\dot{U}} = G + j\left(\omega C - \frac{1}{\omega L}\right) \qquad (3\text{-}9\text{-}27)$$

根据定义，当 $Y(j\omega)$ 的虚部为 0 时，即 $\omega C - \frac{1}{\omega L} = 0$ 时，得

$$\omega_0 = \frac{1}{\sqrt{LC}} \qquad (3\text{-}9\text{-}28)$$

称为电路的谐振角频率。

$$f_0 = \frac{1}{2\pi\sqrt{LC}} \qquad (3\text{-}9\text{-}29)$$

称为电路谐振频率。

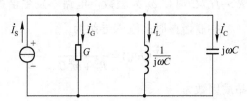

图 3.9.12　并联谐振电路

2. 并联谐振的状态特征

理想情况下，并联谐振时的输入导纳最小，且 $Y(j\omega_0) = \frac{\dot{I}_S}{\dot{U}} = G$，或者说输入阻抗最大，$Z(j\omega_0) = R$，电路呈纯电阻性。

并联谐振时，在电流有效值 I 不变的情况下，电压 U 为最大，且

$$U(j\omega_0) = |Z(j\omega_0)|I_S = RI_S$$

电路的品质因数为

$$Q = \frac{\omega_0 C}{G} = \frac{1}{\omega_0 LG} = \frac{1}{G}\sqrt{\frac{C}{L}} \qquad (3\text{-}9\text{-}30)$$

并联谐振时各元件上电流为

$$\dot{I}_G = G\dot{U} = GR\dot{I}_S = \dot{I}_S \qquad (3\text{-}9\text{-}31)$$

$$\dot{I}_L = -j\frac{1}{\omega_0 L}\dot{U} = -j\frac{1}{\omega_0 L}R\dot{I}_S = -jQ\dot{I}_S \qquad (3\text{-}9\text{-}32)$$

$$\dot{I}_C = j\omega_0 C\dot{U} = j\omega_0 CR\dot{I}_S = jQ\dot{I}_S \qquad (3\text{-}9\text{-}33)$$

$$\dot{I}_L + \dot{I}_C = 0 \qquad (3\text{-}9\text{-}34)$$

电流 $\dot{I}_G$ 等于电源电流 $\dot{I}_S$，电流 $\dot{I}_L$ 与 $\dot{I}_C$ 大小相等，方向相反，相互抵消，故并联谐振也称为电流谐振。当 $Q>1$，则 $I_L = I_C > I_S$；当 $Q \gg 1$，则 L、C 中出现远远大于外施电流 I_S 的大电流，这种现象称为谐振过电流现象。谐振时的有功功率为

$$P = GU^2 \qquad (3\text{-}9\text{-}35)$$

无功功率

$$Q = Q_L + Q_C = 0 \qquad (3\text{-}9\text{-}36)$$

且

$$Q_L = \frac{1}{\omega_0 L}U^2, \qquad Q_C = -\omega_0 CU^2 \qquad (3\text{-}9\text{-}37)$$

表明电感储存的磁场能量与电容储存的电场能量彼此相互交换。

3. 常见并联电路的特性分析

工程上经常采用电感线圈和电容器组成并联谐振电路，如图 3.9.13（a）所示，其中 R 和 L 的串联支路表示实际的电感线圈。该电路导纳为

$$Y(j\omega) = j\omega C + \frac{1}{R + j\omega L} = \frac{R}{R^2 + \omega^2 L^2} + j\left(\omega C - \frac{\omega L}{R^2 + \omega^2 L^2}\right)$$

谐振时有

$$\omega_0 C - \frac{\omega_0 L}{R^2 + \omega_0^2 L^2} = 0$$

故谐振角频率为

$$\omega_0 = \frac{1}{\sqrt{LC}}\sqrt{1 - \frac{CR^2}{L}} \tag{3-9-38}$$

谐振频率为

$$f_0 = \frac{1}{2\pi\sqrt{LC}}\sqrt{1 - \frac{CR^2}{L}} \tag{3-9-39}$$

显然，当 $1 - \frac{CR^2}{L} > 0$，即 $R < \sqrt{\frac{L}{C}}$ 时，ω_0 为实数，电路才发生谐振；当 $1 - \frac{CR^2}{L} < 0$，即 $R > \sqrt{L/C}$ 时，ω_0 为虚数，电路不发生谐振。发生谐振时的电流相量图如图 3.9.13（b）所示。

并联谐振时的输入导纳为

$$Y(j\omega_0) = \frac{R}{R^2 + \omega^2 L^2} = \frac{CR}{L}$$

品质因数为

$$Q = \frac{\dfrac{\omega_0 L}{R^2 + \omega_0^2 L^2}}{\dfrac{R}{R^2 + \omega_0^2 L^2}} = \frac{\omega_0 L}{R} \tag{3-9-40}$$

在 $R = \sqrt{L/C}$ 时，谐振特点接近理想情况。

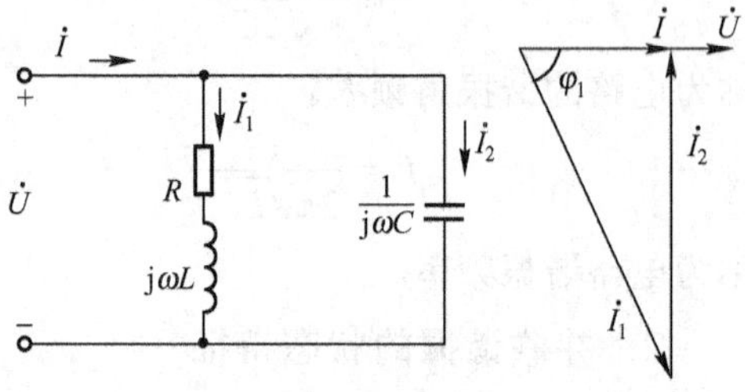

图 3.9.13　电感线圈与电容器并联谐振

（a）电路图　　（b）相量图

二、任务实施

1. 确定谐振频率

按图 3.9.14 连接电路，调节信号源输出电压 $U=10\text{V}$，输出阻抗为 600Ω，改变信号源的输出频率，用毫伏表观测 U_R 的变化，当 U_R 达到最大值时，此时电源的频率即为该电路谐振状态的谐振频率 f_0，将 f_0 记入表 3.9.2 中。

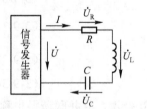

图 3.9.14　串联谐振实验线路

2. 验证谐振电路特点

保持信号发生器的输出电压不变，测量在谐振频率 f_0 下，U_R、U_L 和 U_C 的值填入表 3.9.2 中。

表 3.9.2　数据记录表

电路参数			测量结果				计算结果	
$R(\Omega)$	$L(\text{mH})$	$C(\mu\text{F})$	$f_0(\text{Hz})$	$U_R(\text{V})$	$U_L(\text{V})$	$U_C(\text{V})$	$I=U/R$	Q

3. 测定谐振曲线

在谐振频率的两侧选取 4～5 个测量点，分别测量各频率点的 U_R 值，记入表 3.9.3 中。（注

意：每次改变频率后，都应保持信号源的输出电压不变，否则会影响实验的准确性。毫伏表也应每改变一次量程，重新校正零点）。改变 R 或 C 的参数，重复该测量。

表 3.9.3　数据记录表

测量值	f(HZ)								
	U_R								
计算值	I (mA)								
	f/f_0								
	I/I_0								

4．观测电流和电压的相位关系

保持信号源电压不变，分别选取 $f_1(f_0 > f_1)$，f_0 和 $f_2(f_2 > f_0)$ 三个实验点，用示波器观察 u_R 和 u 的波形，并绘制在波形纸上。

5．根据测试的数据，绘制串联谐振电路的谐振曲线。

三、工作评价

（一）知识答卷

参见《电工基础技术项目工作手册》项目三中知识技能拓展 1 中的知识水平测试卷。

（二）知识学习考评成绩

知识学习考评表类同表 1.2.10，参见《电工基础技术项目工作手册》项目三中知识技能拓展 1 中的知识学习考评表。

（三）任务实施过程评价

工作过程考核评价表类同表 1.2.11，参见《电工基础技术项目工作手册》项目三中知识技能拓展 1 中的工作过程考核评价表。

思考与练习

参见《电工基础技术项目工作手册》项目三中的思考与练习。

项目四　加工车间三相供配电装置的设计、制作与调试

 项目介绍

由频率和幅值相同、相位互差120°的三个正弦交流电源同时供电的系统，称为三相电路。

目前，世界上绝大多数供配电系统都采用三相电路来产生和传输大量电能，因为与单相交流电相比，三相交流电有着许多技术和经济上的优点：在发电方面，输出同样功率的三相发电机比单相发电机体积小，重量轻；在输电方面，若输送功率相同、电压相同、距离和线路损耗相等，采用三相制输电所用的有色金属仅为单相输电的75%，因而大大节约输电线路的有色金属用量；在变配电方面，三相变压器比单相变压器经济，而且便于接入单相或三相负载；在用电方面，工农业生产中广泛应用的三相异步电动机比单相电动机的结构更简单、价格更低、性能更好、工作更平稳可靠、动力更强大。

在工农业生产中一般都采用三相供电系统，这样既可以对照明电光源、单相插座、单相电动机等单相负载供电，也可以对三相电动机、机床等动力负载供电。在生产型车间，如工件加工车间，往往采用三相交流电供电来为各种用电负载提供电能，图4.0.1所示的就是某小型加工车间的三相供电系统的原理图（不含量电装置）。用电的多少往往在三相供电系统中采用量电装置进行计量，如图4.0.2所示三相电度表就是这样的一种计量仪表。另外，为了防止雷电或系统过电压对三相供电线路和用电设备带来危害，三相供电系统中往往会增加一些保护设备，如图4.0.3所示三相电源避雷箱就是这样的一种设备。工农业生产企业及其车间中，都有这样的三相供电系统，我们只有充分把握三相交流供电系统的"脾性"，才能让它为我们创造更多的福祉。

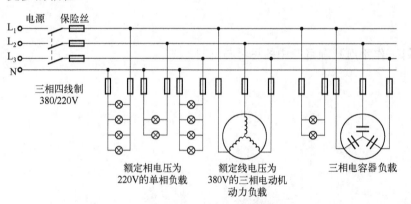

图4.0.1　加工车间三相供电系统原理图

图4.0.2　三相电度表

图4.0.3　三相电源避雷箱

本项目通过加工车间三相供电系统模拟装置的设计、制作和调试，使大家能够熟悉三相交流电路，并掌握三相供电电路的基本实践技能。

项目实施步骤：

（1）项目实施文件制定及实施准备；

(2) 加工车间三相动力负载电路的设计、制作与调试;
(3) 加工车间照明和插座电路的设计、制作与调试;
(4) 加工车间三相供电系统模拟装置整机调试与优化设计;
(5) 成果验收并制定验收报告和项目完成报告。

通过本项目的实施训练,最终达到知识、能力、素质的培养目标如下:
(1) 掌握三相交流电的基本知识,会用万用表、交流电压表、功率表来测量三相供电电路;
(2) 掌握三相交流电源及三相负载等基本知识以及连接的方法和特点;
(3) 掌握线电压、电流与相电压、电流之间的关系,会计算三相电功率;
(4) 掌握车间三相供配电系统的供电方式;
(5) 会连接和应用三相交流电源和常见的交流负载;
(6) 能设计与安装三相异步电动机等三相动力负载正反转和启动控制电路;
(7) 会对三相异步电动机等三相动力负载正反转和启动控制电路进行调试和故障排除;
(8) 培养学生实验数据的测量、处理和分析等进行科学实践研究的基础能力;
(9) 使学生能够熟悉企业生产的基本工艺流程和管理方法,培养学生基本的职业素养;
(10) 培养学生严肃认真的科学态度;
(11) 培养学生观察、思考和分析解决问题的思维能力;
(12) 培养学生相互协作、与人沟通的能力以及集体荣誉感和团队精神;
(13) 增强学生安全用电意识;
(14) 培养学生专业技术学习和应用的自信心,激发学生自我价值实现的成就感。

任务一 项目实施文件制定及工作准备

一、项目实施文件制定

1. 项目工作单

各项目小组参照表 1.1.1 项目一中的项目工作单,完成《电工基础技术项目工作手册》项目四中项目工作单的填写。

2. 生产工作计划

各项目小组参照项目一中任务一的生产工作计划,完成《电工基础技术项目工作手册》项目中任务一的生产工作计划的编写。

二、工作准备

1. 工作场地检查

教师首先去任务实施的实验实训室巡视检查,并与实验实训室管理员联系,在任务实施期间是否与其他教学活动冲突,请管理员安排好场地,保证实验实训室整洁、明亮,有专业职业特色。检查教具等设施保证能正常工作。

2. 项目实施材料、工具、生产设备、仪器仪表等准备

每个项目小组按表 4.1.1 物资清单准备好材料、工具、生产设备、仪器仪表等。

表 4.1.1 物资清单

序 号	材料、工具、生产设备、仪器仪表	规格、型号	数量	备注
1	多功能电工实验装置		1套	含网孔板、实验台、三相四线电源插座
2	钢丝钳		1把	
3	尖嘴钳		1把	
4	剥线钳		1把	
5	一字螺钉旋具		1把	
6	十字螺钉旋具		1把	
7	验电笔		1支	
8	数显式万用表		1只	
9	双踪示波器		1台	
10	交流电压表		3只	
11	交流电流表		3只	
12	交流电功率表	D19-W 或自定	3只	
13	低压断路器	CM1-63M/4300 或自定	1只	正泰或自定品牌 三相线路总开关
14	低压断路器	DZ47-60/30	2只	正泰或自定品牌
15	低压断路器	DZ47-60/40	2只	正泰或自定品牌
16	低压断路器	DZ47LE-32	6只	正泰或自定品牌
17	低压断路器	DZ47-10/1P	2只	正泰或自定品牌
18	接线排	TD-1025	2条	电源进线端子座
19	接零排	CKA3-0711B，7孔	1条	浙江诚开或自定零线端子座
20	接地排	CK-018145，10孔	1条	浙江诚开或自定
21	交流接触器	CJ10-20，线圈电压 380V	1只	品牌自定
22	交流接触器	CJX1-12/22，线圈电压 380V	1只	品牌自定
23	热继电器	JR16-20/3D	2只	品牌自定
24	二联按钮	LA4-2H	2只	品牌自定
25	信号灯	SDY 红色，380V	2只	品牌自定
26	信号灯	SDY 绿色，380V	2只	品牌自定
27	二联信号灯座	与信号灯配套	2个	品牌自定
28	白炽灯泡	螺口，100W	6只	品牌自定
29	白炽灯泡灯头、灯座	与白炽灯泡配套	6只	品牌自定
30	普通家居插座	2眼，10A，250V	6只	含明装底盒
31	普通家居插座	3眼，16A，250V	3只	含明装底盒
32	电炉	1kW，220V	1只	品牌自定
33	低压电力电容器	BCMJ0.4-2-3，39μF	1只	无锡韩电或自定
34	低压电力电容器	BCMJ0.4-4-3，79μF	1只	无锡韩电或自定
35	低压电力电容器	BCMJ0.4-6-3，118μF	1只	无锡韩电或自定
36	三相异步电动机	Y112M-4，4kW，380V 或自选 4kW 以下	1台	
37	连接软导线	BVR-1.5mm^2	若干	
38	连接软导线	BVR-2.5mm^2	若干	
39	固定螺钉、螺母	$\phi 4 \times 25$	若干	
40	金属固定导轨	与低压断路器配套	1米	
41	行线槽	24mm 宽	4米	

注：规格、型号未注明的根据实际条件自定。

3．技术资料准备

（1）准备好示波器、功率表、交流电压表、电流表等仪器仪表以及荧光灯、电容器等电气设备的使用说明书。

(2) 准备好《建筑照明设计规范 GB50034—2004》。
(3) 准备好《电气照明装置施工及验收规范 GB 50259—1996》。
(4)《电工手册》一本。

三、工作评价

任务完成过程考评表同表 1.1.3，参见《电工基础技术项目工作手册》项目四中任务一的任务完成过程考评表。

任务二　加工车间三相供配电装置动力负载电路的设计、安装和调试

一、任务准备

（一）教师准备

(1) 教师准备好加工车间三相供配电装置三相动力负载电路的相关演示课件。
(2) 任务实施场地检查、任务实施材料、工具、仪器仪表等准备、技术和技术资料准备、组织管理措施、任务实施场所安全技术措施和管理制度等参考任务一。
(3) 任务实施计划和步骤：① 任务准备、学习有关知识；② 设计、安装接线；③ 测试三相对称电源；④ 测试三相对称负载；⑤ 测试结果分析；⑥ 工作评价。

（二）学生准备

(1) 衣着整洁，穿戴好劳保用品；无条件的学校，由学生自行穿好长袖衣、长裤和皮鞋等。
(2) 掌握好安全用电规程和触电抢救技能。
(3) 检查好材料、工具、仪器仪表。在实验员指导下，每个项目小组检查好材料、工具、仪器仪表等物资是否正常和合乎使用标准，对不符合使用标准的应予以更换。
(4) 学生准备好《电工基础技术项目工作手册》、记录本以及铅笔、圆珠笔、三角板、直尺、橡皮擦等文具。

（三）实践应用知识的学习

知识学习内容 1　认识三相对称交流电源

由三相对称交流电源供电的电路，简称三相电路。三相对称交流电源是指能够提供三个频率相同、幅值相等而相位不同的电压或电流的电源。对一般工厂来说三相对称交流电源是由电力网经过三相电力变压器提供的，而电力网中的三相对称交流电是由三相交流发电机产生的。

1891 年世界上第一台三相交流发电机在德国劳芬发电厂投产运行，并建成了第一条从劳芬到法兰克福的三相交流输电线路。由于三相电路输送电力比单相电路经济，三相交流电机的运行性能和效率也远较单相交流电机为优，因此，目前世界上电力系统和动力用电都几乎无一例外地采用三相制。

1. 三相交流电源的产生

1）三相交流发电机的结构

图 4.2.1 所示为一台两极的三相发电机的原理结构简图，它的主要部分是电枢和磁极。电枢是固定的，称为定子，其上对称地放置三组匝数相等、绕法一致、几何尺寸及材料完全相同的绕

组 A-X、B-Y、C-Z。绕组的始端（首端）标为 A、B、C，末端（尾端）标为 X、Y、Z，绕组首端之间（或末端之间）彼此相隔 120°电角度。

磁极是旋转的，称为转子。转子磁极上绕有线圈，称为励磁绕组。当通入直流电后，就形成磁场。若极面形状选择适当，可使定子与转子气隙中的磁场按正弦规律分布。转子由原动机带动，以匀速做逆时针转动，原动机的动力源有水力、风力、火力发电中的蒸汽热力等。

2）三相对称交流电动势产生的原理

三相发电机有三组闭合绕组（如图 4.2.2 所示）U_1-U_2、V_1-V_2、W_1-W_2。每组闭合绕组的两侧有效边分别嵌放在定子铁芯槽中。每相绕组两有效边在当转子转动时依次切割磁力线而产生正弦感应电动势，发出三相正弦交流电，从而构成对称的三相交流电源，如图 4.2.3 所示。导线切割磁力线，而产生感生电动势的道理，大家可参照本任务中知识技能拓展内容自习。

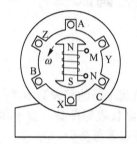

图 4.2.1　三相交流发电机结构简图（两极）

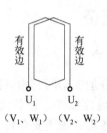

图 4.2.2　三相绕组

三相发电机定子的三相绕组中所产生的三相感应电动势具有如下特点：

（1）感应电动势的大小（最大值或有效值）相等。因为三相绕组的结构完全相同。

（2）感应电动势的频率相同，因为磁场对每一相绕组的相对转速是一样的，即三相绕组以同一转速切割磁力线。

（3）感应电动势的相位互差 120°电角度。在转子为一对磁极的情况下三相绕组在空间互差 120°对称分布，因而各相绕组切割磁力线的时间先后相差转子转过 120°所需的时间（实际的三相发电机不一定是一对磁极的，所以绕组在空间位置相差的机械角度不一定是 120°，但电角度必定相差 120°，以保证三相的对称）。

具有上述这些特点的三相电动势称为三相对称电动势，产生三相对称电动势的发电机便构成一个对称三相正弦交流电源。

2. 三相对称的正弦交流电源电压的表示方法

1）相电压瞬时值代数式表示

$$u_U = U_m \sin \omega t$$
$$u_V = U_m \sin(\omega t - 120°)$$
$$u_W = U_m \sin(\omega t + 120°)$$

2）相电压相量表示

它们有相同的振幅 U_m 和频率，而三者的相位却互差 120°电角度（即 1/3 周期）。三相电压的相量分别为

$$\dot{U}_U = U_P \angle 0°, \quad \dot{U}_V = U_P \angle -120°, \quad \dot{U}_W = U_P \angle +120°$$

三相相量图如图 4.2.4 所示。式中 U_P 是相电压 u 的有效值（$U_P = U_m / \sqrt{2}$）。

3）三相相电压波形图

三相相电压的瞬时值用波形表示时，如图 4.2.5 所示。

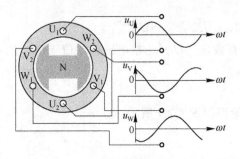

图 4.2.3 三相绕组产生三相对称的交流电源原理图

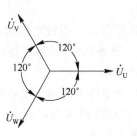

图 4.2.4 三相对称交流电相量图

3．三相对称的正弦交流电相序

三相电源中各相电压超前或滞后的排列次序称为相序。若 U 相电压超前 V 相电压，V 相电压又超前 W 相电压，这样的相序是 U-V-W 相序，称为正序；反之，若是 U-V-W 相序，则称为负序（又称逆序）。三相电动机在正序电压供电时转子正转，改成负序电压供电时则反转，因此，使用三相电源时必须注意它的相序。许多需要正反转的生产设备可利用改变相序方法来实现三相电动机正反转控制。

4．三相对称的正弦交流电源连接方式

三相电源连接方式通常有两种：一种是星形连接（Y），另一种称为三角形连接（△）。

1）三相电源的星形连接

（1）基本概念

① 三相电源的星形连接：将对称三相电源的三个绕组的相尾（末端）U_2、V_2、W_2 连在一起，相头（首端）U_1、V_1、W_1 引出作输出线，这种连接称为三相电源的星形连接，如图 4.2.6 所示。

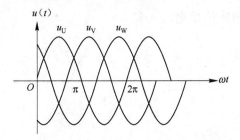

图 4.2.5 三相对称交流电波形图

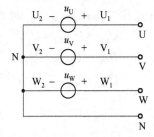

图 4.2.6 三相对称交流电源星形连接方式

② 中性线：连接在一起的 U_2、V_2、W_2 点称为三相电源的中性点，用 N 表示，当中性点接地时称为零点。从中性点引出的线称为中性线，当中性点接地时称为零线，但与地线不同。

③ 相线：从三个电源首端 U_1、V_1、W_1 引出的线称为端线（图 4.2.6 中为 U、V、W），俗称火线。

④ 相电压：端线到中性线之间的电压称为相电压，用符号 u_{UN}、u_{VN}、u_{WN} 表示。常以 u_{UN} 作为参考电压。

⑤ 线电压：端线到端线之间的电压称为线电压，用 u_{UV}、u_{VW}、u_{WU} 表示。规定线电压的方向分别是由 U 线指向 V 线，V 线指向 W 线，W 线指向 U 线。

（2）特点

$$u_{UV} = u_{UN} - u_{VN}, \quad u_{VW} = u_{VN} - u_{WN}, \quad u_{WU} = u_{WN} - u_{UN}$$

用相量形式表示为

$$\dot{U}_{UV} = \dot{U}_{UN} - \dot{U}_{VN} \quad \dot{U}_{VW} = \dot{U}_{VN} - \dot{U}_{WN} \quad \dot{U}_{WU} = \dot{U}_{WN} - \dot{U}_{UN}$$

假设

$$\dot{U}_{UN} = U_P e^{j0°}, \quad \dot{U}_{VN} = U_P e^{-j120°}, \quad \dot{U}_{WN} = U_P e^{j120°}$$

则
$$\dot{U}_{UV} = \dot{U}_{UN} - \dot{U}_{VN} = \sqrt{3}U_P e^{j30°} = U_l e^{j30°}$$

由上式可得，三相线电压对称，线电压的有效值（U_l）是相电压有效值（U_p）的$\sqrt{3}$倍，即$U_l = \sqrt{3}U_p$，且各线电压超前相应的相电压30°。

（3）相量图

三相对称交流电源相电压和线电压关系相量图如图4.2.7所示。

2）三相电源的三角形连接

（1）基本概念

将对称三相电源中的三个绕组中 U 相绕组的相尾 U_2 与 V 相绕组的相头 V_1，V 相绕组的相尾 V_2 与 W 相绕组的相头 W_1，W 相绕组的相尾 W_2 与 U 相绕组的相头 U_1 依次连接如图4.2.8所示，由三个连接点引出三条端线 U、V、W，这样的连接方式称为三角形（也称△形）连接。

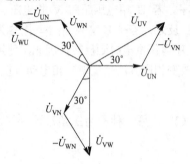 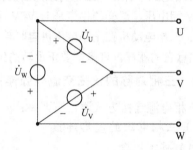

图4.2.7 三相对称交流电源星形连接相电压和线电压相量图　　图4.2.8 三相对称交流电源三角形连接方式

（2）特点

三相电源作三角形连接时，线电压就是相应的相电压，即

$$\dot{U}_{UV} = \dot{U}_{U1U2} = U_p e^{j0°} = U_l e^{j0°}$$
$$\dot{U}_{VW} = \dot{U}_{V1V2} = U_p e^{j-120°} = U_l e^{j-120°}$$
$$\dot{U}_{WU} = \dot{U}_{W1W2} = U_p e^{j120°} = U_l e^{j120°}$$

即 $U_l = U_p$。

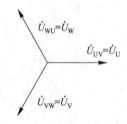

图4.2.9 三相对称交流电源三角形连接相电压和线电压相量图

（3）相量图

三相对称交流电源三角形连接时相电压和线电压关系相量图如图4.2.9所示。

（4）三相电源三角形连接时注意问题

因为对称电动势三个电动势之和为零，空载时，闭合回路内没有电流。必须注意，如果任何一相定子绕组接法相反，三个相电压之和将不再为零，在三角形连接的闭合回路中将产生更大的环行电流，造成严重恶果。所以相线不能接错，常先接成开口三角形，测出电压为零时再接成封闭三角形。

知识学习内容2　三相对称动力负载的连接

1. 三相对称动力负载星形连接

三相对称动力负载与三相电源成星形连接，如图4.2.10所示。

1）常用术语

（1）端线：由电源始端引出的连接线。

（2）中性线：连接两个中性点 N，N' 的连接线，如图 4.2.10 所示。

（3）相电压：指每相电源（负载）的端电压。

（4）线电压：指两端线之间的电压。

（5）相电流：流过每相电源（负载）的电流 $\dot{I}_{U'N'}$，$\dot{I}_{V'N'}$，$\dot{I}_{W'N'}$，有效值记作 I_P。

（6）线电流：流过端线的电流 $\dot{I}_U$，$\dot{I}_V$，$\dot{I}_W$，有效值记作 I_l。

（7）中线电流：流过中性线的电流 $\dot{I}_N$。

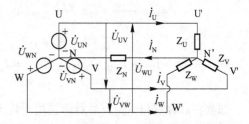

图 4.2.10 三相对称动力负载星形连接方式

2）三相四线制电路

（1）定义

在电源与负载都是星形连接的电路中，连接电源与负载有 4 条输电线，即三根端线与一根中性线，这样的连接叫三相四线制，用 Y/Y_0 表示，如图 4.2.11 所示。目前我国低压配电系统普遍采用三相四线制，线电压是 380 V，相电压是 220V。当负载不是对称负载时，应采用三相四线制连接。

（2）特点

$$\dot{I}_U = \frac{\dot{U}_U}{Z_U}, \quad \dot{I}_V = \frac{\dot{U}_V}{Z_V}, \quad \dot{I}_W = \frac{\dot{U}_W}{Z_W}$$

即
$$\dot{I}_N = \dot{I}_U + \dot{I}_V + \dot{I}_W$$

线电流等于相电流，$I_l = I_P$，中性线电流等于各相电流代数和。

（3）电压电流的相量图

电压电流的相量图如图 4.2.12 所示。

3）三相三线制电路

（1）定义：在电源与负载都是星形连接的电路中，连接电源与负载有三条输电线，即三根端线，这样的连接叫三相三线制，如图 4.2.13 所示。当负载是对称负载时，可以省略中性线，采用三相三线制连接。

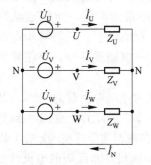 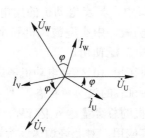 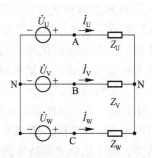

图 4.2.11 三相对称动力负载与三相电源 Y/Y_0 连接方式　　图 4.2.12 三相对称动力负载星形连接时电压和电流关系相量图　　图 4.2.13 三相对称动力负载与电源三相三线制连接图

（2）特点：线电流等于相电流，即 $I_l = I_P$，而 $\dot{I}_U + \dot{I}_V + \dot{I}_W = 0$，由于三个线电流的初相位不同，在某一瞬时不会同时流向负载，至少有一根端线作为返回电源的通路。

2．三相负载的三角形连接

1）定义

将三相负载首尾依次连接成三角形后，分别接到三相电源的三根端线上，这种连接称为三角形连接，如图 4.2.14 所示。

2）特点

$$\dot{I}_{U'V'} = \frac{\dot{U}_{U'V'}}{\dot{Z}_{U'V'}} = I_P e^{-j\varphi} \quad \dot{I}_{V'W'} = \frac{\dot{U}_{V'W'}}{\dot{Z}_{V'W'}} = I_P e^{-j(120°+\varphi)}, \quad \dot{I}_{W'U'} = \frac{\dot{U}_{W'U'}}{\dot{Z}_{W'U'}} = I_P e^{j(120°-\varphi)}$$

$$\dot{I}_U = \dot{I}_{U'V'} - \dot{I}_{W'U'}, \quad \dot{I}_V = \dot{I}_{V'W'} - \dot{I}_{U'V'}, \quad \dot{I}_W = \dot{I}_{W'U'} - \dot{I}_{V'W'}$$

则 $\dot{I}_U = \dot{I}_{U'V'} - \dot{I}_{W'U'} = \sqrt{3} I_P e^{-j(30°+\phi)} = I_L e^{-j(30°+\phi)}, \quad \dot{I}_V = I_L e^{-j(150°+\phi)}, \quad \dot{I}_W = I_L e^{j(90°-\varphi)}$

$$I_l = \sqrt{3} I_p$$

即接在对称三相电源上的对称三相负载为三角形连接时，线电流是相电流的 $\sqrt{3}$ 倍，其相位依次较对应的相电流滞后 30°。当 Y 负载为三相电动机之类的绝对对称负载时，不接中性线，电源可以是 Y 的，也可以是 △ 的。

3）相量图

三相动力负载三角形连接时相量图，如图 4.2.15 所示。

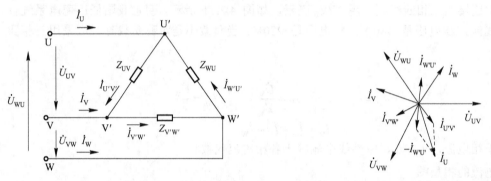

图 4.2.14 三相对称动力负载三角形连接图　　图 4.2.15 三相对称动力负载三角形连接时电压和电流相量图

知识学习内容 3　典型的三相对称动力负载

在生产制造型企业机械加工车间，在数控加工中心，在一条条自动化的流水线上，现代各种生产机械都广泛应用电动机来拖动。其中三相电动机就是典型的三相对称动力负载。三相电动机分三相异步电动机和三相同步电动机两类，以三相异步电动机应用最为广泛，全国电动机中 90%左右是异步电动机，而在电网负荷中，异步电动机的用电量却占 60%以上。三相异步电动机通常被用在金属切削机床、起重运输机械、中小型鼓风机和水泵等生产机械设备中，单相异步电动机则在家用电器、小型机械等产品中广泛使用。

据有关资料统计分析，按目前我国在役 10 亿台电动机考虑，耗电占电网总负荷的 60%，然而 70%以上是在低于设计额定负荷 30%~60%的欠负荷状态下"大马拉小车"的运行，使 30%或更高的用电被白白浪费掉。仅 5kW 以上电机的总容量达 6 亿 kW，每年就存在近四千亿度（kWh）以上的浪费。随电动机变频技术的普遍推广应用，对允许调速运行设备，如风机、水泵等的电机产生良好的节电功效。然而占 50%以上的工况要求恒速运行的电动机，如扶梯、传送带、冲床、车床、搅拌机、压铸机、球磨机等设备，其负载多变、且常有处于轻载或空载状态的时段或周期，变频器因其调频变速特性故在恒速运行或周期往复性瞬变运行下无法实现节电或效果不理想，因而 50%以上的应用电动机存在节电领域空白点。电动机的非经济运行情况，早已引起国家有关部门的高度重视，并于 1995 年、2006 年就已经分别出台了强制性国家标准：《三相异步电动机经济运行》（GB12497-1995 和 GB12497-2006），国标的发布对异步电动机经济运行起到了很大促进作用。

1．三相异步电动机的结构

三相异步电动机的定子由定子铁芯、定子绕组和机座三部分组成。定子铁芯（如图 4.2.16

所示）是主磁路的一部分。为了减少激磁电流和旋转磁场在铁芯中产生的涡流和磁滞损耗，铁芯由厚 0.5mm 的硅钢片（如图 4.2.17 所示）叠成。容量较大的电动机，硅钢片两面涂以绝缘漆作为片间绝缘。小型定子铁芯用硅钢片叠装、压紧成为一个整体后固定在机座内；中型和大型定子铁芯由扇形冲片拼成。在定子铁芯内圆，均匀地冲有许多形状相同的槽，用以嵌放定子绕组。小型三相异步电动机通常采用半闭口槽和由高强度漆包线绕成的单层(散下式)绕组，线圈与铁芯之间垫有槽绝缘。半闭口槽可以减少主磁路的磁阻，使激磁电流减少，但嵌线较不方便。中型三相异步电动机通常采用半开口槽。大型高压三相异步电动机都用开口槽，以便于嵌线。为了得到较好的电磁性能，中、大型三相异步电动机都采用双层短距绕组。

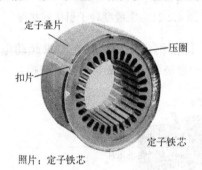
图 4.2.16 定子铁芯图

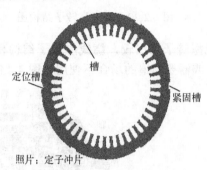
图 4.2.17 定子铁芯硅钢片图

转子由转子铁芯、转子绕组和转轴组成。转子铁芯也是主磁路的一部分，一般由厚 0.5mm 的硅钢片（结构与定子类同）叠成，铁芯固定在转轴或转子支架上。整个转子的外表呈圆柱形。根据转子绕组类型不同，转子分为鼠笼型和绕线型两类。

1）鼠笼型转子

鼠笼型绕组是一个自行闭合的绕组，它由插入每个转子槽中的导条和两端的环形端环（或整体在铁芯槽及其端部铸铝）构成，如果去掉铁芯，整个绕组形如一个"圆笼"，因此称为鼠笼型绕组（如图 4.2.18 所示）。为节约用铜和提高生产率，小型鼠笼型电动机一般都用铸铝转子；对中、大型电动机，由于铸铝质量不易保证，故采用铜条插入转子槽内、再在两端焊上端环的结构。

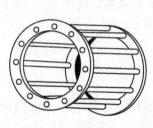
（a）插铜条转子

（b）铸铝绕组

图 4.2.18 鼠笼型转子绕组图

图 4.2.19 鼠笼型三相异步电动机结构图

鼠笼型感应电机结构简单、制造方便，是一种经济、耐用的电机。所以应用极广。图 4.2.19 表示一台小型鼠笼型三相异步电动机的结构图。

2）绕线型转子

绕线型转子（如图 4.2.20 所示）的槽内嵌有用绝缘导线组成的三相绕组，绕组的三个出线端接到设置在转轴上的三个集电环上，再通过电刷引出，如图 4.2.21 所示。这种转子的特点是，可以在转子绕组中接入外加电阻，以改善电动机的起动和调速性能。

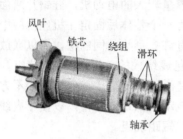 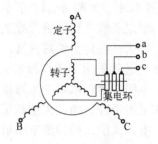

图 4.2.20　绕线型转子结构图　　　图 4.2.21　绕线型转子引线连接图

与鼠笼型转子相比较，绕线型转子结构稍复杂，价格稍贵，因此只在要求起动电流小、起动转矩大，或需要调遣的场合下使用。图 4.2.22 表示一台绕线型感应电动机的结构。

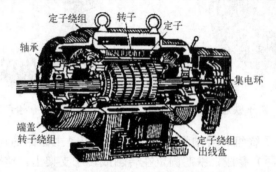

图 4.2.22　绕线型转子异步电动机结构图

为减小激磁电流、提高电机的功率因数，感应电动机的气隙选得较小，中、小型电机一般为 0.2～2mm。

2. 三相异步电动机的运行状态

三相异步电动机是利用电磁感应原理，通过定子的三相电流产生旋转磁场，并与转子绕组中的感应电流相互作用产生电磁转矩，以进行能量转换。正常情况下，三相异步电机的转子转速总是略低于旋转磁场的转速（同步转速），"异步"之名由此而来。旋转磁场的转速 n_s 与转子转速 n 之差称为转差。转差 Δn 与同步转速 n_s 的比值称为转差率，用 s 表示，即

$$s = \frac{n_s - n}{n_s}$$

转差率是表征电动机运行状态的一个基本变量。

当电动机的负载发生变化时，转子的转速和转差率将随之而变化，使转子导体中的电动势、电流和电磁转矩发生相应的变化，以适应负载的需要。按照转差率的正负和大小，电动机有电动机运行、发电机运行和电磁制动运行三种运行状态，如图 4.2.23 所示。

当转子转速低于旋转磁场的转速时（$n_s>n>0$），转差率 $0<s<1$。设定子三相电流所产生的气隙旋转磁场为逆时针转向，按右手定则，即可确定转子导体"切割"气隙磁场后感应电动势的方向，如图 4.2.23（a）所示。由于转子绕组是短路的，转子导体中便有电流流过。转子感应电流与气隙磁场相互作用，将产生电磁力和电磁转矩；按左手定则，电磁转矩的方向与转子转向相同，即电磁转矩为驱动性质的转矩 4.2.23（b）。此时电机从电网输入功率，通过电磁感应，由转子输出机械功率，电机处于电动机状态。

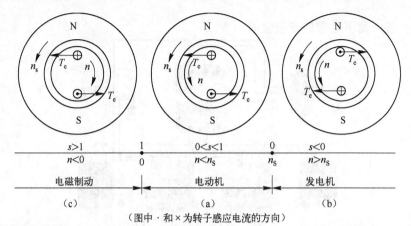

（图中·和×为转子感应电流的方向）

图 4.2.23 三相异步电动机三种运行状态

若电机用原动机驱动，使转子转速高于旋转磁场转速($n>n_s$)，则转差率 $s<0$。此时转子导体中的感应电动势以及电流的有功分量将与电动机状态时相反，因此电磁转矩的方向将与旋转磁场和转子转向两者相反，如图 4.2.23（b）所示，即电磁转矩为制动性质的转矩。为使转子持续地以高于旋转磁场的转速旋转，原动机的驱动转矩必须克服制动的电磁转矩；此时转子从原动机输入机械功率，通过电磁感应由定子输出电功率，电机处于发电机状态。

若由机械或其他外因使转子逆着旋转磁场方向旋转($n<0$)，则转差率 $s>1$。此时转子导体"切割"气隙磁场的相对速度方向与电动机状态时相同，故转子导体中的感应电动势和电流的有功分量与电动机状态时同方向，如图 4.2.23（c）所示，电磁转矩方向亦与图 4.2.23（a）中相同。但由于转子转向改变，故对转子而言，此电磁转矩表现为制动转矩。此时电机处于电磁制动状态，它一方面从外界输入机械功率，同时又从电网吸取电功率，两者都变成电机内部的损耗。

【例 4.2.1】 有一台 50Hz 的感应电动机，其额定转速 n_N=730 r/min，试求该机的额定转差率。

解 已知额定转速为 730 r/min，因额定转速略低于同步转速，故知该机的同步转速为 750 r/min，极数 $2p$=8。于是，额定转差率 s_{oN} 为

$$s_N = \frac{n_s - n_N}{n_s} = \frac{750-730}{750} = 0.02667 \quad (即2.667\%)$$

3．额定值

感应电动机的额定值如下。

（1）额定功率 P_N：指电动机在额定状态下运行时，轴端输出的机械功率。单位为千瓦（kW）。

（2）定子额定电压 U_N：指电机在额定状态下运行时，定子绕组应加的线电压。单位为伏（V）。

（3）定子额定电流 I_N：指电机在额定电压下运行，输出功率达到额定功率时，流入定子绕组的线电流。单位为安（A）。

（4）额定频率 f_N：指加于定子绕组上的电源频率，我国工频规定为 50 赫兹（Hz）。

（5）额定转速 n_{un}：电机在额定状态下运行时转子的转速，单位为转/分（r/min）。

除上述数据外，铭牌上有时还标明额定运行时电机的功率因数、效率、温升、定额等。对绕线型电机，还常标出转子电压和转子额定电流等数据。

二、任务实施

1．安装接线

在含网孔板的电工操作实训台网孔板上（或电气配电柜里面），按照图 4.2.24 所示的电气配电柜电器布置和接线要求，安装并连接好电源进线端子排、电源总开关、三相电机开关。注意电

器布置要紧凑一些，留下足够的安装空间。

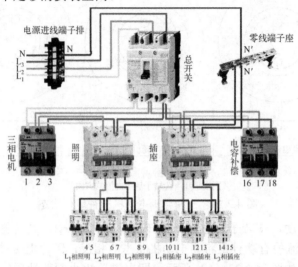

图4.2.24　加工车间电气配电柜电器布置和接线图

在网孔板剩余空间部位，按照图4.2.25所示的电器布置和接线要求，安装并连接好三相异步电动机的主电路和控制电路。把1、2、3号电源进线端子接到图4.2.24所示三相电机开关下方1、2、3号端子。

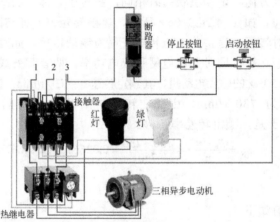

图4.2.25　加工车间三相异步电动机主电路和控制电路接线图

2．测试三相对称电源

接通三相电源，用双踪示波器观察并测量电源进线端子排处 L_1-N、L_2-N、L_3-N 三相相电压波形把它们绘制在波形方格纸上。

然后用双踪示波器观察并测量电源进线端子排处 L_1-L_2、L_2-L_1、L_2-L_3、L_3-L_2、L_3-L_1、L_1-L_3 6组三相线电压波形也把它们绘制在另一张波形方格纸上。

分析波形纸上三相对称相电压和线电压波形的特点：① 分析三相幅值、频率、初相之间的关系；② 分析三相对称相电压和线电压波形把横轴分成多少角度一个间隔；③ 分别分析三相电压和线电压波形正或负半波的交点（自然换相点）之间波形波头所占角度范围。

3．测试三相对称负载（三相异步电动机）

在电源总开关、三相电机开关分别合上后，然后再合上三相异步电动机控制电路的断路器开关，最后按下启动按钮。此时三相异步电动机空载运行。

在 1、2、3 号端子处用万用表交流挡分别测量相电压和线电压的大小并记录下来，用双踪示波器观察并测量三组线电压和对应相相电压波形并把它们绘制在波形方格纸上。分析比较线电压和对应相电压波形相位上的关系。

若有三相调压装置，可把三相电源线电压调整为 220V，把三相异步电动机在接线盒处接成三角形连接，按照上述要求进行测绘和分析。

三、工作评价

（一）知识答卷

参见《电工基础技术项目工作手册》项目四中工作任务二的知识水平测试卷。

（二）知识学习考评成绩

知识学习考评表同表 1.2.10，参见《电工基础技术项目工作手册》项目四中任务二的知识学习考评表。

（三）任务实施过程评价

工作过程考核评价表类同表 1.2.11，参见《电工基础技术项目工作手册》项目四中任务二的工作过程考核评价表。

任务三　加工车间三相供配电装置照明和插座电路的设计、安装和调试

一、任务准备

（一）教师准备

（1）教师准备好加工车间三相供配电装置照明和插座电路的相关演示课件。

（2）任务实施场地检查、任务实施材料、工具、仪器仪表等准备、技术和技术资料准备、组织管理措施、任务实施场所安全技术措施和管理制度等参考任务一。

（3）任务实施计划和步骤：① 任务准备、学习有关知识；② 设计、安装接线；③ 测试三相照明和插座负载；④ 数据分析；⑤ 工作评价。

（二）学生准备

（1）衣着整洁，穿戴好劳保用品；无条件的学校，由学生自行穿好长袖衣、长裤和皮鞋等。

（2）掌握好安全用电规程和触电抢救技能。

（3）检查好材料、工具、仪器仪表。在实验员指导下，每个项目小组检查好材料、工具、仪器仪表等物资是否正常和合乎使用标准，对不符合使用标准的应予以更换。

（4）学生准备好《电工基础技术项目工作手册》、记录本以及铅笔、圆珠笔、三角板、直尺、橡皮擦等文具。

（三）实践应用知识的学习

知识学习内容 1　三相星形连接不对称负载

只要三相电源、三相负载和三相传输线三者之一不对称就是不对称三相电路，而三相不对

称电路又以三相负载的不对称居多。三相负载不对称，是指至少有一相负载的复阻抗与其他相不同。实际工作中不对称三相电路大量存在，首先是大量的单相负载开关频繁，导致三相很难完全对称；其次是对称三相电路发生故障时，如断线、短路等，也就成了不对称三相电路。

常见的不对称电路有三种：第一种，向不对称星形连接负载供电的三相四线制电路；第二种，向不对称三角形连接负载供电的三相三线制电路；第三种，向不对称星形连接负载供电的三相三线制电路。在忽略传输线负载时，第一种电路的负载相电压仍是对称的，故可按三个单相电路分别进行计算；对于第二种电路，负载相电压也仍是对称的，故可先计算负载电流，再计算线电流；对于第三种电路，负载中性点要位移，可根据求得的中性点电压计算三相负载的电压和电流。

本项目照明和插座电路，在开始设计时，遵循三相负载平衡性的要求，即每相分配到的照明灯、插座数量和类型都应该基本相同，但在实际应用中，三相的照明灯和插座不都是同时有工作需要的，这就造成了三相负载正常情况下不能对称运行，另外电路由于短路、断路等故障情况也会造成不对称运行。下面着重来分析一下较常见的三相星形连接不对称负载电路的工作情况。

1. 星形连接负载不对称时的特点

星形连接负载不对称的三相电路如图 4.3.1 所示。图中三相电源 $\dot{U}_U$、$\dot{U}_V$、$\dot{U}_W$ 对称星形连接，三相负载 Z_U、Z_V、Z_W 不对称星形连接。

（1）中性点电压不为 0，根据节点电压法分析可知

$$\dot{U}_{N'N} = \frac{\dfrac{\dot{U}_U}{Z_U} + \dfrac{\dot{U}_V}{Z_V} + \dfrac{\dot{U}_W}{Z_W}}{\dfrac{1}{Z_U} + \dfrac{1}{Z_V} + \dfrac{1}{Z_W}} \neq 0$$

（2）三个相电压不对称，即

$$\dot{U}_{U'} = \dot{U}_{UN'} = \dot{U}_U - \dot{U}_{N'N}, \quad \dot{U}_{V'} = \dot{U}_{VN'} = \dot{U}_V - \dot{U}_{N'N}, \quad \dot{U}_{W'} = \dot{U}_{WN'} = \dot{U}_W - \dot{U}_{N'N}$$

（3）三个相电流（线电流）不对称，即

$$\dot{I}_U = \frac{\dot{U}_{U'}}{Z_U}, \quad \dot{I}_V = \frac{\dot{U}_{V'}}{Z_V}, \quad \dot{I}_W = \frac{\dot{U}_{W'}}{Z_W}$$

（4）三个负载相电压不对称，即

$$\dot{U}_{UN'} = Z_U \dot{I}_U, \quad \dot{U}_{VN'} = Z_V \dot{I}_V, \quad \dot{U}_{WN'} = Z_W \dot{I}_W$$

（5）中性线电流不等于 0，即

$$\dot{I}_N = Y_N \dot{U}_{N'N} = \dot{I}_U + \dot{I}_V + \dot{I}_W$$

（6）相量图，如图 4.3.2 所示。

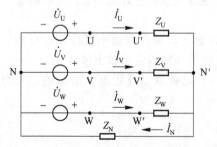
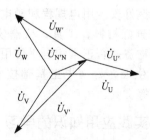

图 4.3.1　三相负载不对称星形连接电路图　　图 4.3.2　三相负载不对称星形连接电压相量图

【例 4.3.1】　试分析原对称星形连接的负载（无中线）有一相负载短路和断路时，各相电压

的变化的情况。

解 有一相负载短路和断路时，原对称三相电路成为不对称三相电路。

(1) 设 U 相负载短路，如图 4.3.3（a）所示。

$$\dot{U}_{N'N} = \dot{U}_U, \quad \dot{U}_{U'} = \dot{U}_U - \dot{U}_{N'N} = 0, \quad \dot{U}_{V'} = \dot{U}_V - \dot{U}_{N'N} = \dot{U}_V - \dot{U}_U$$

$$\dot{U}_{W'} = \dot{U}_W - \dot{U}_{N'N} = \dot{U}_W - \dot{U}_U, \quad U_{V'} = U_{W'} = \sqrt{3} U_U$$

很明显，从图 4.3.3（b）看到，V 相和 W 相负载将因电压过高，电流过大而损坏。当接了中性线，且 $Z_N = 0$ 时，$\dot{U}_{N'N} = 0$，U 相短路将使 U 相电流 $\dot{I}_U$ 很大，如果采用使 U 相熔丝断开的办法，保护电路，可对其他两相没有影响。

(2) U 相负载断路，如图 4.3.4（a）所示

$$\dot{U}_V = \frac{\dot{U}_{VW}}{2Z} \cdot Z = \frac{1}{2}\dot{U}_{VW}, \quad \dot{U}_{W'} = -\frac{\dot{U}_{VW}}{2Z} \cdot Z = -\frac{1}{2}\dot{U}_{VW}$$

$$U_{VW} = \sqrt{3} U_U, \quad U_{V'} = U_{W'} = \frac{\sqrt{3}}{2} U_U$$

很明显，从图 4.3.4（b）看到，V 相和 W 相的相电压是线电压的一半，若线电压为 380V，则 V 相和 W 相的相电压只有 190V，不能正常工作。

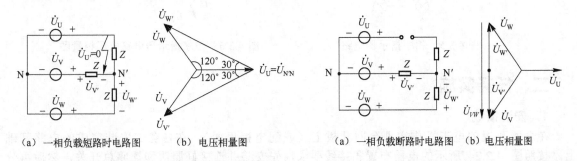

（a）一相负载短路时电路图　（b）电压相量图　　（a）一相负载断路时电路图　（b）电压相量图

图 4.3.3　三相负载一相短路时电路图和电压相量图　　图 4.3.4　三相负载一相断路时电路图和电压相量图

2. 不对称负载电路的注意事项

(1) 由单相负载组成的 Y-Y 三相四线制在运行时，多数情况是不对称的，中性点电压不等于 0，负载中性点电位发生位移，各负载上电压、电流都不对称，必须逐相计算。负载不对称而又没有中性线时，负载上可能得到大小不等的电压，有的超过用电设备的额定电压，有的达不到额定电压，都不能正常工作。为使负载正常工作，中性线不能断开。由三相电动机组成的负载都是对称的，但在一相断路或一相短路等故障情况下，形成不对称电路，也必须逐相计算。

(2) 不对称 Y 性三相负载，必须连接中性线。三相四线制供电时，中性线的作用是很大的，中性线使三相负载成为三个互不影响的独立回路，甚至在某一相发生故障时，其余两相仍能正常工作。中性线的作用在于，使星形连接的不对称负载得到相等的相电压。为了保证负载正常工作，规定中性线上不能安装开关和熔丝，而且中性线本身的机械强度要好，接头处必须连接牢固，以防断开。

(3) 由单相负载组成不对称 Y 性三相负载，安装时总是力求各相负载接近对称，中性线电流一般小于各线电流，中性线导线可以选用比三根端线小一些的截面。

(4) 因为中性点有位移，即使电源中性点 N 接地（中性线叫做零线），但负载中性点 N′与大地电位不等，因此零线和地线是有区别的。在安全保护措施上接地和接零也是不同的。

【例 4.3.2】 如图 4.3.5 所示电路是用来测定三相电源相序的仪器，称为相序指示器。任意

指定电源的一相为 U 相,把电容 C 接到 U 相上,两只白炽灯接到另外两相上。

设 $R=1/\omega C$,试说明如何根据两只灯的亮度来确定 V、W 相。

解 这是一个不对称的星形负载连接电路。设 $\dot{U}_U = Ue^{j0°}$

$$\dot{U}_{N'N} = \frac{\dot{U}_U j\omega C + \dot{U}_V G + \dot{U}_W G}{j\omega C + 2G}$$

$$\dot{U}_{N'N} = \frac{j + 1e^{-j120°} + 1e^{j120°}}{2+j} U = \frac{-1+j}{2+j} u = 0.632Ue^{j108.4°}$$

$$\dot{U}_{V'} = \dot{U}_V - \dot{U}_{N'N} = Ue^{-j120°} - 0.632Ue^{j108.4°} = 1.49Ue^{-j101°}$$

$$\dot{U}_{W'} = \dot{U}_W - \dot{U}_{N'N} = Ue^{j120°} - 0.632Ue^{j108.4°} = 0.4Ue^{j138.4°}$$

显然,从图 4.3.6 中看到,$U_{V'} > U_{W'}$,从而可知,较亮的灯接入的为 V 相,较暗的为 W 相。

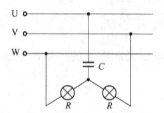

图 4.3.5 相序指示器电路

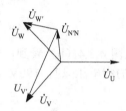

图 4.3.6 相序指示器电路电压相量图

二、任务实施

1. 安装接线

在含网孔板的电工操作实训台网孔板上(或配电柜里面),在任务二安装完成的电路基础上,按照图 4.2.24 所示的电器布置和接线要求,先安装并连接好照明和插座总开关,然后再分别连接好每相的照明和插座开关,电源零线接到零线端子座上。注意电器布置要紧凑一些,留下足够的安装空间。

在网孔板剩余空间部位,按照图 4.3.7 和图 4.3.8 所示的电器布置和接线要求,安装并连接好各相照明和插座电路。

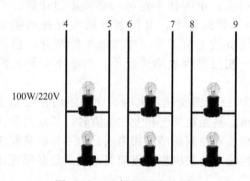

图 4.3.7 三相照明电路图

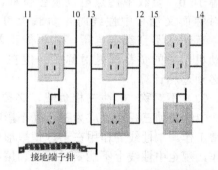

图 4.3.8 三相插座电路图

2. 测试三相负载

把交流电流表选择合适量程,分别接入到照明和插座电路的合适位置。若交流电流表数量不够,可在断开三相电源时,把交流电流表接入要测量的位置接通电源测量,此处测量好后再断开电源接到其他部位重新测量。

接通三相对称交流电源总开关，然后分别合上照明和插座总开关，最后再分别合上各相照明和插座开关。等照明和插座电路工作正常时，再用万用表、交流电流表分别测量电压和电流记入表 4.3.1 中。

三相负载测试可按 4 种工作情况进行测试：① 三相照明灯（共 6 盏）全开，三相插座不接电炉，图 4.2.24 中中性线 NN′ 存在；② 三相照明灯有一相开关断开（共 4 盏灯亮），对应三相插座这一相接入 1kW 电炉，中性线 NN′ 仍然存在；③ 对应第①种情况，把中性线 NN′ 撤出；④ 对应第②种情况，把中性线 NN′ 撤出。

4 种情况测试完毕，根据表 4.3.1 中数据分析三相负载星形连接时有哪些特点，把分析结论也填入表 4.3.1 中。

注意事项：① 本次三相负载测试时，电源电压较高，测试时要注意人身安全，不可接触导电部件，防止意外事故的发生；② 每次接线完毕后，同组同学应自查一遍，然后由指导教师检查后，方可接通电源。必须严格遵守"先接线后通电，先断电后拆线"的操作原则。

表 4.3.1　三相负载测试数据记录表

三相电源	三相负载				相电压			线电压			相电流			线电流			$I_{NN'}$ (A)	$U_{NN'}$ (V)
	照明灯			插座			$U_{UN'}$ (V)	$U_{VN'}$ (V)	$U_{WN'}$ (V)	U_{UV} (V)	U_{VW} (V)	U_{WU} (V)	$I_{UN'}$ (A)	$I_{VN'}$ (A)	$I_{WN'}$ (A)	I_{UV} (A)	I_{VW} (A)	I_{WU} (A)		
	连接方式	是否对称	有无中性线	连接方式	是否对称	有无中性线														
三相对称 Y_0	Y_0	是	有	Y_0	是	有														
		否	有		否	有														
	Y	是	无	Y	是	无														
		否	无		否	无														
分析结论：																				

三、工作评价

（一）知识答卷

参见《电工基础技术项目工作手册》项目四中工作任务三的知识水平测试卷。

（二）知识学习考评成绩

知识学习考评表类同表 1.2.10，参见《电工基础技术项目工作手册》项目四中任务三的知识学习考评表。

（三）任务实施过程评价

工作过程考核评价表类同表 1.2.11，参见《电工基础技术项目工作手册》项目四中任务三的工作过程考核评价表。

任务四　加工车间三相供配电装置的设计制作与调试

一、任务准备

（一）教师准备

（1）教师准备好加工车间三相供配电装置功率补偿电路的相关演示课件。

（2）任务实施场地检查、任务实施材料、工具、仪器仪表等准备、技术和技术资料准备、组织管理措施、任务实施场所安全技术措施和管理制度等参考任务一。

（3）任务实施计划和步骤：① 任务准备、学习有关知识；② 设计、安装接线；③ 三相四线制供电，测算负载星形连接（即 Y_0 接法）时的三相功率和功率因数；④ 三相三线制供电，测算三相负载功率和功率因数；⑤ 测量三相对称负载的无功功率；⑥ 测算结果分析；⑦ 工作评价。

（二）学生准备

（1）衣着整洁，穿戴好劳保用品；无条件的学校，由学生自行穿好长袖衣、长裤和皮鞋等。

（2）掌握好安全用电规程和触电抢救技能。

（3）检查好材料、工具、仪器仪表。在实验员指导下，每个项目小组检查好材料、工具、仪器仪表等物资是否正常和合乎使用标准，对不符合使用标准的应予以更换。

（4）学生准备好《电工基础技术项目工作手册》、记录本以及铅笔、圆珠笔、三角板、直尺、橡皮擦等文具。

（三）实践应用知识的学习

知识学习内容 1　三相负载的功率计算

1. 三相负载的有功功率

三相负载的有功功率可按下式计算：

$$P = P_U + P_V + P_W = U_U I_U \cos\varphi_U + U_V I_V \cos\varphi_V + U_W I_W \cos\varphi_W = I_U^2 R_U + I_V^2 R_V + I_W^2 R_W$$

（1）若三相负载是对称的，则有

$$U_U I_U \cos\varphi_U = U_V I_V \cos\phi_V = U_W I_W \cos\varphi_W = U_P I_P \cos\varphi_P$$

则三相总有功功率为

$$P = P_U + P_V + P_W = 3 U_P I_P \cos\varphi_P$$

式中，U_P、I_P 代表负载上的相电压和相电流有效值。

（2）当负载为星形连接时，有

$$U_P = \frac{U_l}{\sqrt{3}}, \quad I_P = I_l, \quad P = \sqrt{3} U_l I_l \cos\varphi_P = 3 I_P^2 R$$

（3）当负载为三角形连接时，有

$$U_P = U_l, \quad I_P = \frac{I_l}{\sqrt{3}}, \quad P = \sqrt{3} U_l I_l \cos\varphi_P$$

根据上述可知，对称三相电路的有功功率的计算公式为 $P = \sqrt{3} U_l I_l \cos\varphi_P$，与负载的连接方式无关,但 φ_P 仍然是相电压与相电流之间的相位差,由负载的阻抗角决定。

2. 三相负载的无功功率

三相负载的无功功率可按下式计算:

$$Q = Q_U + Q_V + Q_W = U_U I_U \sin\varphi_U + U_V I_V \sin\varphi_V + U_W I_W \sin\varphi_W = I_U^2 X_U + I_V^2 X_V + I_W^2 X_W$$

$$Q_P = U_P I_P \sin\varphi_P$$

同理,若三相负载是对称的,无论负载应接成星形还是三角形,则有

$$Q = Q_U + Q_V + Q_W = 3U_P I_P \sin\varphi_P = \sqrt{3} U_l I_l \sin\phi_P = 3I_P^2 X_P$$

3. 三相负载的视在功率

三相负载的视在功率可按下式计算:

$$S = \sqrt{P^2 + Q^2}$$

若三相负载对称,则

$$S = \sqrt{(\sqrt{3}U_l I_l \cos\varphi_P)^2 + (\sqrt{3}U_l I_l \cos\varphi_P)^2} = \sqrt{3} U_l I_l = 3U_P I_P$$

但要注意在不对称三相制中,视在功率不等于各相电压与相电流之和,即

$$S \neq S_U + S_V + S_W$$

4. 三相负载的功率因数

三相负载的功率因数可按下式计算:

$$\cos\varphi' = \lambda = \frac{P}{S}$$

若负载对称,则

$$\lambda = \frac{\sqrt{3}U_l I_l \cos\varphi_P}{\sqrt{3}U_l I_l} = \cos\varphi_P$$

故在对称情况下,$\cos\varphi' = \cos\varphi$ 是一相负载的功率因数,$\varphi' = \varphi$,即为负载的阻抗角。在不对称负载中,各相功率因数不同,三相负载的功率因数值无实际意义。

【例4.4.1】 有一对称三相负载,每相阻抗 $Z = 80 + j60\Omega$,电源线电压 $U_l = 380$ V。求当三相负载分别连接成星形和三角形时,电路的有功功率和无功功率。

解 (1) 负载为星形连接时:

$$U_P = \frac{U_l}{\sqrt{3}} = \frac{380}{\sqrt{3}} = 220 \text{ V}, \quad I_P = I_l = \frac{U_P}{|Z|} = \frac{220}{\sqrt{80^2 + 60^2}} = 2.2 \text{ A}$$

$$\cos\varphi_P = \frac{80}{\sqrt{80^2 + 60^2}} = 0.8, \quad \sin\varphi_P = 0.6$$

$$P = \sqrt{3} U_l I_l \cos\varphi_P = \sqrt{3} \times 380 \times 2.2 \times 0.8 = 1.16 \text{ kW}$$

$$Q = \sqrt{3} U_l I_l \sin\varphi_P = \sqrt{3} \times 380 \times 2.2 \times 0.8 = 0.87 \text{ kVar}$$

$$P = 3I_P^2 R_P = 3 \times 2.2^2 \times 80 = 1.16 \text{ kW}, \quad Q = 3I_P^2 X_P = 3 \times 2.2^2 \times 60 = 0.87 \text{ kVar}$$

(2) 负载为三角形连接时:

$$U_P = U_l = 380 \text{ V}, I_l = \sqrt{3} I_P = \sqrt{3} \frac{380}{\sqrt{80^2 + 60^2}} = 6.6 \text{ A}$$

$$P = \sqrt{3} U_l I_l \cos\varphi_P = \sqrt{3} \times 380 \times 6.6 \times 0.8 = 3.48 \text{ kW}$$

$$Q = \sqrt{3} U_l I_l \sin\varphi_P = \sqrt{3} \times 380 \times 6.6 \times 0.6 = 2.61 \text{ kVar}$$

5. 对称三相电路的瞬时功率

对称三相电路的瞬时功率为

$$p = p_U + p_V + p_W = u_U i_U + u_V i_V + u_W i_W, \quad P = \sqrt{3} U_l I_l \cos\varphi_P$$

即对称三相电路中，虽然各相功率是随时间变化的，但三相瞬时总功率等于平均功率，是不随时间变化的常数。因此，作为三相对称负载的电动机的转矩是恒定的，运转平稳，这种对称三相电路也称为平衡三相电路。

【例 4.4.2】 如图 4.4.1 所示的电路中，三相电动机的功率为 3 kW，$\cos\varphi = 0.866$，电源的线电压为 380 V，求图中两功率表的读数。

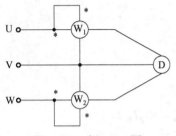

图 4.4.1 例 4.4.2 图

解 由 $P = \sqrt{3} U_l I_l \cos\varphi$，可求得线电流为

$$I_l = \frac{P}{\sqrt{3} U_l \cos\varphi} = \frac{3 \times 10^3}{\sqrt{3} \times 380 \times 0.866} = 5.26 \text{ A}$$

$$\dot{U}_U = \frac{380}{\sqrt{3}} e^{j0°} = 220 e^{j0°} \text{V}, \quad \phi = \arccos 0.866 = 30°$$

$$\dot{I}_U = 5.26 e^{-j30°} \text{A}, \quad \dot{U}_{UV} = 380 e^{j30°} \text{V},$$

$$\dot{I}_W = 5.26 e^{j90°} \text{A}, \quad \dot{U}_{WV} = 380 e^{j150°} \text{V}$$

故 $P_1 = \dot{I}_U \times \dot{U}_{UV} = 2 \text{ kW} \times P_2 = \dot{I}_W \times \dot{U}_{WV} = 5.26 \times 380 \cos 60° = 1 \text{ kW}$

【例 4.4.3】 有一台三相异步电动机接在线电压为 380 V 对称电源上，已知此电动机的功率为 4.5 kW，功率因数为 0.85，求线电流。

解 三相电动机是对称负载，不论什么接法，均有线电流

$$I_l = \frac{P}{\sqrt{3} U_l \cos\varphi} = \frac{4500}{\sqrt{3} \times 380 \times 0.85} = 8.04 \text{ A}$$

【例 4.4.4】 某三相异步电动机每相绕组的等值阻抗 $|Z| = 27.74\ \Omega$，功率因数 $\cos\varphi = 0.8$，正常运行时绕组为三角形连接，电源线电压为 380 V。试求：

（1）正常运行时相电流，线电流和电动机的输入功率；

（2）为了减小起动电流，在起动时改接成星形，试求此时的相电流，线电流及电动机输入功率。

解 （1）正常运行时，电动机为三角形连接，有

$$I_P = \frac{U_l}{|Z|} = \frac{380}{27.74} = 13.7 \text{ A}, \quad I_l = \sqrt{3} I_P = \sqrt{3} \times 13.7 = 23.7 \text{ A}$$

$$P = \sqrt{3} U_l I_l \cos\varphi = \sqrt{3} \times 380 \times 23.7 \times 0.8 = 12.48 \text{ kW}$$

（2）起动时，电动机改为星形连接

$$I_P = \frac{U_P}{|Z|} = \frac{380/\sqrt{3}}{27.74} = 7.9 \text{ A}, \quad I_l = I_P = 7.9 \text{ A}$$

$$P = \sqrt{3} U_l I_l \cos\varphi = \sqrt{3} \times 380 \times 7.9 \times 0.8 = 4.16 \text{ kW}$$

由此例可知，同一个对称三相负载接于一电路，当负载作三角形连接时的线电流是星形连接时线电流的三倍，作三角形连接时的功率也是作星形连接时功率的三倍。

知识学习内容 2　三相负载功率的测量

1. 三相四线制供电，负载星形连接（即 Y_0 接法）

对于三相不对称负载，用三个单相功率表测量，测量电路如图 4.4.2 所示，三个单相功率表的读数为 W_1、W_2、W_3，则三相功率 $P = W_1 + W_2 + W_3$，这种测量方法称为三瓦特表法。

对于三相对称负载，用一个单相功率表测量即可，若功率表的读数为 W，则三相功率 $P=3W$，称为一瓦特表法。

2．三相三线制供电

三相三线制供电系统中，不论三相负载是否对称，也不论负载是"Y"连接还是"△"连接，都可用二瓦特表法测量三相负载的有功功率。测量电路如图 4.4.3 所示。

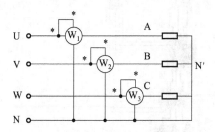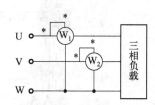

图 4.4.2　三瓦特表法测量三相负载有功功率原理图　　图 4.4.3　二瓦特表法测量三相负载有功功率原理图

若两个功率表的读数为 W_1、W_2，则三相功率
$$P = W_1 + W_2 = U_1 I_1 \cos(30°-\varphi) + U_1 I_1 \cos(30°+\varphi)$$

式中，φ 为负载的阻抗角（即功率因数角），两个功率表的读数与 φ 有下列关系：

（1）当负载为纯电阻，$\varphi=0$，$W_1=W_2$，即两个功率表读数相等；

（2）当负载功率因数 $\cos\varphi=0.5$，$\varphi=\pm60°$，将有一个功率表的读数为零；

（3）当负载功率因数 $\cos\varphi<0.5$，$|\varphi|>60°$，则有一个功率表的读数为负值，该功率表指针将反方向偏转，这时应将功率表电流线圈的两个端子调换（不能调换电压线圈端子），而读数应记为负值。对于数显式功率表将出现负读数。

3．测量三相对称负载的无功功率

对于三相三线制供电的三相对称负载，可用一瓦特表法测得三相负载的总无功功率 Q，测试电路如图 4.4.4 所示。功率表读数 $W=U_1 I_1 \sin\varphi$，其中 φ 为负载的阻抗角，则三相负载的无功功率 $Q=\sqrt{3}W$。

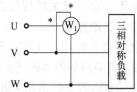

图 4.4.4　一瓦特表法测量三相对称负载无功功率原理图

知识学习内容 3　三相供电电路的无功补偿

在工厂车间三相供配电电路中，往往存在着大量的异步电动机，另外还可能存在大量的整流和变频设备，这些动力负载的存在，往往会使得三相供配电电路无功功率增加，使功率因数大大降低，尤其在大量的异步电动机频繁启动和空载运行情况下，使得功率因数降低得更为严重。如何在保证设备正常工作时，提高三相供配电电路的功率因数呢？在项目三的学习和训练中，我们已经清楚，要提高交流电路的功率因数，可以采用电力电容器进行无功补偿，同理对于工厂车间三相供配电装置要提高功率因数，可以接入三相电力电容器来完成，使得设计的三相供配电电气装置更适应生产的实际需要。

在三相供配电电气装置接入三相电力电容器进行无功补偿的典型线路如图 4.4.5 所示。

在图 4.4.5（a）所示线路中，三相交流电源由断路器（空气开关）接入，通过电子复合开关控制电力电容器的投切，何时投切电力电容器，即电子复合开关何时接通和断开线路，由控制器根据交流电源电压和电流过零时来控制电子复合开关。电子复合开关与电力电容器之间连接热继电器，可以在电容器线路过载时控制控制器的发出信号，从而控制电子复合开关切除线路过载电流。在这种线路中断路器（空气开关）主要有两点作用：① 正常不频繁接通或断开线路电源；② 在电力电容器相间击穿或线路出现相间短路时自动断开线路电源。图 4.4.5（b）所示线路由熔断器代替图（a）中的断路器（空气开关），实现对后接线路或电容器的短路保护。

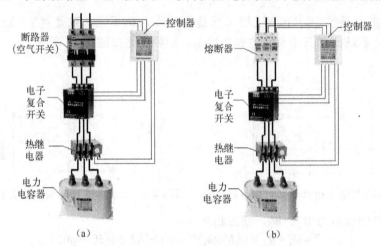

图 4.4.5　三相电力电容器无功补偿典型线路图

在图 4.4.5 所示线路中，为什么要采用电子复合开关而不直接采用断路器或交流接触器来投切电力电容器？主要因为断路器或交流接触器投入电容器时，三相交流电源未必就是在电源电压为零时，此时电容器线路因为电容器充电而有较大的冲击电流，长期频繁冲击电流影响，会造成开关触点熔焊故障。断路器或交流接触器切除电容器时，往往因为线路交流电流未过零，较大的线路电流也会使开关机械触点出现熔焊故障。但正常接通线路后，又由于机械触点有良好的接触性而使得线路损耗小。

晶闸管（结构、工作原理和应用在项目五会详细学习）是无机械触点的软开关，可以在投切电容器线路时克服断路器或交流接触器弊端，但正常接通线路时会存在较大的开关损耗。

电子复合开关把晶闸管和交流接触器两者优点结合起来，使晶闸管软开关与接触器的硬触点并联，由控制器根据交流电源电压或电流过零状态发出控制信号给电子复合开关，由内部晶闸管软开关投切电容器。投入结束后由接触器硬触点闭合使线路正常工作，切除时接触器硬触点断开，由晶闸管软开关切除电容器。

需要说明的是在电力电容器投切不是很频繁的情况下，电子复合开关可用交流接触器替代，线路整体接线如图 4.4.6 所示。交流接触器控制线路可参照项目四任务二中简单的电动机起保停控制线路，其接线如图 4.4.6 所示，其原理图如图 4.4.7 所示。

二、任务实施

1. 安装接线

在含网孔板的电工操作实训台网孔板上（或配电柜里面），在任务三安装完成的电路基础上，按照图 4.2.24 所示的电器布置和接线要求，先安装并连接好电容补偿开关，然后再在网孔板剩余空间部位，按照图 4.4.6 所示的电器布置和接线要求，安装并连接好三相电容器无功补偿线路。

2. 三相四线制供电，测算负载星形连接（即 Y_0 接法）时的三相功率和功率因数

1）用一瓦特表法测定三相对称负载三相功率，测量电路如图 4.4.8 所示，线路中的电

流表和电压表不要超过功率表电压和电流的量程。电压表、电流表、功率表分别连接在电源连接端子排的左侧 L_2 相线和 N 零线之间。经指导教师检查后，各组再接通三相电源开关以及电动机、照明线路开关，进行电压、电流、功率的测量及功率因数的计算，将数据记入表 4.4.1 中。

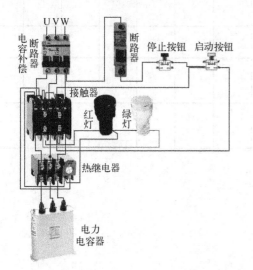

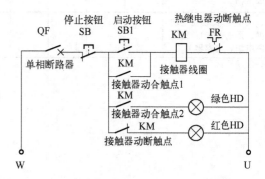

图 4.4.6　由接触器投切电容器无功补偿线路接线图　图 4.4.7　由接触器投切电容器无功补偿控制线路原理图

在上述测量和计算完成后，操作相关开关把电容器也作为三相负载接入三相线路，再重复上述的测量和计算，将数据也记入表 4.4.1 中。

2）用三瓦特表法测定三相不对称负载三相功率，测量电路如图 4.4.9 所示。三相测量仪表的接法同（1）。在 U 相插座电路中插接入一只电炉。经指导教师检查后，各组再接通三相电源开关以及电动机、照明、插座线路开关，进行电压、电流、功率的测量及功率因数的计算，将数据记入表 4.4.1 中。

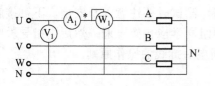

图 4.4.8　一瓦特表法测量三相星形连接对称负载有功功率原理图

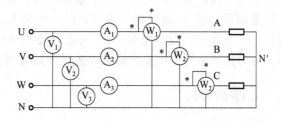

图 4.4.9　三瓦特表法测量三相星形连接不对称负载有功功率原理图

在上述测量和计算完成后，操作相关开关把电容器也作为三相负载接入三相线路，再重复上述的测量和计算，将数据也记入表 4.4.1 中。

根据表 4.4.1 中测量和计算的数据，分析比较下述三个方面问题：①三相负载对称和不对称连接情况下各相电压、电流、功率有何关系；②三相负载在接入和不接入电力电容器情况下线路功率因数如何变化；③按照所选容量的电力电容器接入线路，功率补偿是否已经达到工厂功率因数的要求，如果没有达到，分析所选容量达到多少才能满足要求。把分析结论填入表 4.4.1 中。

表 4.4.1　三相四线制负载星形连接测算数据记录表

负载情况	U 相				V 相				W 相			
	电压（V）	电流（A）	功率（W）	功率因数	电压（V）	电流（A）	功率（W）	功率因数	电压（V）	电流（A）	功率（W）	功率因数
Y_0 对称负载（电动机、照明灯）												
Y_0 对称负载（电动机、照明灯、电容器）												
Y_0 不对称负载（电动机、照明灯、U 相插座电炉）												
Y_0 不对称负载（电动机、照明灯、U 相插座电炉、电容器）												
分析结论：												

3．三相三线制供电，测算三相负载功率和功率因数

只要把图 4.2.24 所示线路中电源进线端子排与零线端子座之间的 NN′ 连线撤除，便形成了三相三线制供电线路。请同学们根据"知识学习内容 2　三相负载功率的测量"所述的方法和要求，自行设计、测算、分析用二瓦特表法测量三相负载 Y 连接的三相功率和功率因数的情况。

4．测量三相对称负载的无功功率

请同学们根据"知识学习内容 2　三相负载功率的测量"所述的方法和要求，自行设计、测算、分析用一瓦特表法测定三相对称星形负载的无功功率。

注意事项：① 本次三相负载测试时，电源电压较高，测试时要注意人身安全，不可接触导电部件，防止意外事故的发生；② 每次接线完毕后，同组同学应自查一遍，然后由指导教师检查后，方可接通电源。必须严格遵守先接线后通电，先断电后拆线的操作原则。

三、工作评价

（一）知识答卷

参见《电工基础技术项目工作手册》项目四中工作任务四的知识水平测试卷。

（二）知识学习考评成绩

知识学习考评表同表 1.2.10，参见《电工基础技术项目工作手册》项目四中任务四的知识学习考评表。

（三）任务实施过程评价

工作过程考核评价表类同表 1.2.11，参见《电工基础技术项目工作手册》项目四中任务四的工作过程考核评价表。

任务五 成果验收以及验收报告和项目完成报告的制定

一、任务准备

任务实施前师生根据项目实施结果要求，拟定项目成果验收条款，做好成果验收准备。成果验收标准及验收评价方案如表 4.5.1 所示。

表 4.5.1 项目四成果验收标准及验收评价方案

序号	验收内容	验 收 标 准	验收评价方案	配分方案
1	加工车间三相供电电路模拟装置功能	加工车间三相供电电路模拟装置功能满足以下 4 个功能要求： （1）三相电源、三相对称动力负载能正常工作； （2）三相照明和插座电路布局合理，照明灯和插座负载能正常工作； （3）三相功率补偿电路布局合理，能正常工作，满足车间供配电系统功率因数补偿要求； （4）整套装置整机能全部正常工作运行	（1）针对验收标准第（1）项功能，若三相电源和动力负载不能正常工作，验收成绩扣 15 分。 （2）针对验收标准第（2）项功能，若有灯不亮，每相灯验收成绩扣 10 分，都不亮本项验收成绩为 0；三相插座使电炉负载不能正常工作，本相验收成绩扣 15 分。 （3）针对验收标准第（3）项功能，电力电容器补偿电路不能正常工作，本项验收成绩扣 15 分；功率因数补偿，达不到标准，验收成绩扣 10 分。 （4）针对验收标准第（4）项功能。整机通电后出现冒烟、焦味、异声等故障现象，以及电路短路造成电路不能正常工作，本项验收成绩为 0 分	50
2	装配工艺	（1）元器件安装牢固不松动，接触良好； （2）元器件布局合理； （3）接线正确、美观、牢固，连接导线横平竖直、不交叉、不重叠； （4）整体装配符合要求	（1）元器件布局不合理，与电路其他功能模块混杂，每个元器件扣 5 分。 （2）元器件安装松动，每个元器件扣 5 分。 （3）导线接线错误，每处扣 10 分。 （4）导线连接松动，每根扣 5 分。 （5）导线不能横平竖直，且交叉、重叠。私拉乱接情况严重者，本项成绩为 0 分，情况较少者，每处扣 3 分。 （6）整体装配不符合规范，有影响电路应用性能和产品美观性等，每处扣 5 分	25
3	技术资料	（1）各部分设计的安装接线图制作规范、美观、整洁，无技术性错误； （2）电路调试过程观察、测量和计算的记录表、测绘的波形纸以及结论分析记录均完整、整洁	（1）各部分设计的安装接线图制作不规范，绘制符号与国标不符，每份扣 5 分；有技术性错误，每份扣 10 分；图纸每缺一份扣 10 分。 （2）测绘的波形纸不齐全，每缺一份扣 10 分，不整洁每份扣 5 分。 （3）记录表以及结论分析记录的填写不完整、不整洁，每份扣 5 分，每缺一份扣 10 分	25

二、任务实施

1．成果验收

项目工作小组之间按照标准互相进行成果验收评价，并制定验收报告。第 n 组对第 $n+4$ 组评价，若 $n+4>N$（N 是项目工作小组总组数），则对第 $n+4-N$ 组进行成果验收评价。

2．成果验收报告制定

项目验收报告书同表 1.5.2，参见《电工基础技术项目工作手册》项目四中任务五的项目验收报告书。

3．项目完成报告制定

项目验收报告书类同表 1.5.3，参见《电工基础技术项目工作手册》项目四中任务五的项目完成报告书。

三、工作评价

任务完成过程考评表同表 1.5.4，参见《电工基础技术项目工作手册》项目四中任务五的任务完成过程考评表。

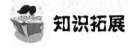
知识拓展

知识拓展 1　电椅和爱迪生

说到执行死刑，中国人习惯说"枪毙"，美国人习惯说"坐电椅"，这是有道理的。因为电椅是美国人发明的，世界上现在只有菲律宾和美国使用这种办法来处决死刑犯。

美国原先也和其他国家一样用绞刑。1887 年，有个死刑犯吊了好长时间才死，受尽了折磨。这件事被记者报道出来后，纽约州政府成立了一个委员会，责成他们找出一种更加人道的方法。

此事发生几年前，有个牙医目睹了一起触电事故，有个醉汉无意中摸了电门，被电死了。他把这件事告诉了自己的朋友，正巧这个朋友是纽约州的参议员，于是，电击法成了最佳选择。

这个方法有个问题：到底用交流电呢，还是直流电？要知道，直流电是著名发明家托马斯•爱迪生的领地。1882 年，他的"爱迪生电器公司"正式开始在美国各大城市推广直流电电网，试图把直流电作为行业标准。但是，爱迪生遇到了一个强有力的挑战者，他就是被后人誉为电磁学领域"鬼才"的尼古拉•特斯拉（Nikola Tesla）。特斯拉出生于克罗地亚，后移民美国。他受过良好的教育，尤其擅长数学。初到美国时他被推荐到爱迪生的电器公司，在那里他做出了好几项重大发明，但爱迪生没有付给他相应的报酬，于是特斯拉辞职单干，并于 1886 年研发出了交流电。

有过中学物理知识的人都知道，交流电最大的好处就是可以方便地变换电压，电压越高，传送电力时的电流就越低，热量消耗也就越低。特斯拉发明的"三相交流电输电线路"在传输电力的效率上比直流电要好很多，最终这项技术被威斯汀豪斯电气公司买下，成为爱迪生直流电网最大的竞争对手。

爱迪生当然要反击。于是，当他听说纽约州政府正在考虑用电椅的时候，本来不支持死刑的他突然改变了主意，大力推荐使用交流电。你想啊，如果交流电成了电椅的"行业标准"，谁还愿意用它来做饭烧水呢？

为了达到自己的目的，爱迪生动用了一切手段宣传交流电比直流电更危险。他雇用中学生抓捕了很多流浪猫狗，然后用交流电当众把它们电死。这些血淋淋的情景被报道出来后，确实引起了很多市民的恐慌，天平渐渐向爱迪生这边倾斜了。

1889 年，纽约州政府终于决定使用交流电，并责成一位名叫哈罗德•布朗（Harold Brown）的电器工程师制作史上第一把电椅。这个布朗其实是爱迪生的雇员，他是被爱迪生秘密雇来研究电击的。但是，威斯汀豪斯公司拒绝把自己的交流电发电机卖给纽约州政府，爱迪生便指使布朗伪造了一份合同，把三台发电机先运到南美某个不存在的大学，再转运回纽约。

同年，有个名叫威廉•凯姆勒（William Kemmler）的倒霉蛋用斧子砍死了自己的老婆，被判处死刑。眼看纽约州政府打算用他来"试椅"，威斯汀豪斯公司决定出钱雇用律师为他辩护。但爱迪生知道此事后，也出钱雇用律师进行反辩护。最终爱迪生赢了，凯姆勒被判死刑。

死刑定在了 1890 年 8 月 6 日执行。第一次通电用的是 1000 V 交流电，一共持续了 17 秒，凯姆勒表情痛苦地挣扎半天之后，居然没有死。原来执行者没有经验，使用的电压过低。于是，可怜的凯姆勒又被执行了第二次死刑，这一次用了 2000 V。据旁观者说，凯姆勒的身上着火了，行刑室里充满了烤肉的味道。这一次，凯姆勒终于死了。

第一次行刑的挫折并没有阻碍电椅成为美国使用最广泛的死刑执行方法，但后来这个方法还是因为不够人道，逐渐被注射法代替。

那么，交流电真的比直流电更危险吗？实验表明，电通过人体时会产生热量，把人体组织烧坏，直流电和交流电在这个方面的威力是相同的。但是，交流电还有另一个杀人的招数——引发心室颤动（Ventricular Fibrillation），中断血液循环，致人死亡。原来，心脏是人体中唯一一个需要进行不间断有节律收缩的器官，心肌收缩的频率是由一群特殊的"节律细胞"发出的电信号来控制的。我们所熟悉的心电图测量的正是这种电信号。

研究表明，如果使用交流电，只需要 60 mA 的电流通过胸腔就能干扰电信号，引发心室颤动，而使用直流电的话，则需要 300~500 mA 才行。

当然，爱迪生并不知道这些，他唯一的目的就是妖魔化交流电，打垮威斯汀豪斯。为了宣传交流电的危害，他甚至于 1903 年亲自电死过一头大象，还雇人把这一过程拍摄下来，广为播放。

但是，交流电的好处并不因为爱迪生的诋毁而被忽视。不久之后，甚至连爱迪生自己的电器公司都决定改用交流电，并去掉了公司名称前面的"爱迪生"，最终变成了著名的"通用电气"（GE）。

爱迪生为什么如此固执呢？最主要的原因就在于他数学不行。爱迪生只上过三个月的学，他所做的发明全是凭自己的经验和勤奋。但是，交流电和直流电非常不同，要想真正理解交流电的工作原理，必须精通数学，这恰恰是爱迪生的弱项，于是他始终都未能真正理解交流电的好处究竟在哪里。

据说在爱迪生死后，美国媒体都不惜笔墨赞美他的功绩，只有他的对手特斯拉提出了不一样的观点。"他（爱迪生）用的方法的效率非常低，经常做一些事倍功半的事情。"特斯拉说，"他如果知道一些起码的理论和计算方法，就能省掉 90%的力气。他无视初等教育和数学知识，完全信任发明家的直觉和建立在经验上的感觉。"

但是，聪明的特斯拉日子也不好过。由于性格怪僻，不善经营，特斯拉没有从自己的发明中赚到什么钱，最后死于贫困潦倒之中。

知识拓展 2 电磁铁与门铃

早在战国时期，我们的祖先就发明了指南针。自那以后，人类就开始利用磁的性能为人类服务了。但是，在 17 世纪以前，人们并不知道电和磁之间有什么联系，只是在一次偶然的事件中，人们发现电可以生磁。

在 17 世纪的时候，有一天，狂风大作，雷电交错，一家皮鞋作坊不幸被雷电袭击。暴风雨过后，作坊主回到作坊里，他很惊奇地发现，鞋钉和缝针都粘到铁锤和砧子上去了，就像磁石能把钉子吸起来那样。当时科学家仔细地研究了这一奇怪的现象，发现这种现象是雷电使铁锤和砧子等磁化所造成的。后来，人们就把电线绕到铁块上，制成了电磁铁。

到了 19 世纪，法拉第用实验证明：电可以产生磁，磁也可以产生电。1831 年 8 月，法拉第把两个线圈绕在一个铁环上，线圈 A 接直流电源，线圈 B 接电流表，他发现，当线圈 A 的电路接通或断开的瞬间，线圈 B 中产生瞬时电流。法拉第发现，铁环并不是必须的。拿走铁环，再做这个实验，上述现象仍然发生。只是线圈 B 中的电流弱些。为了透彻研究电磁感应现象，法拉第做了许多实验。1831 年 11 月 24 日，法拉第向皇家学会提交的一个报告中，把这种现象定名为"电磁感应现象"，并概括了可以产生感应电流的 5 种类型：变化的电流、变化的磁场、运动的恒定电流、运动的磁铁、在磁场中运动的导体。法拉第之所以能够取得这一卓越成就，是同他关于各种自然力的统一和转化的思想密切相关的。正是这种对于自然界各种现象普遍联系的坚强信念，支持着法拉第始终不渝地为从实验上证实磁向电的转化而探索不已。这一发现进一步揭示了电与磁的内在联系，为建立完整的电磁理论奠定了坚实的基础。从此，科学家们把电和磁完全联系起来了。

电磁铁具有广泛的应用，最早也是最简单的一种应用可能要数电铃了。电铃主要部件是一个马蹄形电磁铁，电磁铁上有一块衔铁，它和弹簧片相连接，衔铁的一端有一个小锤，锤和铃盖之间有一个小空隙。按钮就是电铃的开关，按下按钮接通电流，铁芯被磁化，将衔铁向下吸，小锤就会碰击铃盖，发出叮呤的声音。在衔铁被吸向下的同时，接触螺钉与弹簧片断开，电流中断，电磁铁失去磁性，衔铁又被弹回原处。在衔铁复位的同时电流再次接通，小锤又敲击一下铃盖，这样，在按下电钮期间，清脆的门铃声就响个不停了。当然，随着技术的发展，五花八门的电铃就应运而生了。

如今电磁铁的应用已相当广泛。例如，你每天都能欣赏到美妙的音乐，还得靠电磁铁这玩艺儿呢，因为电视机、收音机等的扬声器中，就是由一块电磁铁和一个小振片来产生动听的声音的。再如工厂里有个"大力士"就叫电磁起重机，它线圈通电能吸起并搬动成吨重的碎铁块。

知识拓展 3 磁路及其基本定律

电能的应用遍及城乡，大量的用电设施（如电动机、变压器、电磁铁、电工测量仪表等）中，铁磁性元件的应用占有相当大的比重。因此，除电路与电路分析外，磁路以及电磁关系的分析也是电工技术中的重要基础。

1. 磁路基础

磁路是由铁芯与线圈构成的让磁通集中通过的闭合回路，如图 4.6.1 所示。

描述磁路及磁场的基本物理量有：磁感应强度 B、磁场强度 H、磁通量 Φ 及磁导率 μ，这些基本物理量的定义在物理中已学过，不再赘述。

构成磁路的重要材料是铁磁性材料，铁磁性材料的磁性能与损耗是分析磁路所必须熟知的。

铁磁性材料主要有铸钢、硅钢片、铁及其与钴镍的合金、铁氧体等，它们在外磁场的作用下将被强烈地磁化，使磁场显著增强，可以把绝大部分磁力线集中在其内部和一定的方向上。

高导磁性、磁饱和性和磁滞性是铁磁性材料的三大主要性能。

高导磁性材料的相对磁导率 μ_r 很大（数千乃至数万以上），且随磁场强度 H 的不同而变化，这是由于构成铁磁性材料的微观分子团具有磁畴结构（关于磁畴的概念物理学中已有详述）。利用优质的磁性材料可以实现励磁电流小，磁通足够大的目的，可以使同一容量的电动机设施的重量和体积大大减轻和减小。

磁饱和性即磁性材料的磁化磁场 B（或 Φ）随着外磁场 H（或 I）的增强，并非无限地增强，而是当全部磁畴的磁场方向都转向与外磁场一致时，磁感应强度 B 不再增大，达到饱和值。亦即铁磁性材料的磁化曲线是非线性的，如图 4.6.2 所示。为了尽可能大地获得强磁场，一般电动机铁芯的磁感应强度常设计在曲线的拐点 a 附近。

磁滞性则主要表现在当磁化电流为交变电流使磁性材料被反复磁化时，磁化曲线为封闭曲线，称为磁滞回线。如图 4.6.3 所示，回线具有对称性，B_m 为饱和磁感应强度，当磁化电流减小使 H 为 0 时，B 的变化滞后于 H，有剩磁 B_r。为消除剩磁，需加反向磁场 H_c，称为矫顽磁力。产生磁滞现象的原因是铁磁材料中磁分子在磁化过程中彼此具有摩擦力而互相牵制，由此引起的损耗叫磁滞损耗。

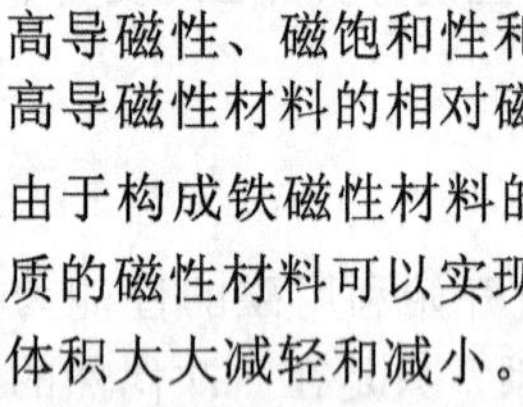

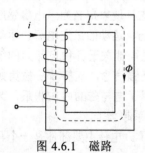
图 4.6.1 磁路

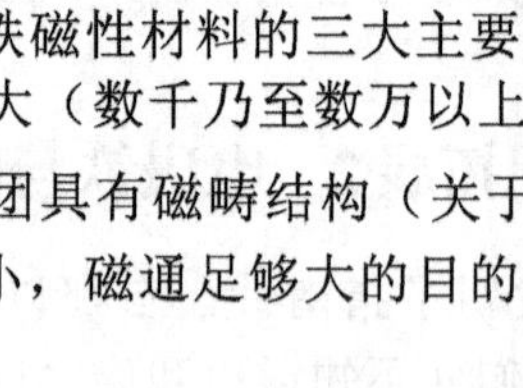

图 4.6.2 磁性材料的磁化曲线

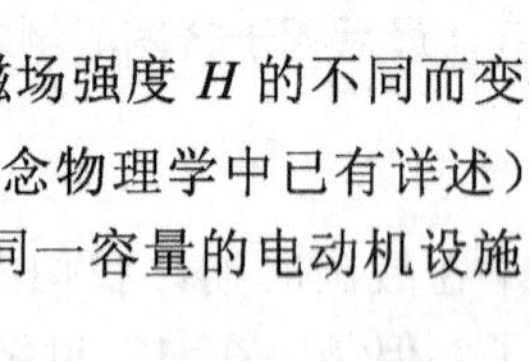

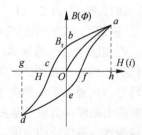
图 4.6.3 铁磁材料的磁滞回线

不同的铁磁性材料，其磁滞回线的面积不同（物理学上可证明，单位体积的铁磁材料因磁滞性引起的损耗正比于回线的面积），形状也不同。据此可将铁磁材料分为三大类：第一类是软磁性材料，其回线呈细长条形，B_r小，H_c也小，磁导率高，易磁化也易退磁，常用作交流电器的铁芯，如硅钢片、坡莫合金、铸钢、铸铁、软磁铁氧体等；第二类是硬磁性材料，回线呈阔叶形状，B_r较大，H_c也较大，常在扬声器、传感器、微电机及仪表中使用，是人造永久磁铁的主要材料，如钨钢、钴钢等；还有一种回线呈矩形形状的铁磁材料，B_r大，但H_c小，称为矩磁性材料，可以在电子计算机存储器中用作磁芯等记忆性元件。常见的铁磁性材料见表4.6.1。

表4.6.1 常用铁磁材料

类别 材料	μ_{max}	B_r（T）	H_c（A/m）
铸铁	200	0.475～0.500	800～1040
硅钢片	8000～10000	0.800～1.200	32～64
坡莫合金	20000～2000000	1.100～1.400	4～24
碳钢		0.800～1.100	2400～3200
钴钢		0.750～0.950	7200～20000
铁镍铝钴合金		1.100～1.350	40000～52000

2. 磁路基本定律

1）磁路的欧姆定律

磁路的欧姆定律是磁路中最基本的定律。图4.6.1所示的磁路叫均匀磁路，即材料相同截面相等的磁路。这种磁路中各点的磁场强度H大小相等，据磁场的安培环路定理（环路l见图4.6.1中）：

$$\oint_l \boldsymbol{H} \mathrm{d}l = H \oint_l \mathrm{d}l = NI，即 H = \frac{NI}{l}$$

而$\varPhi = BS = \mu HS = \mu S \dfrac{NI}{l}$，令$R_m = \dfrac{l}{\mu S}$，则

$$\varPhi = \frac{NI}{R_m} = \frac{F}{R_m} \tag{4-6-1}$$

式中，R_m与$\varPhi$成反比，反映对磁通的阻碍作用，称为磁阻，单位为（H^{-1}）。$F = NI$是产生$\varPhi$的原因，称为磁动势，单位为（A）。因此，仿电路欧姆定律的含义，可将$\varPhi$称为磁流，式（4-6-1）便叫磁路的欧姆定律。

与电路欧姆定律相比较，形式相似。并且$I/S = J$为电流密度，$\varPhi/S = B$又称为磁流密度。但有一点需说明的是电路中的电阻是耗电能的，而磁阻R_m是不耗能的。

2）磁路的基尔霍夫定律

（1）非均匀磁路的环路磁压定律

一般形式的磁路，材料不一定相同，或截面不等，有的还具有极小的空气隙，如电机的磁路、继电器的磁路等，这样的磁路称为非均匀磁路。图4.6.4便可看作一个串联的非匀磁路，它具有继电器磁路的基本结构特点。

对于这样的磁路，H分段均匀

则
$$\oint \boldsymbol{H} \mathrm{d}l = \sum (H_i l_i) = NI \tag{4-6-2}$$

可写作
$$NI = H_1 l_1 + H_2 l_2 + H_0 \delta$$

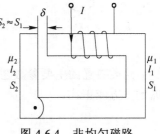

图4.6.4 非均匀磁路

式中，$H_i l_i$又常称作磁路的磁压降，所以式（4-6-2）便为非匀磁路的环路磁压定律，类似于电路的KVL定律。

（2）分支磁路的磁流定律（类似于KCL）

对于图4.6.5所示的磁路形式，据磁场的高斯定理：

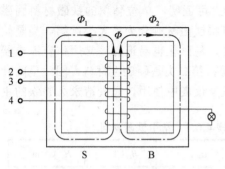

图 4.6.5 分支并联磁路

$$\oiint_s \boldsymbol{B}\mathrm{d}s = 0$$

则有
$$\oiint_s \boldsymbol{B}\mathrm{d}s = \sum_{(s内)} \phi_i = 0 \quad (4\text{-}6\text{-}3)$$

这便是类似于 KCL 的分支磁流定律。

3）磁路的分析与计算

在计算电机、电器等的磁路时，一般预先给定铁芯的磁通密度（即磁感应强度）B，然后按照所给的磁通及磁路各段的尺寸和材料去求产生预定磁通所需的磁动势 $F = NI$。

磁路欧姆定律从形式上看，可以解决磁路的计算问题，但由于磁导率 μ 一般并非常数，它随励磁电流而变，所以不能直接用欧姆定律去计算。

下面以非匀磁路图 4.6.4 的分析与计算为例，介绍其求解磁动势的一般步骤。

（1）由于各段磁路的截面不同，而磁通 Φ 相同，因此各段磁路中的磁感应强度 $B_i = \Phi/S_i$，由此求得 B_1、B_2、及 B_0，其中计算 B_0 时的截面 S_0 时，因 δ 很小，可以也取铁芯截面 S_2。

（2）据各段磁路材料的磁化曲线 $B = f(H)$，查得与上述 B_i 对应的磁场度 H_i。其中空气隙或其他非铁磁材料的磁场强度 $H_0 = B_0/\mu_0 = B_0/4\pi \times 10^{-7}$（A/m）可以直接计算。

（3）计算各段磁路的磁压 $H_i l_i$，即 $H_1 l_1$、$H_2 l_2$ 和 $H_0 \delta$。

（4）利用式（4-6-2）求出磁动势 NI。

3. 电磁铁磁路分析

利用铁芯线圈通电吸合衔铁或其他零件，断电便释放的一类电磁装置，是交、直流铁芯线圈最简单的应用。如电磁起重机、电磁吸盘、电磁式离合器、电磁继电器和接触器等，虽说它们作用各异，但均属于电磁铁类装置。

此类装置主要分为铁芯、线圈及衔铁三部分，它们的结构形式通常有图 4.6.6 所示的几种。

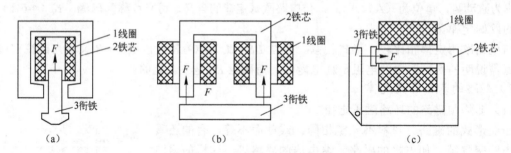

图 4.6.6 电磁铁的几种常见型式

此类装置的主要参数之一是它的吸力，吸力的大小与气隙的截面积 S_0 及气隙中磁感应强度 B_0 的平方成正比。

$$F = \frac{10^7}{8\pi} B_0^2 S_0 \text{ N} \quad (4\text{-}6\text{-}4)$$

式中，B_0 的单位是特斯拉（T）；S_0 的单位是平方米（m^2）。

交流电磁铁中磁场是交变的，设 $B_0 = B_\mathrm{m}\sin\omega t$，则吸力为

$$f = \frac{10^7}{8\pi} B_\mathrm{m}^2 S_0 \sin^2 \omega t = \frac{10^7}{8\pi} B_\mathrm{m}^2 S_0 \left(\frac{1-\cos 2\omega t}{2}\right)$$

$$= F_\mathrm{m}\left(\frac{1-\cos 2\omega t}{2}\right) = \frac{1}{2}F_\mathrm{m} - \frac{1}{2}F_\mathrm{m}\cos 2\omega t$$

式中 $F_\mathrm{m} = \dfrac{10^7}{8\pi} B_\mathrm{m}^2 S_0$ 是吸力的最大值。我们在计算时只考虑吸引力的平均值。

$$F = \frac{1}{T}\int_0^T f\mathrm{d}t = \frac{1}{2}F_\mathrm{m} = \frac{10^7}{16\pi} B_\mathrm{m}^2 S_0 \ \mathrm{N} \tag{4-6-5}$$

由式（4-6-5）可知，吸力在零与最大值 F_m 之间脉动（如图 4.6.7 所示）。因而衔铁以两倍电源频率在颤动，引起噪音，同时触头容易损坏。为了消除这种现象，可在磁极的部分端面上套一个分磁坏（图 4.6.8）。于是在分磁坏（或称短路环）中便产生感应电流，以阻碍磁通的变化，使在磁极两部分中的磁通 $\varPhi_1$ 与 $\varPhi_2$ 之间产生一相位差，因而磁极各部分的吸力也就不会同时降为零，这就消除了衔铁的颤动，当然也就除去了噪音。

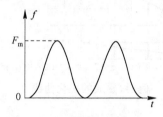

图 4.6.7　交流电磁铁的吸力

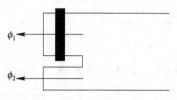

图 4.6.8　分磁环

在交流电磁铁中，为了减小铁损，它的铁芯是由钢片叠成的。而在直流电磁铁中，铁芯是用整块软钢制成的。

交直流电磁铁除有上述的不同外，在使用时我们还应该知道，它们在吸合过程中电流和吸力的变化情况也是不一样的。

在直流电磁铁中，励磁电流仅与线圈电阻有关，不因气隙的大小而变。但在交流电磁铁的吸合过程中，线圈中电流（有效值）变化很大。因为其中电流不仅与线圈电阻有关，还与线圈感抗有关。在吸合过程中，随着气隙的减小，磁阻减小，线圈的电感增大，因而电流逐渐减小。因此，如果由于某种机械障碍，衔铁或机械可动部分被卡住，通电后衔铁吸合不上，线圈中就流过较大电流而使线圈严重发热，甚至烧毁。这点必须注意。

【例 4.6.1】 有一直流电磁铁如图 4.6.9 所示，它的铁芯上绕有 4000 匝线圈，铁芯和衔铁的材料是铸钢，其磁化曲线见图 4.6.10。由于漏磁，通过衔铁横截面的磁通只有铁芯中磁通的 90%。如果衔铁正处在图中所示位置时，铁芯中磁感应强度为 1.6 T，试求此时线圈中电流和电磁铁的吸力。

解　由图 4.6.10 的磁化曲线查出，与铁芯中的磁感应强度 $B_1 = 1.6\ \mathrm{T}$ 相对应的磁场强度为 $H_1 = 5\times10^3\ \mathrm{A/m}$，则电磁铁铁芯中的磁通为

$$\varPhi_1 = B_1 S_1 = 1.6 \times 8 \times 10^{-4} = 12.8 \times 10^{-4}\ \mathrm{Wb}$$

空气隙中和衔铁中的磁通为

$$\varPhi_0 = \varPhi_2 = 90\%\varPhi_1 = 0.9 \times 12.8 \times 10^{-4} = 11.52 \times 10^{-4}\ \mathrm{Wb}$$

如果空气隙的横截面积与衔铁的横截面积相等，则空气隙中的磁感应强度和衔铁中的磁感应强度也相等，即

$$B_0 = B_2 = \frac{\varPhi_2}{S_2} = \frac{11.52\times10^{-4}}{8\times10^{-4}} = 1.44\ \mathrm{T}$$

由图 4.6.10 查得衔铁中的磁场强度为

$$H_2 = 3.3\times10^3\ \mathrm{A/m}$$

空气隙中的磁场强度为

$$H_0 = \frac{B_0}{\mu_0} = \frac{1.44}{4\pi\times10^{-7}} = 1.15\times10^6\ \mathrm{A/m}$$

因此，由式（4-6-2）可列出

$$4000I = 5\times10^3\times30\times10^{-2}+3.3\times10^3\times10\times10^{-2}+1.15\times10^6\times0.2\times10^{-2}\times2 = 1500 + 330 + 4600$$

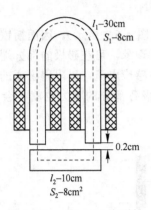

图 4.6.9　例 4.6.1 电磁铁

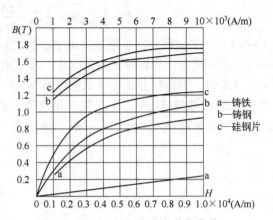

图 4.6.10　部分铁磁质的磁化曲线

解之，可得

$$I = 1.61 \text{ A}$$

由式（4-6-4）可求出电磁铁的吸力

$$F = \frac{10^7}{8\pi}\times1.44^2\times8\times10^{-4}\times2 = 1320 \text{ N}$$

【**例 4.6.2**】　图 4.6.11 是一拍合式交流电磁铁，其磁路尺寸为：$c = 4$ cm，$l = 7$ cm。铁芯由硅钢片叠成。铁芯和衔铁的横截面都是正方形，每边长度 $a = 1$ cm。励磁线圈电压为交流 220 V。今要求衔铁在最大空气隙 $\delta = 1$ cm（平均值）时须产生吸力 50 N，试计算线圈匝数和该时的电流值。计算时可忽略漏磁通，并认为铁芯和衔铁的磁阻与空气隙相比可以不计。

解　按已知吸力求 B_m（空气隙中的和铁芯中的可认为相等）。

由 $F = \dfrac{10^7}{16\pi}B_m^2 S_0$ 得

$$B_m = \sqrt{\frac{16\pi F}{S_0}\times10^{-7}} = \sqrt{\frac{16\pi\times50}{1\times10^{-4}}\times10^{-7}} \approx 1.6 \text{ T}$$

计算线圈匝数：

$$N = \frac{V}{4.44 f B_m S} = \frac{220}{4.44\times50\times1.6\times1\times10^{-4}} = 6200$$

求初始励磁电流：

$$\sqrt{2}IN \approx H_m\delta = \frac{B_m}{\mu_0}\delta$$

$$I = \frac{B_m\delta}{\sqrt{2}N\mu_0} = \frac{1.6\times1\times10^{-2}}{\sqrt{2}\times6200\times4\pi\times10^{-7}} = 1.5 \text{ A}$$

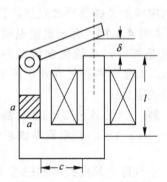

图 4.6.11　例 4.6.2 电磁铁

思考与练习

参见《电工基础技术项目工作手册》项目四的思考与练习。

项目五　触摸式延时开关的设计与制作

 项目介绍

　　公共场所和居民居住区的公共楼道在普遍使用机械手动开关的情况下，由于各种原因往往出现许多灯泡点亮长明的现象，不仅浪费电能，还使灯泡寿命缩短，为国家、单位、个人造成较大的经济损失。另外，由于机械手动开关频繁操作或其他人为因素，墙壁开关的损坏率很高，既增大了维修量、浪费了资金，又容易造成事故隐患，因此设计研制一种电路新颖、安全节电、结构简单、安装方便、故障率低、需要时接通不要时能自动关闭的自动节能开关显得相当有必要。

　　触摸式延时开关就是一种能满足要求的软开关（无机械触点进行硬接触），在公共场所和居民居住区的公共楼道安装这种开关控制楼道灯，触摸时灯亮，待人走后几十秒自动关闭，既方便，又省电。因此在这前提条件下，实施完成本项目就有着相当的现实意义。

项目实施步骤：
（1）项目实施文件制定及实施准备；
（2）触摸开关主电路和直流稳压电源的设计与制作；
（3）触摸采样控制电路的设计与制作；
（4）小电流晶闸管延时触发信号电路的设计与制作；
（5）成果验收并制定验收报告和项目完成报告。

项目实施必备的知识、技能主要包括：
（1）具有电阻器、电容器识别和选用的基本知识和基本应用能力；
（2）具有常用二极管、三极管、晶闸管等电子元件的识别和选用的基本知识和基本应用能力；
（3）具有元器件安装和导线连接的基本技能；
（4）具备数据采集、处理和分析的基本能力；
（5）具有 RC 一阶动态电路分析的基本知识和应用能力。

通过本项目的实施训练，最终达到知识、能力、素质的培养目标如下：
（1）掌握一阶动态电路的分析方法；
（2）能在电工电子产品电路设计时会正确应用一阶动态电路；
（3）会正确使用万用表等常用电工仪表来观察和测试一阶动态电路；
（4）掌握常用的二极管、三极管、晶闸管等电子元件应用的基本知识，并会正确识别和选用；
（5）会设计、制作和调试含一阶动态延时特性的电子电路，掌握电路设计的基本方法；
（6）巩固学生实验数据采集、处理和分析进行科学实验的基础能力；
（7）使学生能够熟悉企业生产的基本工艺流程和管理方法，培养学生基本的职业素质；
（8）培养学生严肃认真的科学态度；
（9）开发学生的创新设计能力，培养学生观察、思考和分析解决问题的思维能力；
（10）培养学生相互协作、与人沟通的能力以及集体荣誉感和团队精神；
（11）树立学生安全、质量意识；
（12）培养学生专业技术学习和应用的自信心，激发学生自我价值实现的成就感。

任务一　项目实施文件制定及工作准备

一、项目实施文件制定

1. 项目工作单

各项目小组参照表 1.1.1 项目一项目工作单，完成《电工基础技术项目工作手册》项目五中项目工作单的填写。

2. 生产工作计划

各项目小组参照项目一中任务一的生产工作计划，完成《电工基础技术项目工作手册》项目五中任务一生产工作计划编写。

二、工作准备

（1）工作场地检查：教师首先去任务实施的实验实训室巡视检查，并与实验实训室管理员联系，在任务实施期间是否与其他教学活动冲突，请管理员安排好场地，保证实验实训室整洁、明亮，有专业职业特色。检查教具等设施保证能正常工作。

（2）项目实施材料、工具、生产设备、仪器仪表等准备：每个项目小组按表 5.1.1 物资清单准备好材料、工具、生产设备、仪器仪表等。

表 5.1.1　物资清单

序号	材料、工具、生产设备、仪器仪表	规格、型号	数量	备注
1	电工实验台		1张	含 220V 交流电源插座，有漏电断路器、熔断器等保护电器
2	钢丝钳		1把	
3	尖嘴钳		1把	
4	剥线钳		1把	
5	一字螺钉旋具		1把	
6	十字螺钉旋具		1把	
7	验电笔		1支	
8	万用表		1只	
9	电工板		1块	
10	单相自耦调压器		1台	
11	普通家居开关	单极	1只	含明装底盒
12	连接软导线	BVR-1mm^2	若干	
13	整流二极管	IN4007	4个	
14	82kΩ	1/8W 碳膜电阻器		
15	56kΩ			
16	2.2MΩ		3个	
17	100kΩ、150kΩ、220kΩ		各1个	
18	5.5MΩ		1个	
19	小功率晶闸管	MCR100-8	1个	
20	PNP 型小功率三极管	9012	1个	
21	NPN 型小功率三极管	9013 或 3DG6	1个	
22	铝电解电容器	100μF/16V	1只	
23	普通发光二极管	红色、低电流通用，2mA 左右	1个	
24	稳压管	1N4742，12V	1个	
25	25W 白炽灯及灯具	家用、螺口	1套	
26	面包板		2块	
27	面包板接插导线		若干	

注：规格、型号未注明的根据实际条件自定。

(3) 技术资料准备：《电子元器件选用手册》或《电工手册》一本。

三、工作评价

任务完成过程考评表同表 1.1.3，参见《电工基础技术项目工作手册》项目五中任务一的任务完成过程考评表。

任务二 触摸开关主电路和直流稳压电源的设计与制作

一、任务准备

（一）教师准备

（1）教师准备好触摸开关主电路和直流稳压电源电路设计的演示课件。

（2）任务实施场地检查、任务实施材料、工具、仪器仪表等准备、技术和技术资料准备、组织管理措施、任务实施场所安全技术措施和管理制度等参考任务一。

（3）任务实施计划和步骤：① 任务准备、学习有关知识；② 触摸开关主电路设计；③ 直流稳压电源设计；④ 触摸开关主电路和直流稳压电源线路接线；⑤ 电路测试；⑥ 工作评价。

（二）学生准备

（1）衣着整洁，穿戴好劳保用品；无条件的学校，由学生自行穿好长袖衣、长裤和皮鞋等。

（2）掌握好安全用电规程和触电抢救技能。

（3）检查好材料、工具、仪器仪表。在实验员指导下，每个项目小组检查好材料、工具、仪器仪表等物资是否正常和合乎使用标准，对不符合使用标准的应予以更换。

（4）学生准备好《电工基础技术项目工作手册》、记录本以及铅笔、圆珠笔、三角板、直尺、橡皮擦等文具。

（三）实践应用知识的学习

知识学习内容1 二极管应用的基本知识

多数现代电子器件是由性能介于导体与绝缘体之间的半导体材料制成的。二极管应该算是半导体器件家族中的元老了。很久以前，人们热衷于装配一种矿石收音机来收听无线电广播，这种矿石后来就被制成了晶体二极管。为了从电路分析的角度理解这些器件的性能，首先必须从物理的角度了解它们的结构和工作的机理。

1. 二极管的结构

半导体二极管是由 PN 结两端接上电极引线并用管壳封装构成的，如图 5.2.1 所示。P 区引出的电极为半导体二极管的正极或阳极，N 区引出的电极为半导体二极管的负极或阴极。二极管的符号如图 5.2.2 所示。

图 5.2.1 常用二极管的外形结构

半导体二极管按其内部工艺结构的不同可分为点接触型和面接触型两类。

点接触型二极管是由一根很细的金属触丝（如三价元素铝）和一块半导体（如锗）的表面接触，然后在正方向通过很大的瞬时电流，使触丝和半导体牢固地熔接在一起，三价金属与锗结合构成 PN 结，并在 PN 结两端制作出相应的电极引线，外加管壳密封而成。由于点接触型二极管金属丝很细，形成的 PN 结面积很小，所以不能承受高的反向电压和大的电流。这种类型的二极管适于做高频检波和脉冲数字电路里的开关元件，也可用来作小电流整流。如 2AP1 是点接触型锗二极管，最大整流电流为 16mA，最高工作频率为 150MHz。

面接触型或称面结型二极管的 PN 结是用合金法或扩散法做成的。由于这种二极管的 PN 结面积大，可承受较大的电流，但极间电容也大。这类器件适用于整流，而不宜用于高频电路中。如 2CP1 为面接触型硅二极管，最大整流电流为 400mA，最高工作频率只有 3kHz。

半导体二极管根据其不同用途，可分为检波二极管、整流二极管、稳压二极管、开关二极管、隔离二极管、肖特基二极管、发光二极管、硅功率开关二极管、旋转二极管等。

二极管种类有很多，按照所用的半导体材料不同，一般可分为锗二极管（Ge 管）和硅二极管（Si 管）。

2．工作原理

1）二极管半导体材料

自然界中的物质，由于其原子结构不同，导电能力也各不相同。导电能力介于导体和绝缘体之间的物质称为半导体。常用的半导体材料有硅、锗和砷化镓等。我们常听说的美国硅谷，就是因为起先那里有好多家半导体厂商之故。

纯净的不含杂质的半导体称为本征半导体。在本征半导体晶体中掺入微量的 5 价元素，例如磷，使得半导体中电子的数目大大增加，导电主要靠电子，这种半导体我们称作 N 型半导体。若在本征半导体晶体中掺入微量的 3 价元素，例如硼，使得半导体中空穴的数目大大增加，导电主要靠空穴，这种半导体我们称作 P 型半导体。

2）PN 结工作原理

晶体二极管为一个由 P 型半导体和 N 型半导体形成的 PN 结，在其界面处两侧形成空间电荷区，并建有自建电场（内电场），如图 5.2.3 所示。

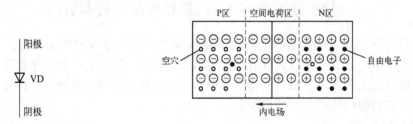

图 5.2.2　半导体二极管的符号　　　　图 5.2.3　PN 结的形成

当不存在外加电压时，由于 PN 结两边载流子浓度差引起的扩散电流与自建电场（内电场）引起的漂移电流相等而处于电平衡状态。

当外界有正向电压偏置时，外电场和内电场的互相抵消作用，使空间电荷区变窄，有利于多数载流子的扩散运动，载流子的扩散电流增加引起了正向电流，PN 结处于导通并呈低电阻状态，如图 5.2.4 所示。

当外界有反向电压偏置时，外电场和内电场进一步加强，使空间电荷区变宽，不利于多数载流子的扩散运动，只有少数载流子的在电场作用下的漂移运动，漂移电流与扩散电流方向相反，故称反向电流，反向电流很小，受温度影响较大，当温度一定时反向电流基本上不受一定范围内的外加电压的影响，PN 结处于截止并呈高电阻状态，如图 5.2.5 所示。

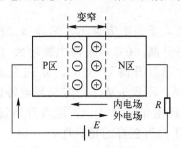

图 5.2.4　PN 结外加正向电压

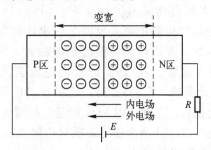

图 5.2.5　PN 结外加反向电压

综上所述：PN 结具有单向导电性。PN 结加正向电压时，电路中有较大电流流过，PN 结导通；PN 结加反向电压时，电路中电流很小，PN 结截止。

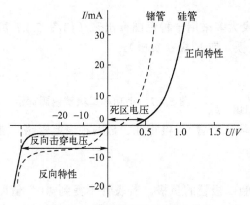

图 5.2.6　二极管的伏安特性曲线

3）半导体二极管的伏安特性

半导体二极管的伏安特性是指半导体二极管两端电压 U 和流过的电流 I 之间的关系。半导体二极管的伏安特性曲线，如图 5.2.6 所示。

（1）正向特性

在外加正向电压较小时，外电场不足以克服内电场对多数载流子扩散运动所造成的阻力，电路中的正向电流几乎为零，这个范围称为死区，相应的电压称为死区电压。锗管死区电压约为 0.1V，硅管死区电压约为 0.5V。当外加正向电压超过死区电压时，电流随电压增加而快速上升，半导体二极管处于导通状态。锗管的正向导通压降约为 0.3V，硅管的正向导通压降约为 0.7V。

（2）反向特性

在反向电压作用下，少数载流子漂移形成的反向电流很小，在反向电压不超过某一范围时，反向电流基本恒定，通常称之为反向饱和电流。在同样的温度下，硅管的反向电流比锗管小，硅管是 1μA 至几十 μA，锗管可达几百 μA，此时半导体二极管处于截止状态。

当反向电压继续增加到某一电压时，反向电流剧增，半导体二极管失去了单向导电性，称为反向击穿，该电压称为反向击穿电压。普通的半导体二极管正常工作时，不允许出现这种情况。

3．半导体二极管的主要参数

半导体二极管的参数是用来表示二极管的性能好坏和适用范围的技术指标，它是合理选择和使用半导体二极管的依据。

1）最大整流电流 I_{PM}

指半导体二极管长期连续使用时允许流过的最大正向平均电流。使用时工作电流不能超过最大整流电流，否则二极管会过热烧坏。因为电流通过二极管时会使管芯发热，温度上升，温度超过容许限度（硅管为 141℃ 左右，锗管为 90℃ 左右）时，就会使管芯过热而损坏。所以在规定散热条件下，二极管使用中不要超过二极管最大整流电流值，例如，常用的 IN4001～4007 型锗二极管的额定正向工作电流为 1A，使用时就不能超过 1A。

2）最大反向工作电压 U_{RM}

指半导体二极管使用时允许承受的最大反向电压，使用时半导体二极管的实际反向电压不能超过规定的最大反向工作电压。为了安全起见，最大反向工作电压可取为击穿电压的一半左右。例如，IN4001 二极管最大反向工作电压为 50V，IN4007 的最大反向工作电压为 1000V。

3）最大反向电流 I_{RM}

指半导体二极管加最大反向工作电压时的反向电流。反向电流越小，半导体二极管的单向导电性能越好。反向电流受温度影响较大，大约温度每升高 10℃，反向电流增大 1 倍。例如 2AP1 型锗二极管，在 25℃时反向电流若为 250μA，温度升高到 35℃，反向电流将上升到 500μA，依此类推，在 75℃时，它的反向电流已达 8mA，不仅失去了单方向导电特性，还会使管子过热而损坏。又如，2CP10 型硅二极管，25℃时反向电流仅为 5μA，温度升高到 75℃时，反向电流也不过 160μA。故硅二极管比锗二极管在高温下具有较好的稳定性。

4）最高工作频率 f_M

使用中若频率超过了半导体二极管的最高工作频率，单向导电性能将变差，甚至无法使用。

4．普通二极管识别和测试的方法

1）外观判别二极管的极性

普通小功率二极管的 N 极（负极），在二极管外表大多采用一种色圈标出来（如图 5.2.7 所示），有些二极管也用二极管专用符号来表示 P 极（正极）或 N 极（负极）。

2）万用表检测二极管的极性与好坏

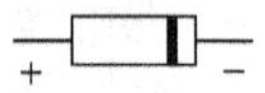

测量时，根据二极管的单向导电性来检测。

测试前先把指针式万用表的转换开关拨到 R×100 或 R×1k 挡位（注意不要使用 R×1 挡，以免电流过大烧坏二极管），再将红、黑两根表笔短路，进行欧姆调零。

图 5.2.7 小功率二极管色圈标示

（1）正向特性测试

把万用表的黑表笔搭触二极管的正极，红表笔搭触二极管的负极。若表针不摆到"0"值而是停在标度盘的中间某处，这时的阻值就是二极管的正向电阻，一般正向电阻越小越好。若正向电阻为"0"值，说明管芯短路损坏，若正向电阻接近无穷大值，说明管芯断路。短路和断路的管子都不能使用。

（2）反向特性测试

把万用表的红表笔搭触二极管的正极，黑表笔搭触二极管的负极，若表针指在无穷大值或接近无穷大值，二极管就是合格的。

用数字式万用表去测二极管时，红表笔接二极管的正极，黑表笔接二极管的负极，此时测得的阻值才是二极管的正向导通阻值，这与指针式万用表的表笔接法刚好相反。

知识学习内容 2　特殊二极管的基本知识

1．硅稳压二极管

硅稳压二极管是半导体二极管中的一种，其正常工作在反向击穿区。在电路中它与适当的电阻配合，具有稳定电压的作用，故又称为稳压管。稳压二极管在电路中常用符号"ZD"加数字表示，如：ZD5 表示编号为 5 的稳压管。常用稳压管的外形结构如图 5.2.8 所示。

稳压管的伏安特性曲线及符号如图 5.2.9 所示。稳压管的反向特性曲线比较陡，当加于稳压管的反向电压很小时，反向电流很小，基本不变；当电压增加到稳压管反向击穿电压时，反向电流突然剧增，稳压管击穿后，电流在相当大的范围内变化，稳压管两端电压的变化却很小，利用这一特点，稳压管能起到稳定电压的作用。

1）稳压管的主要参数

（1）稳定电压 U_Z：即反向击穿电压，是稳压管在正常的反向击穿工作状态下管子两端的电压。这个数值随工作电流和温度的不同略有改变,即使同一型号的稳压管,稳定电压值也有一定的分散性,例如 2CW14 硅稳压二极管的稳定电压为 6~7.5V,2CW51 型稳压管的稳定电压为 3~3.6V,故使用时要进行测试,按需要挑选。

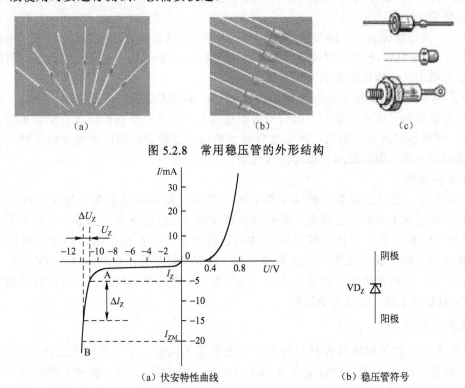

图 5.2.8 常用稳压管的外形结构

图 5.2.9 稳压管的伏安特性曲线和符号

(2)稳定电流 I_Z:指稳压管工作在稳定电压时的电流。

(3)最大稳定电流 I_{ZM}:指稳压管正常工作时允许通过的最大反向电流。稳压管使用时,其工作电流不能超过最大稳定电流。

(4)动态电阻 r_Z:指稳定管在正常工作时,电压变化量与电流变化量之比。动态电阻值越小,稳压效果越好。

(5)最大允许耗散功率 P_{ZM}:指稳压管工作时所允许的最大耗散功率,其值等于最大稳定电流与相应的稳定电压的乘积。

2)选用

(1)稳压二极管的选用

稳压二极管一般用在稳压电源中作为基准电压源或用在过电压保护电路中作为保护二极管。

选用的稳压管,应满足应用电路中主要参数的要求。稳压管的稳定电压值应与应用电路的基准电压值相同,稳压二极管的最大稳定电流应高于应用电路的最大负载电流 50%左右。

稳压二极管损坏后,应采用同型号稳压二极管或电参数相同的稳压二极管来更换。可以用具有相同稳定电压值的高耗散功率稳压二极管来代换耗散功率低的稳压二极管,但不能用耗散功率低的稳压二极管来代换耗散功率高的稳压二极管。例如,0.5W、6.2V 的稳压二极管可以用 1W、6.2V 稳压二极管代换。

(2)选用注意事项

稳压二极管用途广泛,使用极多。看起来应用很简单,但如果不注意,也极易损坏。以下是选用时的几点注意事项：

① 可将多只稳压二极管串联使用，但由于二极管参数的离散性比较大，不得并联使用。

② 温度对半导体器件的特性影响较大，当环境温度超过 50℃时，温度每升高 1℃，应将最大耗散功率降低 1%。

③ 稳压二极管管脚必须在离管壳 5mm 以上处进行焊接，最好使用 30W 以下的电烙铁进行焊接。若使用 40~75W 电烙铁焊接时，焊接时间应不超过 8~10s。尽量使用内装焊料的焊锡丝焊接，不要使用大块焊锡加松香的方法。

④ 为了使稳压二极管的电压温度系数得到补偿，可以将稳压二极管与硅二极管（包括硅稳压二极管）串联使用，所串的正向二极管不得超过三个，也可与特殊的温度补偿管串联使用。

⑤ 为了获得较低的稳定电压，可以选择适当的稳压二极管以相反极性方向串联，再加以适当的工作电流来获得。即将稳压二极管正向使用。

3）故障和测试

① 故障特点：稳压二极管的故障主要表现在开路、短路和稳压值不稳定。在这三种故障中，前一种故障表现出电源电压升高；后两种故障表现为电源电压变低到零伏或输出不稳定。

② 测试判断稳压管：用指针式万用表 R×1k 挡测量正、反向电阻，确定被测管的正、负极。然后将万用表拨于 R×10k 挡，黑表笔接负极，红表笔接正极，由表内 9~15V 叠层电池提供反向电压。其中，电阻读数较小的是稳压管，电阻为无穷大的是二极管。此方法只能测量反向击穿电压比 R×10k 挡电池电压低的稳压管。

2. 发光二极管

50 年前人们已经了解半导体材料可产生光线的基本知识，第一个商用二极管产生于 1960 年。发光二极管简称为 LED，LED 是英文 light emitting diode（发光二极管）的缩写。其实物及外形结构如图 5.2.10 所示。新旧电路符号如图 5.2.11 所示。

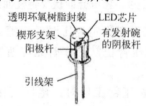
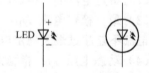

图 5.2.10 发光二极管实物及外形结构图　　图 5.2.11 发光二极管电路图形符号

由镓（Ga）与砷（AS）、磷（P）的化合物制成的二极管，当电子与空穴复合时能辐射出可见光，因而可以用来制成发光二极管。在电路及仪器中作为指示灯，或者组成文字或数字显示。砷化镓二极管发红光，磷化镓二极管发绿光，碳化硅二极管发黄光。

发光二极管的正负极可从引脚长短来识别，长脚为正，短脚为负。

发光二极管（LED）发光主要与电压有关系，普通发光二极管发光大约在 1.5V 的电压，高亮 LED 大约在 3V 左右，如项目一中手电筒 LED 工作电压在 3.3V 左右，当然也有一些特别电压的。一般来说 LED 正常工作电压是 1.5~3.6V。

至于电流主要影响 LED 发光的亮度，一般 1mA 就可以工作看到光了，最大 20mA，个别发光二极管例外。

LED 耗电相当低，若工作电流是 0.02A，它消耗的电不超过 0.1W。

发光二极管的反向击穿电压约 5V。它的正向伏安特性曲线很陡，使用时必须串联限流电阻以控制通过管子的电流。限流电阻 R 可用下式计算：

$$R = (E - U_F)/I_F$$

式中，E 为电源电压；U_F 为 LED 的正向压降；I_F 为 LED 的一般工作电流。

发光二极管（LED）的检测：

用指针式万用表的 R×10k 挡测量 LED，其正向、反向电阻均比普通二极管大得多。

3．光电二极管

光电二极管是一种能将光信号转换成电信号的半导体器件。光电二极管的反向电流随光照强度的变化而变化。光敏二极管工作时加有反向电压，没有光照时，其反向电阻很大，只有很微弱的反向饱和电流（暗电池）。当有光照时，就会产生很大的反向电流（亮电流），光照越强，该亮电流就越大。光电二极管主要用于需要光电转换的自动探测、计数、控制装置中。

光电二极管（光敏二极管）的检测：

测量光敏二极管时，先用黑纸或黑布遮住光敏二极管的光信号接收窗口，然后用万用表的 R×1k 挡测量其正、反向电阻。正常时，正向电阻值在 10～20kΩ 之间，反向电阻值为 ∞（无穷大）。

再去掉黑纸或黑布，使其光信号接收窗口对准光源，正常时正、反向电阻值均会变小，阻值变化越大，说明该光敏二极管的灵敏度越高。

光电二极管在有光照和无光照两种情况下，反向电阻相差很大；若测量结果相差不大，说明该光电二极管已损坏或该二极管不是发光二极管。

知识学习内容 3 二极管桥式整流电路分析

1．二极管桥式整流电路的结构

整流电路是把输入的交流电（AC）转换成直流电（DC）输出供负载使用。如图 5.2.12 (a) 为 4 只整流二极管 $VD_1 \sim VD_4$ 构成的单相桥式整流电路，其输入端由整流变压器二次侧提供正弦交流电 u_2，输出端对等效负载 R_L 供电。图 5.2.12 (b) 图为简化画法。

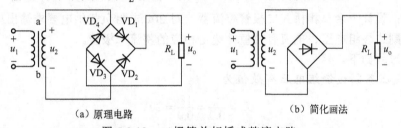

(a) 原理电路　　　　　　　　　(b) 简化画法

图 5.2.12　二极管单相桥式整流电路

2．二极管桥式整流电路工作过程分析

u_2 为正半波时，a 点电位高于 b 点电位，其可能存在的回路共 4 条，分别如图 5.2.13 (a)、(b)、(c)、(d) 所示。在 (a) 图中，VD_2 承受反向电压而使回路不通；在 (b) 图中，VD_4 承受反向电压而使回路不通；在 (c) 图中，VD_2、VD_4 承受反向电压而使回路不通；在 (d) 图中，VD_1、VD_3 均承受正向电压而使回路导通。此时电流的路径为：a→VD_1→R_L→VD_3→b。

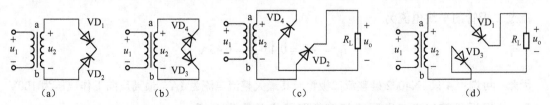

(a)　　　　　(b)　　　　　(c)　　　　　(d)

图 5.2.13　二极管单相桥式整流电路四条回路

同理，u_2 为负半波时，a 点电位低于 b 点电位，只有 (c) 图中回路因 VD_2、VD_4 承受正向

电压而导通。此时电流的路径为：b → VD₂ → R_L → VD₄ → a。

输出整流波形如图 5.2.14 所示。

3．数量关系

1）负载

输出电压 u_o 平均值 $U_0 = \frac{1}{\pi}\int_0^\pi \sqrt{2}U_2 \sin\omega t \, d(\omega t) = 2\frac{\sqrt{2}}{\pi}U_2 = 0.9U_2$；

输出电压 u_o 有效值 $U = U_2$；

输出电流 i_o 平均值 $I_0 = \frac{U_0}{R_L} = 0.9\frac{U_2}{R_L}$；

输出电流 i_o 有效值 $I = \frac{U}{R_L}$。

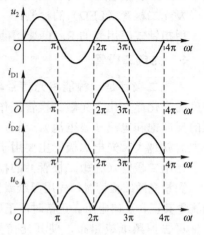

图 5.2.14 二极管单相桥式整流电路波形

2）整流二极管

每个二极管在截至时承受的最高反向电压 $U_{RM} = \sqrt{2}U_2$；

每个二极管导通时流过的电流的平均值 $I_D = \frac{1}{2}I_0 = 0.45\frac{U_2}{R_L}$；

每个二极管导通时流过的电流的有效值 $I_{VD} = \frac{1}{\sqrt{2}}I = \frac{1}{\sqrt{2}}\frac{U}{R_L}$。

3）整流变压器

整流变压器二次侧流过电流 i_2 的有效值 $I_2 = I = \frac{U}{R_L} = \frac{U_2}{R_L}$。

4．应用设计举例

设计要求：设计一台单相桥式二极管整流器，对 20Ω 电阻负载供电要求输出电压为 18V，确定整流变压器副边绕组电压、电流有效值并选定相应的整流二极管。

设计分析过程如下。

1）整流变压器副边绕组电压有效值为

$$U_2 = \frac{U_o}{0.9} = \frac{18}{0.9} = 20\text{V}$$

输出电流平均值 $I_o = \frac{U_o}{R_L} = 0.9\frac{U_2}{R_L} = 0.9\text{A}$，故整流变压器副边绕组电流有效值为

$$I_2 = I = \frac{U}{R_L} = \frac{U_2}{R_L} = 1\text{A}$$

2）整流二极管承受的最高反向电压为

$$U_{RM} = \sqrt{2}U_2 = \sqrt{2}\times 20 = 28.28\text{V}$$

流过二极管的平均电流为

$$I_D = \frac{1}{2}I_o = 0.45\frac{U_2}{R_L} = 0.45\text{A}$$

因此，可选用 4 只 1N4002 硅整流二极管，其最大整流电流为 1A，最高反向工作电压为 100V。

5．单相桥式整流电路在照明灯控制回路中的应用分析

在如图 5.2.15 所示由单相桥式整流电路构成的照明灯控制回路中。当开关 S 闭合时，桥式

整流电路输出端被短路。当 u_2 为正半波时，a 点电位低于 b 点电位，图中回路因 VD_1、VD_3 承受正向电压而导通，如图 5.2.16（a）所示。此时电流的路径为：a→⊗→VD_1→S→VD_3→b。

u_2 为负半波时，a 点电位低于 b 点电位，图中回路因 VD_2、VD_4 承受正向电压而导通，如图 5.2.16（b）所示。此时电流的路径为：b→VD_2→S→VD_4→⊗→a。

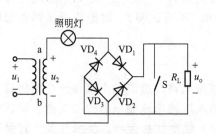

图 5.2.15　由二极管单相桥式整流电路构成的照明灯控制回路

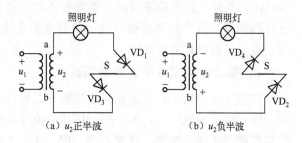

图 5.2.16　S 闭合时照明灯控制回路

故当 S 闭合时，无论电源 u_2 为正、负半波时，灯都会亮，电源 u_2 几乎全部加在了照明灯两端。

当开关 S 断开时，在 u_2 为正、负半波时，电流回路分别如图 5.2.17（a）、(b) 所示，在这样的回路中如果等效负载足够大，负载电流很小，则灯就不亮。

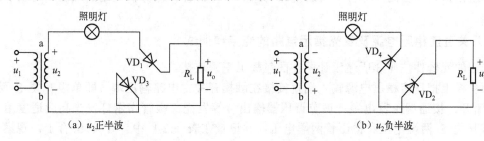

图 5.2.17　S 断开时照明灯控制回路

知识学习内容 4　稳压管并联型稳压电源及发光指示电路分析

如图 5.2.18 所示为稳压管并联型稳压电路。输入电压 U_i 波动时会引起输出电压 U_o 波动。如 U_i 升高将引起 U_o 随之升高，导致稳压管的电流 I_Z 急剧增加，使得电阻 R 上的电流 I 和电压 U_R 迅速增加，从而使 U_o 基本上保持不变。反之，当 U_i 减小时，U_R 相应减小，仍可使 U_o 基本不变。

当负载电流 I_o 发生变化引起输出电压 U_o 发生变化时，同样会引起 I_Z 的相应变化，使得 U_o 保持基本稳定。如当 I_o 增大时，I 和 U_R 均会随之增大使得 U_o 下降，这将导致 I_Z 急剧减小，使 I 仍维持原有数值且保持 U_R 不变，使 U_o 得到稳定。

如果上图中，在电阻 R 右端串联一个发光二极管，如图 5.2.19 所示，则只要稳压管能正常工作，发光二极管就会发光。

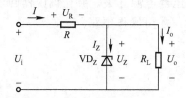

图 5.2.18　稳压管并联型稳压电路

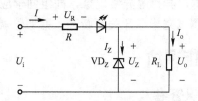

图 5.2.19　稳压管并联型稳压电源及发光指示电路

二、任务实施

1. 设计触摸开关主电路,绘制电路原理图,并正确选用元器件

根据二极管桥式整流电路工作特点,参照图 5.2.15,设计触摸开关主电路来控制电光源(40W 白炽灯)的电路原理图,各项目小组在预先准备的元器件中选用主电路的组成器件,整流变压器选择一台单相调压器代替(后面任务实施过程同,不再说明),讨论分析元器件选用的理由,写出书面设计选用过程。

2. 触摸开关主电路连接和调试

按照设计图所示,在面包板上连接好二极管桥式整流电路,整流输出端接一个单极开关 S,输入端一端接白炽灯,白炽灯另一端和整流电路另一输入端接单相调压器的二次侧。调试时逐渐增加单相调压器的输出,使输出为 50V 时,合上开关,观察灯是否亮,关掉开关,灯是否灭。合上开关,灯亮时逐渐增加调压器输出,观察灯的亮度变化。等灯亮度合适时,关掉开关,用万用表测量开关两端的电压值。

3. 设计并绘制触摸开关直流稳压电源及发光指示电路原理图

参照图 5.2.19,设计触摸开关直流稳压电源及发光二极管发光指示电路,绘制电路原理图,各项目小组在预先准备的元器件中选用电路的组成器件,并讨论分析选用的理由,写出书面设计选用过程。

4. 开关直流稳压电源及发光指示电路的连接和调试

把选用的元器件按照 3 所述设计图在面包板上正确连接。

在面包板上把直流稳压电源输入端直接接在触摸开关主电路输出端(即单极开关 S 两端)。开关 S 断开,接通调压器电源,调节调压器输出,等发光二极管指示灯发光亮度适度用万用表分别测试开关 S 两端电压和稳压管两端电压,并记录在表 5.2.1 中。开关 S 合上,观察灯的亮度,并用万用表分别测试开关 S 两端电压和稳压管两端电压,并记录在表 5.2.1 中。

表 5.2.1 调试记录表

开关状态	观察、测试项	调压器输出电压 u_2（V）	开关 S 两端电压 U_o（V）	稳压管两端电压 U_Z（V）	灯泡亮度（暗、微亮、亮）	指示灯亮度（暗、微亮、亮）
S 断开						
S 合上						

5. 安装和调试注意事项

(1) 接插面包板导线,要求长度合适,导线线路连接要贴近面包板,要求横平竖直。

(2) 元器件连接完成,要认真检查,以确保导线连接可靠,方能接入调压器通电调试。

(3) 测试时,调压器输出电压从零开始逐渐增加到需要值。电压增加过程中,电路若出现冒烟、焦味、异声等异常现象,同组同学应立即切断调压器电源开关,并让调压器回零。

(4) 测试完毕,开关 S 断开,并切除调压器电源后,才可操作电路。

三、工作评价

(一) 知识答卷

参见《电工基础技术项目工作手册》项目五中任务二的知识水平测试卷。

(二) 知识学习考评成绩

知识学习考评表类同表 1.2.10，参见《电工基础技术项目工作手册》项目五中任务二的知识学习考评表。

(三) 任务实施过程评价

工作过程考核评价表类同表 1.2.11，参见《电工基础技术项目工作手册》项目五中任务二的工作过程考核评价表。

任务三　触摸采样控制电路的设计与制作

一、任务准备

(一) 教师准备

（1）教师准备好三极管应用、人体电荷试验、触摸采样控制电路设计的演示课件。

（2）任务实施场地检查、任务实施材料、工具、仪器仪表等准备、技术和技术资料准备、组织管理措施、任务实施场所安全技术措施和管理制度等参考任务一。

（3）任务实施计划和步骤：① 任务准备、学习有关知识；② 触摸采样控制电路设计及电路接线；③ 触摸开关触摸采样控制电路调试；④ 工作评价。

(二) 学生准备

（1）衣着整洁，穿戴好劳保用品；无条件的学校，由学生自行穿好长袖衣、长裤和皮鞋等。

（2）掌握好安全用电规程和触电抢救技能。

（3）检查好材料、工具、仪器仪表。在实验员指导下，每个项目小组检查好材料、工具、仪器仪表等物资是否正常和合乎使用标准，对不符合使用标准的应予以更换。

（4）学生准备好《电工基础技术项目工作手册》、记录本以及铅笔、圆珠笔、三角板、直尺、橡皮擦等文具。

(三) 实践应用知识的学习

知识学习内容1　三极管应用的基本知识

半导体三极管是电子电路与电子设备中广泛使用的基本元件。在电子电路中具有放大、电子开关、控制等作用，是组成模拟电子放大电路的主要元件。

1. 半导体三极管的基本结构

半导体三极管从材料上可分为硅管、锗管两类，从结构上可分为 NPN 管、PNP 管两类，从功率大小上可分为大功率管、中功率管、小功率管三类，从频率上可分为高频管、低频管两类，从用途上可分为放大管、检波管、开关管、光电管等。

图 5.3.1 所示为常用半导体三极管实物形状。其结构示意图及符号如图 5.3.2 所示。

从图 5.3.2 上可以看到半导体三极管有两个 PN 结、三个电极和三个区。基区与发射区之间的 PN 结称发射结，基区与集电区之间的 PN 结称集电结。从基区、发射区和集电区各引出一个电极，基区引出的是基极（B），发射区引出的是发射极（E），集电区引出的是集电极（C）。

半导体三极管的基区很薄，集电区的几何尺寸比发射区大；发射区杂质浓度最高，基区杂质浓度最低；发射区和集电区不能互换。

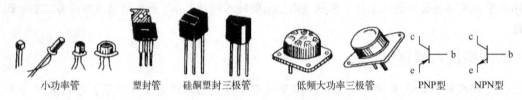

图 5.3.1 常用半导体三极管的实物形状

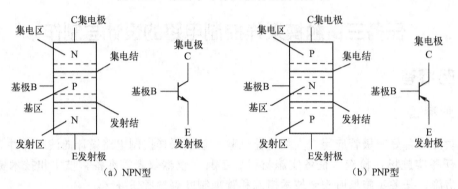

图 5.3.2 半导体三极管的结构示意图及符号

PNP 型和 NPN 型半导体三极管的工作原理基本相同，不同之处在于使用时电源连接极性不同，电流方向相反。

2. 半导体三极管的放大原理

以 NPN 型半导体三极管为例，要使其具有电流放大作用，发射结要正向偏置，集电结要反向偏置，如图 5.3.3 所示，这种接法是半导体三极管的共发射极接法。电源 E_B 使发射结正偏，电源 E_C 接在集电极与发射极之间，$E_C > E_B$，使集电结反偏。

半导体三极管内部载流子的运动过程如下。

1) 发射区向基区发射自由电子

发射结加正向电压，则发射区中的多数载流子——自由电子将从发射区扩散到基区，形成发射极电流 I_E，同时基区中的多数载流子——空穴也不断扩散到发射区，但基区的空穴浓度远小于发射区的自由电子浓度，因此基区扩散到发射区的空穴电流可以忽略不计。

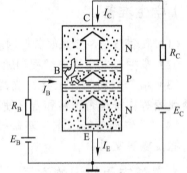

图 5.3.3 半导体三极管中载流子的运动

2) 自由电子在基区扩散与复合

由于基区很薄，且空穴浓度很低，因此由发射区扩散到基区的自由电子只有少量与基区空穴复合，形成很小的基极电流 I_B，其余的自由电子将在基区中继续向集电区扩散，聚集到集电结边缘。

3) 自由电子被集电极收集

由于集电结是反向偏置，所以扩散到集电结边缘的自由电子在电场作用下，很容易漂移过集电结被集电极收集，形成集电极电流 I_C；同时还有从集电区向基区漂移的空穴形成的电流，用 I_{CBO} 表示，其数值很小。

从以上分析可以看出：$I_E = I_B + I_C$（该关系也可根据 KCL 电流定律得到），且 I_C 与 I_B 的分配比例取决于自由电子扩散与复合的比例。$I_C \gg I_B$,把 I_C 与 I_B 之比称为直流电流放大系数 $\bar{\beta}$,即

$$\bar{\beta} = \frac{I_C}{I_B}$$

半导体三极管具有电流放大作用,其内部条件是基区做得很薄,杂质浓度较低,集电区面积大,发射区掺杂浓度高;外部条件是集电结反偏,发射结正偏。因此,基极电流微小的变化会引起集电极电流较大的变化。

3. 半导体三极管的特性曲线

半导体三极管的特性曲线是指各电极电压与电流之间的关系曲线。图 5.3.4 所示为测试共发射极电路输入特性和输出特性的电路。

1) 输入特性

输入特性是指集电极和发射极之间的电压 U_{CE} 为一常数时,基极电流 I_B 与 U_{BE} 间的关系,即 $I_B = f(U_{BE})$。

当 $U_{CE} = 0$ 时,集电极与发射极之间短路,基极与发射之间相当于两个半导体二极管并联,两个半导体二极管均承受正向电压。

当 U_{CE} 增加时,特性曲线右移,这是因为集电区收集载流子的能力增加,可以把从发射区进入基区的自由电子绝大部分拉入集电区。集电结已反向偏置,内电场足够大,因此在相同的 U_{BE} 下,流向基极的电流比 $U_{CE} = 0$ 时小。但是当 U_{CE} 超过一定数值(如 1V)后,即使再增加 U_{CE},只要 U_{BE} 不变,I_B 也不再明显减小,所以通常只画出 $U_{CE} \geq 1V$ 的一条输入特性曲线,就可以代表不同 U_{CE} (除小于 1V) 时的输入特性曲线,如图 5.3.5 所示。

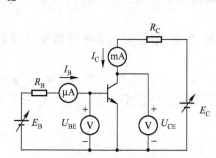

图 5.3.4 半导体三极管特性测试电路

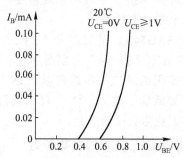

图 5.3.5 半导体三极管输入特性曲线(NPN 型)

从输入特性曲线可以看出,当 U_{BE} 较小时,$I_B = 0$,这段区域称为死区,硅管的死区电压为 0.5V,锗管的死区电压为 0.1V。当 U_{BE} 大于死区电压时,半导体三极管才有 I_B。在正常工作时,硅管的 U_{BE} 为 0.6~0.7V,锗管的 U_{BE} 为 0.2~0.3V。

2) 输出特性

输出特性是指当基极电流 I_B 为某一固定值时,集电极电流 I_C 与 U_{CE} 的关系,即

$$I_C = f(U_{CE})$$

图 5.3.6 所示为 3DG4C 三极管输出特性曲线,从输出特性曲线可以看出它分为三个区域。

(1) 截止区

将 $I_B = 0$ 以下的区域称为截止区。此时电流 I_C 为基极开路时从发射极到集电极的反向截止电流,称为穿透电

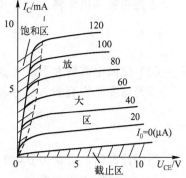

图 5.3.6 半导体三极管输出特性曲线(NPN 型)

流，用 I_{CEO} 表示，常温下其数值很小。半导体三极管处于截止状态时，发射结和集电结均为反向偏置。

（2）放大区

在放大区，各条输出特性曲线较平坦，当 I_B 一定时，I_C 的值基本上不随 U_{CE} 变化，且 I_C 只受 I_B 控制，即 $I_C = \beta I_B$，反映出半导体三极管的电流放大作用。半导体三极管工作于放大状态时，发射结正向偏置，集电结反向偏置。

（3）饱和区

在饱和区，半导体三极管失去电流放大作用。半导体三极管饱和时 C、E 间的电压称为饱和压降，用 U_{CES} 表示。硅管的饱和压降约为 0.3V，锗管的饱和压降约为 0.1V。当半导体三极管工作在饱和状态时，集电结、发射结均处于正向偏置。

4．三极管型号

国产三极管的型号由 5 部分组成。

第一部分是数字"3"，表示三极管。

第二部分是用拼音字母表示管子的材料和极性，"A"表示 PNP 型锗材料，"B"表示 NPN 型锗材料，"C"表示 PNP 型硅材料，"D"表示 NPN 型硅材料。

第三部分是用拼音字母表示管子的类型，"X"表示低频小功率管，"G"表示高频小功率管，"D"表示低频大功率管，"A"表示高频大功率管。

第四部分用数字表示器件的序号，序号不同的三极管其特性不同。

第五部分用拼音字母表示规格号，序号相同、规格号不同的三极管特性差别不大，只是某个或某几个参数有所不同。

例如 3AG54A，前三部分"3AG"表示是锗材料 PNP 型高频小功率三极管，第四部分的"54"和第五部分的"A"分别是序号和规格号。

目前使用的进口三极管常以"2N"或"2S"为开头，开头的"2"表示有两个 PN 结的元件，三极管属这一类型。"N"表示该器件在美国电子工业协会注册登记，"S"则表示该器件在日本电子工业协会注册产品。

5．半导体三极管的主要参数

半导体三极管的参数是设计电路、合理选择半导体三极管的依据。以下主要介绍常用的参数。

1）共发射极电路的电流放大系数

（1）直流电流放大系数（$\bar{\beta}$）

$\bar{\beta}$ 是指在基极无输入信号（静态）时，集电极电流与基极电流的比值，即

$$\bar{\beta} = \frac{I_C}{I_B}$$

（2）交流电流放大系数（β）

β 是指在基极有输入信号（动态）时，集电极电流变化量与基极电流变化量之比，即

$$\beta = \frac{\Delta I_C}{\Delta I_B}$$

近似计算时，可认为 $\bar{\beta} \approx \beta$。

（3）三极管 β 值的标识

由于半导体器件的离散性较大，即使同型号管子的 β 数值也可能相差很大。为了便于选用三极管，国产管通常采用色标来表示 β 值的大小，各种颜色对应的 β 值见表 5.3.1。

表 5.3.1 部分三极管色标对应的 β 值

色标	棕	红	橙	黄	绿	蓝	紫	灰	白	黑（或无色）
β	5~15	15~25	25~40	40~55	55~80	80~120	120~180	180~270	270~400	400 以上

进口三极管通常在型号后加上英文字母来表示其 β 值，部分常用三极管的 β 值表示方法见表 5.3.2。

表 5.3.2 部分常用三极管对应的 β 值

字母 型号 β	A	B	C	D	E	F	G	H	I
9011、9018				28~44	39~60	54~80	72~108	97~146	132~198
9012、9013				64~91	78~112	96~135	116~166	144~202	180~350
9014、9015	60~150	100~300	200~600	400~1000					
5551、5401	82~160	150~240	200~395						

2）极间反向电流

（1）集电极和基极之间的反向饱和电流 I_{CBO}

I_{CBO} 是指发射极开路时，集电极和基极之间的电流，在一定温度下，I_{CBO} 数值很小，基本是一个常数。I_{CBO} 受温度的影响较大，温度升高，I_{CBO} 增加。一般小功率锗管的 I_{CBO} 为几微安到几十微安；硅管的 I_{CBO} 要小得多，可达到 nA 级，因此硅管的热稳定性比锗管好。

（2）集电极和发射极之间的穿透电流 I_{CEO}

I_{CEO} 是指基极开路时，集电极流向发射极的电流。有

$$I_{CEO} = (1+\beta)I_{CBO}$$

当温度升高时，I_{CBO} 增加，则 I_{CEO} 增加更快，对半导体三极管的工作影响更大。因此 I_{CEO} 是衡量管子质量好坏的重要参数，其值越小越好。

半导体三极管工作在放大区并考虑穿透电流时，有集电极电流 $I_C = \beta I_B + I_{CEO}$。

3）极限参数

（1）集电极最大允许电流 I_{CM}

当集电极电流 I_C 超过 I_{CM} 时，管子的放大系数 β 显著下降，性能降低，甚至损坏半导体三极管。

（2）集电极最大允许耗散功率 P_{CM}

当集电极电流流过集电结时，将使集电结温度升高，管子发热，甚至使管子性能变坏，烧坏管子，所以集电极消耗的功率 P_C 有一个最大允许值 P_{CM}。使用时，P_C 不允许超过 P_{CM}。

（3）极间反向击穿电压

半导体三极管有 $U_{(BR)EBO}$、$U_{(BR)CBO}$、$U_{(BR)CEO}$ 三种击穿电压，其中 $U_{(BR)CEO}$ 是指基极开路时，加在集电极和发射极间的最大允许电压。使用时若反向电压超过规定值，则会发生击穿。

根据极限参数 I_{CM}、$U_{(BR)CEO}$、P_{CM}，可确定半导体三极管的安全工作区，如图 5.3.7 所示。

部分常用三极管的参数如表 5.3.3 所示。

表 5.3.3 部分常用三极管参数

参数 型号	管型	$U_{(BR)CEO}$ （V）	$U_{(BR)CBO}$ （V）	$U_{(BR)EBO}$ （V）	I_{CM} （A）	P_{CM} （W）	结温 （℃）	特征频率 f_T（MHz）
9011	NPN	30	50	5	0.03	0.4	150	370（平均）
9012	PNP	30	40	5	0.5	0.625	150	150（最小）
9013	NPN	25	45	5	0.5	0.625	150	150（最小）

续表

型号\参数	管型	$U_{(BR)CEO}$ (V)	$U_{(BR)CBO}$ (V)	$U_{(BR)EBO}$ (V)	I_{CM} (A)	P_{CM} (W)	结温 (℃)	特征频率 f_T (MHz)
9014	NPN	45	50	5	0.1	0.4	150	150（最小）
9015	PNP	45	50	5	0.1	0.45	150	300（平均）
9016	NPN	20	30	5	0.025	0.4	150	620（平均）
9018	NPN	15	30	5	0.05	0.4	150	620（平均）
8050S	NPN	25	40	5	0.5	0.625	190	150（最小）
8550S	PNP	25	40	5	0.5	0.625	190	150（最小）

6．测试的方法

常用的小功率三极管有金属外壳封装和塑料封装两种，可直接观测出三个电极 E、B、C，如图 5.3.8 所示是一个 9013 三极管的管脚图，把三极管有字的那一面朝向自己，三个管脚从左往右分别为 E、B、C。但不能只看出三个电极就说明管子的一切问题，仍需进一步判断管型和管子的好坏。一般可选用指针式万用表 R×100 或 R×1k 挡测量，来检测三极管的引脚极性与性能。

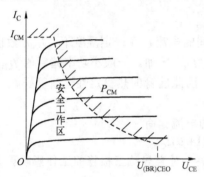

图 5.3.7　半导体三极管安全工作区

图 5.3.8　S9013 三极管的管脚图

1）基极和管型的判断

将黑表笔任接三极管的一极，用红表笔分别依次接另外二极。若两次测量中表针的偏转都很大，说明管子的 PN 结已导通，PN 结的电阻较小，则说明黑表笔所接的电极为 B 极，同时可知该管为 NPN 型；反之，将表笔对调，将红表笔任接三极管的一极，用黑表笔分别依次接另外两个极，若两次测量中表针的偏转都很大，则也可确定红表笔所接的电极为管子的 B 极，其管型为 PNP 型。

2）管子好坏的判断

若在以上的操作中没有一个电极满足上述现象，则说明这个管子已坏。另外若测得每个 PN 结的正、反向电阻都很小，说明三极管有击穿现象；若测得每个 PN 结的正、反向电阻都是无穷大，说明三极管内部出现断路现象；若测得任意一个 PN 结的正、反向电阻相差不大，说明该三极管的性能变差，已不能使用；若测得三极管的穿透电流 I_{CEO} 太大，该三极管也不能使用。

也可用万用表的"hFE"挡，当管型确定后，将三极管的三个极插入"NPN"或"PNP"插孔，将万用表置于"hFE"挡，若 hFE（$\bar{\beta}$）值不正常，如为零，则说明这个管子已坏。

注意：如果用数字表就要注意红黑笔与机械表相反。

知识学习内容 2　人体电荷的基本知识

1．人体静电现象

日常生活中我们常有这样的经历：

用塑料梳子梳头时感到毛发被梳子吸引,也会听到轻微的放电声;脱衣后,手靠近椅子或门把手等金属体,会遭到电击;人在地毯上行走,当脚抬起时,鞋底与地毯分离,鞋底电荷流向人体,起充电作用,同时人体电荷通过落地脚向地毯泄漏,行走时人就不断处于充放电过程中。如果鞋底电阻率够大,则电荷会在人体积聚。由于人是良导体,体内净电荷会向体表流散并最终分布在表皮和毛发上,所以我们会看到带高压静电者毛发竖起。

除了上述起电方式以外,还有以下一些其他方式。

(1) 感应式起电:人靠近带电体,受电场作用,产生感应电荷。例如荧光屏前的人面部会感应负电荷,虽然此时人体静电荷可能为零。这种感应电压有时很高,例如在雷云下行走,感应电压可达 5 万伏。

(2) 吸附起电:人处于漂浮带电灰尘或雾滴的环境中,这些微小带电体在人体表感应出异号电荷并受库仑力漂向人体,最终把电荷传给人。例如,舞台上用干冰喷雾,如果地面绝缘性好,常能看到演员因带高压静电而头发竖起。

2. 产生人体静电原因

物质由分子组成,分子由原子组成,原子由电子与原子核构成,原子的自由电子决定着该物质的导电性。人体是多种化合物的组合体,其中大多数为水,自身具有其复杂的生物电,在电场里也会产生变化的电荷,使得人本身动态电阻在几百到几千千欧。另外人体的各种体液及分泌液,例如细胞液、血液、汗液等都含酸或无机盐等大量电解质,因而含有大量离子电荷(当然正负离子相等,整体是中性),是电的良导体。

人体静电是由于人的身体上的衣物等相互摩擦产生的附着于人体上的静电。静电的产生是由于原子核对外层电子的吸引力不够,从而在摩擦或其他因素的作用下失去电子,从而造成摩擦物有的带负电荷(获得电子的带负电荷)、有的带正电荷(失去电子的带正电荷)。在摩擦物绝缘性能比较好的情况下,这些电荷无法流失,就会聚集起来。并且由于绝缘物的电容性极差,从而造成虽然电荷量不大但电压很高的状况。

人体表面电阻率微小,同其他物体分离过程中电荷迅速反流中和,因而不能起电。人体静电主要由衣服、鞋等起电后传导给人体并积聚起来的。穿化学纤维制成的衣物就比较容易产生静电,而棉制衣物产生的就较少。而且由于干燥的环境更有利于电荷的转移和积累,所以冬天人们会觉得身上的静电较大。表 5.3.4 是在人体穿不同材质衣物时人体带电荷的试验数据,表 5.3.5 是在人体穿工作服时,连续转动手臂 5 次时工作服和人体带电试验数据。

表 5.3.4 穿不同材质时人体带电试验数据

材 料	穿上时(V)	穿后5分钟(V)	脱下时(V)
棉织品	0	0	500
羊毛织品	100	10	4500~4800
锦纶织品	100~200	100~300	0~40

备注:表中数据未分电荷正负性质,且数据仅供参考。

表 5.3.5 穿工作服时人体带电试验数据

工作服	人体的带电(kV)		
	穿用中	脱下后	脱衣后
锦纶织品	8~12	30~40	11~17
棉织品	4~7	10~20	9~11

在不同湿度条件下,人体活动产生的静电电位有所不同。在干燥的季节,人体静电可达几千伏甚至几万伏。实验证明,静电电压为 5 万伏时人体没有不适感觉,带上 12 万伏高压静电时也没有生命危险。不过,静电放电也会在其周围产生电磁场,虽然持续时间较短,但强度很大。科研人员正在研究静电电磁场对人体的影响。

3. 影响人体静电电位的主要因素

(1) 人体及衣服、鞋子等的电阻率。电阻率对产生和积累静电的影响特别大。试验表明,电阻率越小，静电荷泄漏很快，不易产生和积累静电，反之，电阻率越大，静电荷容易产生和累积。人体电阻率主要与体液及皮肤中电解质和水的含量有关，衣物的电阻率主要与衣物的材质和含水率有关。

（2）相对湿度。人体电阻率随空气湿度的增加而降低。因此，相对湿度越高，表面电荷密度越低，当相对湿度在40%RH以下时，电荷密度几乎不受相对湿度的影响而保持某一最大值。实践证明，增湿具有良好的消电效果。

（3）地面的绝缘性能。人在绝缘地面的电容为250～350pF，而在导电地面，其电容将增至1000～5000pF。在电荷不变的情况下，人体的电容越大，静电电位将下降。

（4）人体运动的强度。人体运动强度越大，则磨擦加剧，产生的静电荷越多，危险性越大。这是由于接触频率高，分离速度快，电荷反流少的原因。相同条件下，人穿塑料鞋在化纤地毯上走，快行可起电3000V以上，而慢行仅有几百伏。

4．生活中预防静电的简便方法

避免静电过量积累有几种简单易行的方法：

第一，到自然环境中去。有条件的话，在地上赤足运动一下，因为常见的鞋底都属绝缘体，身体无法和大地直接接触，也就无法释放身上积累的静电。

第二，尽量少穿化纤类衣物，或者选用经过防静电处理的衣物。贴身衣服、被褥一定要选用纯棉制品或真丝制品。同时，远离化纤地毯。

第三，秋冬季要保持一定的室内湿度，这样静电就不容易积累。室内放上一盆清水或摆放些花草，可以缓解空气中的静电积累和灰尘吸附。

第四，长时间用电脑或看电视后，要及时清洗裸露的皮肤，多洗手、勤洗脸，对消除皮肤上的静电很有好处。

第五，多饮水，同时补充钙质和维生素C，减轻静电对人带来的影响。

5．人体静电对易燃易爆气体现场的危害及防范措施

1）人体静电对易燃易爆气体现场的危害

人体的电阻属于导体，如果所穿鞋子的电阻率相对较低，则即使产生静电荷也会很快被导入大地。但在抢险救援时消防员穿着绝缘性较好的消防胶靴，所产生的静电不易泄漏，容易积聚。据测试，穿胶鞋行走的人，身体所带静电位可达5～15kV。而一个带有3000V静电电压的人，如接触金属导体而放电，电火花的能量已大于许多易燃易爆气体或蒸气的点火能量。如按引燃煤气、液化石油气、天然气的最小能量为0.25J来计算，那么，只要静电电压达到2300V即可引燃。

人体带电比机器设备带电具有更大的危险性，因为人总是在运动的，每当他在危险场所来回走动时，连续不断的摩擦会产生大量的静电，相当于一个流动的火源。在易燃气体泄漏事故处置时，泄漏出的气体与空气混合极易形成爆炸性混合气体，遇火源会发生爆炸或燃烧。在处置此类事故时，通常按要求切断了警戒区内电源，熄灭明火，但人体静电的防护问题确容易被忽视。在某些最小点火能极小的爆炸性气体（如氢气、液化气、煤气等）泄漏事故现场，人体静电放电会导致爆炸事故的发生。所以在处置易燃气体泄漏事故时，预防人体带电是一项重要的安全措施。

2）易燃气体泄漏事故处置现场人体静电防范措施

（1）严禁穿毛、丝、化纤类服装进入警戒区。在进入警戒区域时，要避免穿容易产生和累积静电的衣服，如毛、丝、化纤类等，宜穿着不易累积静电的纯棉战斗服（实验表明，人在脱棉制衣物时，产生静电的最大电压为2600V；脱毛制衣物时为2800V；脱混纺衣物时为5000V；而脱化纤尼龙衣物时则高达10000V以上）。

（2）消除人体静电。在警戒区外，设置接地体如接地良好的铁板、圆钢等，战斗员进入警

戒区前先触摸或踏上接地体，将人体静电导入大地，消除人体所带静电。在特别危险性的事故现场，可定期对人体电位进行检测，人体静电电位一般要求不应超过 100V。

（3）在警戒区不得随便穿、脱衣物。在穿、脱衣物的瞬间，人体静电电荷的分布发生突变，易透发静电放电，因此战斗员在进入警戒区域后，不得随意穿、脱衣物。

（4）将衣服打湿，降低人体或衣物的电阻率，防止静电积累。特别是在穿着采用不导电的无毒橡胶防化服进入警戒区时，由于此类防化服也容易积累静电，必须将其表面打湿，防止发生危险。

（5）在手腕或脚关节处戴上导电橡胶条，将静电导入大地。

（6）特殊情况下，可穿着导电工作服、导电手套、导电鞋等静电防护服装。

知识学习内容 3　三极管触摸采样放大电路

如图 5.3.9 所示三极管触摸采样放大电路，M 是触摸金属块，当人体触摸金属块时，人体静电电压 V_M 就通过电阻 R_1、R_2 作用在三极管 BG 的基极 b 和发射极 e 之间，使 BG 导通，此时 BG 的基极电流为 I_b。若三极管 BG 的电流放大倍数为 β，集电极最大允许电流为 I_{CM}，集电极最大允许耗散功率为 P_{CM}。则集电极电流

$$I_C = \beta I_b = \beta \frac{V_M}{R_1 + R_2} \leq I_{CM} \quad (5\text{-}3\text{-}1)$$

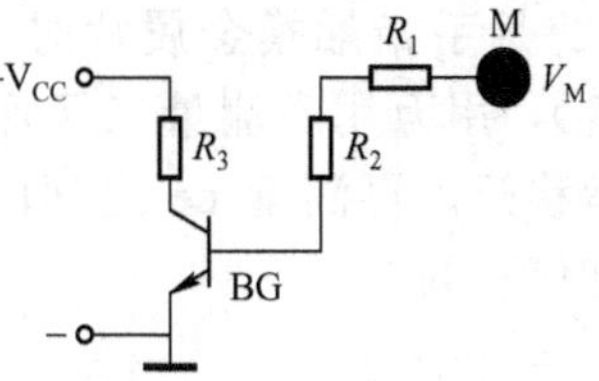

由上式可知：

$$R_1 + R_2 \geq \beta \frac{V_M}{I_{CM}} \quad (5\text{-}3\text{-}2)$$

图 5.3.9　三极管触摸采样放大电路

在式（5-3-2）中，V_M 可按人体通常可能出现的最大静电电压取值，一般 V_M 可按 20kV 取值。集电极 R_3 取值要保证使得集电极耗散功率小于 P_{CM}，即要满足下式：

$$V_{CC} I_C - I_C^2 R_3 \leq P_{CM} \quad (5\text{-}3\text{-}3)$$

若取式（5-3-3）中 $I_C = I_{CM}$，则有

$$R_3 \geq \frac{V_{CC} I_{CM} - P_{CM}}{I_{CM}^2} \quad (5\text{-}3\text{-}4)$$

二、任务实施

1. 设计触摸开关触摸采样控制电路，绘制电路原理图，并正确选用元器件完成电路连接

实施要求：

（1）根据三极管应用电路工作特点，参照图 5.3.9，设计触摸开关触摸采样控制电路的电路原理图。

（2）各项目小组在预先准备的元器件中选用主电路的组成器件，并讨论分析选用的理由，写出书面设计选用过程。

（3）应用万用表测试判断元器件的极性和质量好坏（主要指三极管的管脚和质量好坏、电阻器阻值误差大小等）。

（4）在面包板上完成电路元器件的连接。注意金属片与导线连接要可靠。

2. 触摸开关触摸采样控制电路调试

在任务二调试完成的电路基础上，把触摸采样控制电路的电源端分别接在直流稳压电源稳压管两端。如图 5.3.10 所示。

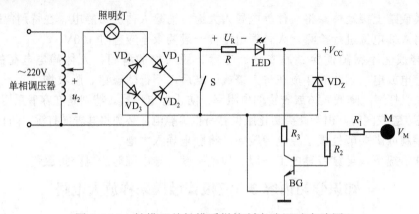

图 5.3.10 触摸开关触摸采样控制电路调试电路图

1) 单极开关 S 断开

开关 S 断开，接通调压器电源，调节调压器输出不超过 36V，使稳压管两端电压为 12V。用手指触摸金属片时（注意此时调压器输出电压通过灯、整流二极管、三极管等构成通路），用万用表测量三极管集电极 c 和发射极 e 之间的电压，并记录在表 5.3.6 中。然后把手指移开，再测量 ce 之间的电压，记录在表 5.3.6 中。让测量值和理论值进行比较，分析判断有何不同。

表 5.3.6 触摸采样控制电路调试记录表

控制方式	电压值与灯亮状态	稳压值 U_z(V)	集—射电压 U_{ce}(V)		灯亮与否
			测量值	理论值	
S 断开	手指碰金属片 M				
	手指未碰金属片 M				
S 合上	手指碰金属片 M				
	手指未碰金属片 M				

2) 单极开关 S 合上

开关 S 合上，观察灯是否亮以及灯的亮度。测量稳压管两端电压和三极管 ce 间电压，分别记录在表 5.3.6 中。用手指触摸金属片，再次测量稳压管两端电压和三极管 ce 间电压，并分别记录在表 5.3.6 中。注意观察分析两次测量值有何不同。

3. 安装和调试注意事项

（1）接插面包板导线，要求长度合适，导线线路连接要贴近面包板，要求横平竖直。
（2）元器件连接完成，要认真检查，以确保导线连接可靠，方能接入调压器通电调试。
（3）测试时，调压器输出电压从零开始逐渐增加到需要值。电压增加过程中，电路若出现冒烟、焦味、异声等异常现象，同组同学应立即切断调压器电源开关，并让调压器回零。
（4）当开关 S 断开时，为安全起见，调压器输出电压不得超过 36V。
（5）测试完毕，开关 S 断开，并切除调压器电源后，才可操作电路。

三、工作评价

（一）知识答卷

参见《电工基础技术项目工作手册》项目五中工作任务三的知识水平测试卷。

（二）知识学习考评成绩

知识学习考评表类同表 1.2.10，参见《电工基础技术项目工作手册》项目五中任务三的知识学习考评表。

（三）任务实施过程评价

工作过程考核评价表类同表 1.2.11，参见《电工基础技术项目工作手册》项目五中任务三的工作过程考核评价表。

任务四　小电流晶闸管延时触发信号电路的设计与制作

一、任务准备

（一）教师准备

（1）教师准备好晶闸管工作过程、一阶 RC 电路工作过程、晶闸管延时触发信号电路设计的演示课件。

（2）任务实施场地检查、任务实施材料、工具、仪器仪表等准备、技术和技术资料准备、组织管理措施、任务实施场所安全技术措施和管理制度等参考任务一。

（3）任务实施计划和步骤：① 任务准备、学习有关知识；② 触摸开关触发延时电路的设计和制作；③ 触摸开关触发延时电路的调试；④ 触摸触发延时电路的设计和制作；⑤ 触摸触发延时电路的调试；⑥ 触摸延时开关印制电路板的制作和开关装配；⑦ 工作评价。

（二）学生准备

（1）衣着整洁，穿戴好劳保用品；无条件的学校，由学生自行穿好长袖衣、长裤和皮鞋等。

（2）掌握好安全用电规程和触电抢救技能。

（3）检查好材料、工具、仪器仪表。在实验员指导下，每个项目小组检查好材料、工具、仪器仪表等物资是否正常和合乎使用标准，对不符合使用标准的应予以更换。

（4）学生准备好《电工基础技术项目工作手册》、记录本以及铅笔、圆珠笔、三角板、直尺、橡皮等文具。

（三）实践应用知识的学习

知识学习内容 1　普通晶闸管及其应用的基本知识

晶闸管以前习惯称为可控硅（SCR），它不仅具有硅整流器的特性，更重要的是它的工作过程可以控制，能以小功率信号去控制大功率系统，可作为强电与弱电的接口，属用途十分广泛的功率电子器件。

在电力电子设备或电子设备中，晶闸管大致应用在 4 个方面。

（1）可控整流：把输入整流器的交流电转换成大小可调节的直流电输出；

（2）交流调压：把输入调压器的交流电压转换成大小、形状可变的交流电压输出；

（3）交、直流开关：作为交流回路或直流回路的电子开关；

（4）逆变：整流的逆过程，把输入逆变电路的直流电转变成与电网同频率同大小的交流电输出到交流电网（有源逆变），或转换成频率、大小可变的交流电输出供负载使用（无源逆变）。

晶闸管属于半控型电力电子器件（可直接控制导通，而不能直接控制关断）。晶闸管的种类很多，主要有单向普通晶闸管、双向晶闸管、光控晶闸管和快速晶闸管等。单向普通晶闸管是晶闸管应用的基础，所以普通晶闸管及其应用的基本知识就是我们首先必须要掌握的内容。

1. 普通晶闸管的结构

1）外形结构

晶闸管的外形有小电流塑封型、平板型和螺栓型几种，平板型和螺栓型一般应用于大、中功率的场合。其实物外形见图 5.4.1。螺栓型和平面型使用时固定在散热器上，散热器外形如图 5.4.2 所示。外形结构上晶闸管有三个极：阳极 A、阴极 K、控制极 G。

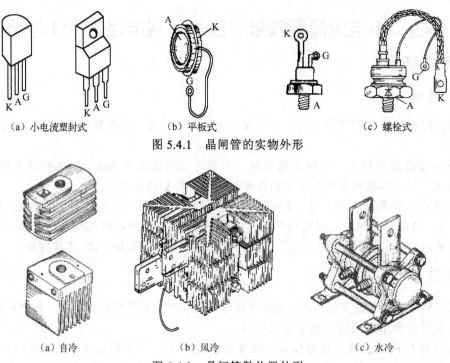

(a) 小电流塑封式　　(b) 平板式　　(c) 螺栓式

图 5.4.1　晶闸管的实物外形

(a) 自冷　　(b) 风冷　　(c) 水冷

图 5.4.2　晶闸管散热器外形

2）内部结构

晶闸管的内部结构如图 5.4.3（a）所示，它是由四层半导体 P-N-P-N 叠合而成，形成内部三个 PN 结（J_1、J_2、J_3），由外层 P 型半导体引出阳极 A，由外层 N 型半导体引出阴极 K，由中间 P 型半导体引出控制极 G。

如果按照图 5.4.3（b）所示，把中间 PN 结一分为二，则晶闸管内部可以看作由一个 PNP 型三极管和一个 NPN 型三极管连接而成，如图 5.4.3（c）所示。

晶闸管的文字符号为 VT，图形符号如图 5.4.3（d）所示。

2. 工作原理

1）晶闸管的工作原理

如图 5.4.3（c）所示，当晶闸管 A、K 之间加上正向电压 v_{AK} 时，在控制极 G、阴极 K 之间未加上正向触发电压时，VT_1 管因无基极电流而截至，晶闸管处于关断状态。

当晶闸管加上正向电压 v_{AK} 时，在控制极加上正向触发电压 v_{GK}，如图 5.4.4 所示。VT_1 管有了基极电流 i_{B1} 而导通，而 VT_1 管的集电极 i_{C1} 又作为 VT_2 管的基极电流 i_{B2}，VT_2 管导通后的集电极电流 i_{C2} 又流入 VT_1 管的基极，使两个管子都饱和导通。在触发导通后，VT_1 管基极由 i_{C2} 提供偏置电流，此时撤去外加触发电压，晶闸管仍能保持导通。若减少正向阳极电压，使阳极电流不

足以维持 VT_1、VT_2 管导通，晶闸管就转为关断。

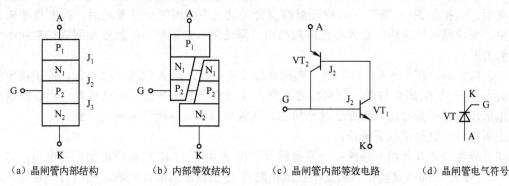

（a）晶闸管内部结构　　（b）内部等效结构　　（c）晶闸管内部等效电路　　（d）晶闸管电气符号

图 5.4.3　普通晶闸管内部结构及符号

若阳极电压反接时，无论控制极加什么电压，VT_1 和 VT_2 管都不能导通，晶闸管处于关断状态。

2）工作过程实验

为了便于理解，下面通过实验来反映晶闸管的工作原理。

如图如图 5.4.5（a）所示电路中，晶闸管的 A、K 极、小灯泡 HL 和电源构成的回路称为主回路。晶闸管的 G、K 极、开关 S 和电源构成的回路称为触发电路或控制回路。

（1）正向阻断。在图 5.4.5（b）中，晶闸管加上正向电压，即晶闸管阳极接电源正极，阴极接电源负极。开关 S 不闭合，小灯泡不亮，这说明晶闸管加正向电压，但控制极未加上正向电压时，管子不会导通，这种状态称为晶闸管的正向阻断状态。

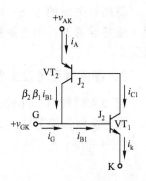

图 5.4.4　普通晶闸管等效工作电路

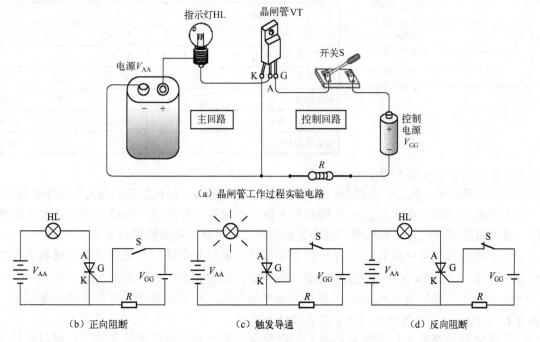

（a）晶闸管工作过程实验电路

（b）正向阻断　　　　（c）触发导通　　　　（d）反向阻断

图 5.4.5　普通晶闸管工作特性实验电路

（2）触发导通。在图 5.4.5（c）中，晶闸管加正向电压，且开关 S 闭合，在控制极上加正向触发电压，此时小灯泡亮，表明晶闸管导通，这种状态称为晶闸管的触发导通。

灯亮后，若把开关 S 断开，灯泡则继续发光，这说明晶闸管一旦导通后，控制极便失去了控制作用。要使晶闸管关断，必须将正向阳极电压降低到一定数值，使流过晶闸管的电流小于维持电流而关断。

(3) 反向阻断。在图 5.4.5 (d) 中，晶闸管加反向电压，即 A 极接电源负极，K 极接电源正极，此时不论开关 S 闭合与否，灯泡始终不亮。这说明当晶闸管加反向电压时，不管控制极加怎样的电压，它都不会导通，而处于截至状态，这种状态称为晶闸管的反向阻断。

综上所述，可以得出以下结论：

晶闸管导通必须具备两个条件：一是晶闸管阳极 A 与阴极 K 间必须施加正向电压；二是控制极 G 与阴极 K 之间必须接正向触发电压或控制极 G 必须注入触发电流。晶闸管一旦导通后，去掉控制极电压后，晶闸管仍然保持导通状态。

晶闸管关断的方法：一是将阳极电压降低到足够小，使流过晶闸管的阳极电流小于维持电流（维持导通的晶闸管继续导通的最小阳极电流）；二是晶闸管阳极 A 和阴极 K 之间施加反向电压。

3. 晶闸管型号及主要参数含义

表 5.4.1 列出了几种普通晶闸管的主要参数，晶闸管的品种很多，每种晶闸管都有一个型号，国产晶闸管的型号由 5 部分组成，如下所示。

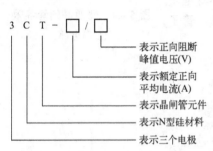

表 5.4.1　几种普通晶闸管的主要参数

参数 \ 型号	3CT101	3CT103	3CT104	3CT105
反向峰值电压 V_{RRM} /V	30～800	30～1200	30～1200	30～1200
正向阻断峰值电压 V_{DRM} /V	30～800	30～1200	30～1200	30～1200
正向平均电流 $I_{T(AV)}$ /A	1	1	1	1
正向电压降平均值 $V_{T(AV)}$ /V	≤1.2	≤1.2	≤1.2	≤1.2
控制极触发电流 I_g /mA	3～30	5～70	5～100	5～100
控制极触发电压 V_g /V	≤2.5	≤3.5	≤3.5	≤3.5
额定结温/℃	100	100	100	100
维持电流 /mA	≤30	≤40	≤60	≤60
散热器面积 /cm²		350	1200	1200

其中的主要参数含义介绍如下。

(1) 反向峰值电压 V_{RRM}：在控制极开路时，允许加在阳极—阴极之间的最大反向峰值电压。

(2) 正向阻断峰值电压 V_{DRM}：在控制极开路时，允许加在阳极—阴极之间的最大正向峰值电压。使用时若超过 V_{DRM}，晶闸管即使不加触发电压也能从正向阻断转向导通。

(3) 额定正向平均电流 $I_{T(AV)}$：在规定的环境温度和散热条件下，允许通过阳极和阴极之间的电流平均值。例如 3A 额定电流的晶闸管，即指它的额定正向平均电流是 3A。

(4) 正向电压降平均值 $V_{T(AV)}$：又称为通态平均电压，指晶闸管导通时管压降的平均值，一般在 0.4～1.2V，这个电压愈小，管子的功耗就愈小。

(5) 控制极触发电压 V_g 和触发电流 I_g：在室温下及一定的正向电压条件下，使晶闸管从关断到导通所需的最小控制电压和电流。出厂时是按照使同一批同一类型的所有晶闸管都能触发导通的最小电压和电流来作为晶闸管标注的参数。

4. 晶闸管简易检测的方法

在检修电子产品中,通常需对晶闸管进行简易的检测,以确定其质量是否良好。简单的检测方法如下。

1)判别电极

指针式万用表置于 R×1k 挡,测量晶闸管任意两脚间的电阻,当万用表指示低阻值时,黑表笔所接的是控制极 G,红表笔所接的是阴极 K,余下的一脚为阳极 A,其他情况下电阻值均为无穷大。

2)质量好坏的检测

晶闸管的检测可按以下三个步骤进行。

(1)万用表置于 R×10 档,红表笔接阴极 K,黑表笔接阳极 A,指针应接近∞,如图 5.4.6(a)所示。

(2)用黑表笔在不断开阳极的同时接触控制极 G,万用表指针向右偏转到低阻值,表明晶闸管能触发导通,如图 5.4.6(b)所示。

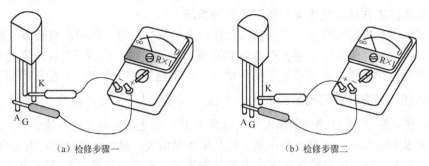

(a)检修步骤一　　　　　　　(b)检修步骤二

图 5.4.6　用万用表检测晶闸管质量

(3)在不断开阳极 A 的情况下,断开黑表笔与控制极 G 的接触,万用表指针应保持在原来的低阻值上,表明晶闸管撤去控制信号后仍将保持导通状态。

5. 应用案例

图 5.4.7 所示是晶闸管控制的照明不间断电源。在交流电源正常时,220V 交流电经变压器变压,VT_2 和 VT_3 全波整流后为照明灯供电。当交流电源停电时,由于晶闸管的阴极电位降低,蓄电池为晶闸管的阳极与阴极接正向电压。停电后 C_1 所充的电压为晶闸管控制极加正向电压使之导通,就自动地转变为直流电源供电。

当交流电源供电恢复时,由于晶闸管的阴极电位高于阳极电位,晶闸管就转为关断,又自动转向交流电源供电。

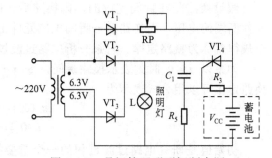

图 5.4.7　晶闸管照明不间断电源

知识学习内容 2　一阶动态 RC 电路分析

在前面各项目中,我们已经碰到过由储能元件电感 L 和电容 C 构成的交直流电路及其分析方法,但那样的电路都是电路开关接通或断开后,电路已经工作一定时间,进入稳定工作状态的情况。这样的电路在开关接通或断开后,电路中的某些参数往往不能立即进入稳定状态,而是需要经历一个中间变化的暂态过程。这种含有储能元件的电路称为动态电路。仅含有一个储能元件的电路叫一阶动态电路。含有两个动态元件的电路,就叫二阶动态电路。含有两个以上动态元件的电路,就叫多阶动态电路。

1. 动态电路实验及元件的特性

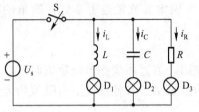

图 5.4.8 暂态过程演示电路

如图 5.4.8 所示,三只灯泡 D_1、D_2、D_3 为同一规格。我们假设开关 S 处于断开状态,并且电路中各支路电流均为零。在这种稳定状态下,灯泡 D_1、D_2、D_3 都不亮。当开关闭合后,我们会观察到这样现象:在外施直流电压 U_S 作用下,灯泡 D_1 由暗逐渐变亮,最后亮度达到稳定;灯泡 D_2 在开关闭合的瞬间突然闪亮了一下,随着时间的延迟逐渐暗下去,直到完全熄灭;灯泡 D_3 在开关闭合的瞬间立即变亮,而且亮度稳定不变。

由此可见,含有电感或电容元件的电路存在着过渡性暂态过程。电路的过渡过程虽然时间短暂(一般只有几毫秒,甚至几微妙),在实际工作中却极为重要。我们把这种由于开关的接通或断开,导致电路工作状态发生变化的现象称为换路。

在上述实验中,电阻支路由于不含储能元件,虽然发生换路,但却没有暂态过程,即灯泡 D 能够瞬间点亮,且亮度恒定。电感支路和电容支路由于换路时,电感元件和电容元件中储存的能量根据能量守恒定律知道,既不能凭空突然增加,也不能凭空突然消失,能量的储存和释放需要经历一定的时间。电容储存的电场能量 $W_C = \frac{1}{2}Cu_C^2$,电感储存的磁场能量 $W_L = \frac{1}{2}Li_L^2$,由于两者都不能突变,所以在 L 和 C 确定的情况下,电容电压 u_C 和电感电流 i_L 也不能突变。因此在上述实验中,当开关 S 闭合以后,电感支路电流 i_L 将从零逐渐增大,最终达到稳定,因此灯泡 D_1 的亮度也随之变亮。与此同时,电容两端电压 u_C 从零逐渐增大,直至最终稳定为 U_S;相应地灯泡 D_2 两端的电压($u_{D2} = U_S - u_C$)从 U_S 逐渐减小至零,致使 D_2 的亮度逐渐变暗,直至最后熄灭。

综上所述,含有动态元件的动态电路具有这样的重要特性:电容两端电压 u_C 和电感电流 i_L 不能突变。

2. 换路定律及电路初始值的计算

假设换路是在瞬间完成的,则换路后一瞬间电容元件两端的电压应等于换路前一瞬间电容元件两端的电压,而换路后一瞬间电感元件上的电流应等于换路前一瞬间电感元件上的电流,这个规律就称为换路定律。它是分析电路过渡过程的重要依据。

如果以 $t = 0$ 时刻表示换路瞬间,令 $t = 0_-$ 表示换路前一瞬间,$t = 0_+$ 表示换路后一瞬间,则换路定律可以用公式表示为

$$u_C(0_+) = u_C(0_-) \tag{5-4-1}$$
$$i_L(0_+) = i_L(0_-) \tag{5-4-2}$$

初始值是研究电路过渡过程的一个重要指标,它决定了电路过渡过程的起点。在一阶电路中电路初始值它包括 $u_C(0_+)$、$i_C(0_+)$、$u_L(0_+)$、$i_L(0_+)$、$u_R(0_+)$、$i_R(0_+)$。计算初始值一般按如下步骤进行:

(1)确定换路前电路中的 $u_C(0_-)$、$i_L(0_-)$,若电路较复杂,可先画出 $t = 0_-$ 时刻的等效电路,再根据电路分析方法求解。

(2)由换路定律确定 $u_C(0_+)$、$i_L(0_+)$。

(3)画出 $t = 0_+$ 时的等效电路。

(4)根据电路分析方法求解电路中其他初始值。

需要注意的是,在绘制 $t = 0_+$ 时的等效电路时,需对原电路中的储能元件做特别处理:

（1）若电容元件或电感元件在换路前无初始储能，即 $u_C(0_-) = 0$ 或 $i_L(0_-) = 0$，则由换路定律有 $u_C(0_+) = 0$ 或 $i_L(0_+) = 0$，因此在画等效电路时应将电容视为短路、电感视为开路。如图 5.4.9 所示。

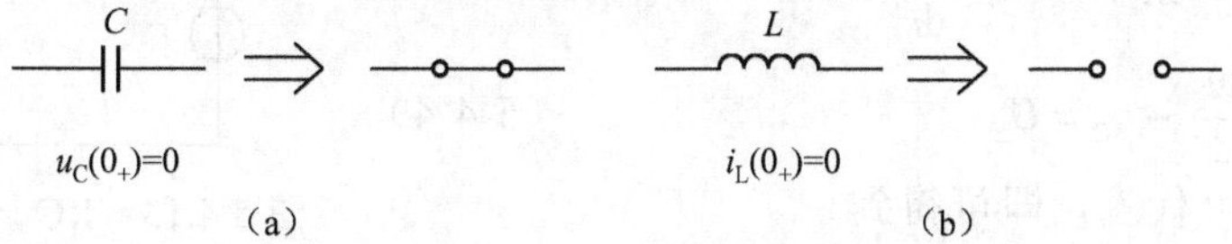

图 5.4.9 无初始储能时 C 与 L 的等效

（2）若电容元件或电感元件在换路前初始储能不为零，则 $u_C(0_+) \neq 0$ 或 $i_L(0_+) \neq 0$，因此在画等效电路时应将电容元件用一个端电压等于 $u_C(0_+)$ 的电压源替代，电感元件用一个电流等于 $i_L(0_+)$ 的电流源来替代，如图 5.4.10 所示。

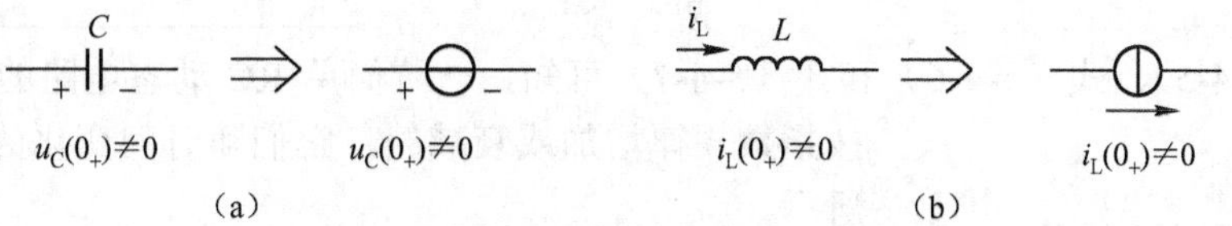

图 5.4.10 有初始储能时 C 与 L 的等效

【例 5.4.1】 在图 5.4.11 所示电路中，已知 $U_S = 10V$，$R_1 = 4\Omega$，$R_2 = 6\Omega$，$C = 1\mu F$，开关 S 在 t = 0 时刻闭合，试求 K 闭合后瞬间电路中各电压和电流的初始值。

解 根据题意　　　$u_C(0_-) = 0$

由换路定律知　　　$u_C(0_-) = u_C(0_+) = 0$

因 R_2 并联在电容的两端，故可知　　　$u_{R2}(0_+) = u_C(0_+) = 0$

然后画出 $t = 0_+$ 时刻的等效电路，如图 5.4.12 所示，由于电阻 R_2 被短路，故电路中电流

$$i_2(0_+) = 0$$

并且，$i_1(0_+) = i_C(0_+) = \dfrac{U_S}{R_1} = \dfrac{10}{4} = 2.5A$，$u_{R1}(0_+) = R_1 i_1(0_+) = 4 \times 2.5 = 10V$。

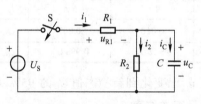

图 5.4.11 例 5.4.1 图

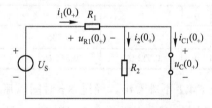

图 5.4.12 $t = 0_+$ 时刻的等效电路

3．一阶简单 RC 动态电路的零状态响应

1）激励和零状态响应的概念

一阶动态电路激励包括电源（或信号源）这样的外加激励以及由储能元件上的初始储能提供的内部激励。

如果电路在发生换路时，储能元件上没有初始储能，即 $u_C(0_-) = u_C(0_+) = 0$ 或 $i_L(0_-) = i_L(0_+) = 0$，我们称这种状态叫零初始状态，一个零初始状态的电路在换路后只受电源（激励）的作用而产生的电流或电压（响应）叫零状态响应。

2）一阶简单 RC 动态电路的零状态响应分析

如图 5.4.13 所示的简单 RC 充电电路就是一个典型的一阶零状态响应电路。在开关 S 闭合后，由 KVL 可知

$$u_R + u_C = U_S \qquad (5\text{-}4\text{-}3)$$

其中 $u_R = iR$, $i = C\dfrac{du_C}{dt}$

所以
$$RC\dfrac{du_C}{dt} + u_C = U_S \qquad (5\text{-}4\text{-}4)$$

把初始条件 $u_C(0_-) = 0$ 代入，即可得到

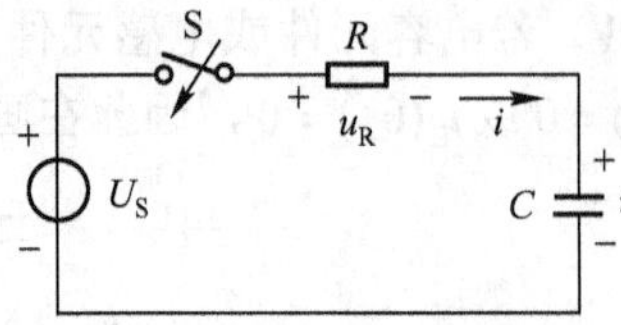

图 5.4.13 RC 一阶零状态响应电路

$$u_C = U_S(1 - e^{-\frac{t}{\tau}}) \qquad (5\text{-}4\text{-}5)$$

$\tau = RC$，称作时间常数。根据（5-4-5）式，可分析电路中另两个响应：

$$u_R = U_S - u_C = U_S e^{-\frac{t}{\tau}} \qquad (5\text{-}4\text{-}6)$$

$$i = \dfrac{u_R}{R} = \dfrac{U_S}{R} e^{-\frac{t}{\tau}} \qquad (5\text{-}4\text{-}7)$$

根据式（5-4-5）、式（5-4-6）和式（5-4-7）可知，一阶简单 RC 动态电路的零状态响应均是按指数规律增加或衰减的，它们随时间变化的曲线如图 5.4.14 所示。

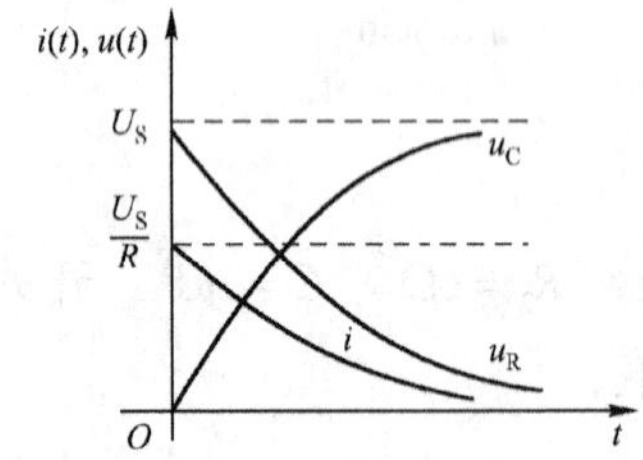

3）时间常数

实验证明，RC 电路充电过程的快慢取决于 $\tau = RC$，τ 越大，充电过程越长，它是表示电路暂态过程中电压与电流变化快慢的一个物理量，只与电路元件的参数有关，而与其他数值无关。当 R 的单位取欧姆（Ω），C 的单位取法拉（F）时，τ 的单位为秒（s）。当 $t = \tau = RC$ 时，有

$$u_C = U_S(1 - e^{-1}) = 0.632 U_S = 63.2\% U_S$$

图 5.4.14 RC 一阶零状态响应电路电流和电压波形

上式说明，时间常数 τ 为电容电压变化到稳态值的 63.2% 时所需的时间。为进一步理解时间常数的意义，现将对应不同时刻的电容电压 u_C 的数值列于表 5.4.2 中。

表 5.4.2 不同时刻下的电容电压

t	0	τ	2τ	3τ	4τ	5τ	...	∞
$e^{-\frac{t}{\tau}}$	1	0.368	0.135	0.050	0.018	0.007	...	0
u_C	0	$0.632 U_S$	$0.865 U_S$	$0.95 U_S$	$0.982 U_S$	$0.993 U_S$	...	U_S

从表 5.4.2 不难看出，经过 3τ 时间以后电容电压 u_C 已变化到新稳态值 U_S 的 95% 以上。因此在工程实际中，通常认为 $t = (3\sim5)\tau$ 时，过渡过程就已基本结束。

4．一阶较复杂 RC 动态电路的零状态响应

对于较复杂的一阶 RC 动态电路，我们可以按照以下的基本步骤去分析电路中的零状态响应。电路分析基本步骤：

（1）画出 $t = 0_+$ 时的等效电路。

（2）根据戴维南定理，求解电容移出电路时所剩二端口网络的戴维南等效电路。

（3）把移去的电容重新接入戴维南等效电路，此时电路就变成一阶简单 RC 动态电路，根据式（5-4-5）、式（5-4-6）和（5-4-7），直接求解电容支路电压、电流响应表达式。

（4）在 $t = 0_+$ 时的等效电路中，根据电路分析方法求解电路中其他响应。

【例 5.4.2】 如图 5.4.15（a）所示，$U_S = 20V$，$R_1 = R_2 = 10k\Omega$，$R_3 = 5k\Omega$，电容 $C = 100\mu F$，假设开关 S 闭合前电容两端电压为 0V，则当开关 S 闭合后，求电路响应 i_1。

解 步骤一：$t = 0_+$ 时，移去电容 C 所剩二端口网络，如图 5.4.15（b）所示。

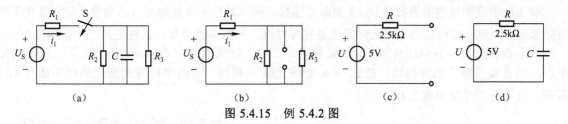

图 5.4.15　例 5.4.2 图

步骤二：求出该二端口网络的戴维南等效电路，如图 5.4.15（c）所示。

步骤三：把电容 C 重新接入端口，如图 5.4.15（d）所示，则根据式（5-4-5）和式（5-4-7）求得

$$u_C = 5(1-e^{-4t})\text{V}, \quad i_C = 2e^{-4t}\text{mA}$$

步骤四：再把电容 C 重新移入图 5.4.15（b）中，分别可求得

$$i_{R2} = \frac{u_C}{R_2} = \frac{5(1-e^{-4t})}{10} = 0.5(1-e^{-4t})\text{mA}$$

$$i_{R3} = \frac{u_C}{R_3} = 1-e^{-4t}\text{mA}$$

根据 KCL，可知

$$i_1 = i_C + i_{R3} + i_{R2} = 2e^{-4t} + 0.5(1-e^{-4t}) + 1-e^{-4t} = 1.5 + 0.5e^{-4t}\text{mA}$$

【例 5.4.3】如图 5.4.16（a）所示，$U_S = 12\text{V}$，$R_1 = R_2 = 10\text{k}\Omega$，电容 $C = 100\mu\text{F}$，假设开关 S 闭合前电容两端电压为 0V，则当开关 S 闭合后，求电路响应 u_C。

解 S 闭合，$t = 0_+$ 时，$u_C(0_-) = u_C(0_+) = 0\text{V}$。

步骤一：移去电容 C 所剩二端口网络，如图 5.4.16（b）所示。

步骤二：求出该二端口网络的戴维南等效电路，如图 5.4.16（c）所示。

步骤三：把电容 C 重新接入端口，如图 5.4.16（d）所示。

根据图 5.4.16（d）可知，$u_C = 12\text{V}$，理论上电路无暂态过程，实际是暂态过程时间极短。

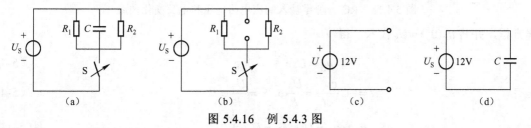

图 5.4.16　例 5.4.3 图

5．一阶简单 RC 电路的零输入响应

如果一阶动态电路在换路时具有一定的初始储能，这时电路中即使没有外加电源的存在，仅凭电容或电感储存的能量，仍能产生一定的电压和电流，我们称这种外加激励为零，仅由动态元件的初始储能引起的电流或电压叫零输入响应。

如图 5.4.17 所示，RC 放电电路产生的电流和电压即是典型的零输入响应。

1）RC 电路放电过程

RC 放电电路如图 5.4.17 所示，先将开关 S 扳向"1"，电源对电容 C 充电，使 u_C 达到 U_S，同时将示波器探头接至电阻 R 两端。在 $t = 0$ 时将 S 扳至"2"，使电容放电，由换路定律可知

$$u_C(0_-) = u_C(0_+) = U_S$$

于是

$$i(0_+) = \frac{u_C(0_+)}{R} = \frac{U_S}{R}$$

即 RC 串联回路的电流将以 U_S/R 为起点递减。因电路中无外加电源,当电容上储存的电荷释放殆尽时,电容两端电压为零,此时,放电过程结束,回路电流为零,电路进入一个新的稳态。

用示波器观察电容电压 u_C 从 U_S 衰减到零的过程,结果如图 5.4.18 所示。在 RC 放电电路中,电阻直接并联在电容两端,故 u_R 与 u_C 的变化规律相同。电路中电流的变化规律如图 5.4.18 所示。以上分析结果见表 5.4.3。

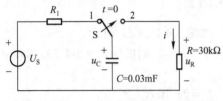

图 5.4.17 RC 一阶零输入响应电路

表 5.4.3 RC 放电电路各物理量比较

物理量	换路后初始值	稳态值
u_C	U_S	0
u_R	U_S	0
i	$\dfrac{U_S}{R}$	0

2)暂态分析

如图 5.4.17 所示电路,列回路 KVL 方程,有
$$u_C - iR = 0$$

由于
$$i = -C\frac{du_C}{dt} \quad (u_C \text{ 与 } i \text{ 为非关联方向,前面需加负号})$$

所以
$$u_C + RC\frac{du_C}{dt} = 0$$

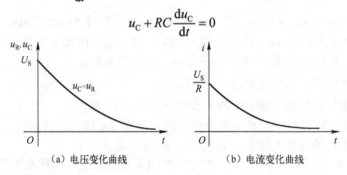

图 5.4.18 RC 一阶零输入响应电路电压和电流变化曲线

求解方程,并将 $u_C(0_+) = U_S$ 代入,得
$$u_C = U_S e^{-\frac{t}{RC}} = U_S e^{-\frac{t}{\tau}} \tag{5-4-8}$$

于是有
$$i = -C\frac{du_C}{dt} = \frac{U_S}{R}e^{-\frac{t}{RC}} = \frac{U_S}{R}e^{-\frac{t}{\tau}} \tag{5-4-9}$$

$$u_R = u_C = U_S e^{-\frac{t}{RC}} = U_S e^{-\frac{t}{\tau}} \tag{5-4-10}$$

由此可见,在 RC 放电电路中,电压 u_C、u_R 和电流 i 均由各自的初始值随时间按指数规律衰减,其衰减的快慢由时间常数 τ 决定。

在有些电子设备中,RC 串联电路时间常数 τ 仅为几分之一微秒,放电过程也只有几个微秒;而在电力系统中,有的高压电容器,其放电时间长达几十分钟。

6. 一阶较复杂 RC 动态电路的零输入响应

对于较复杂的一阶 RC 动态电路,我们可以按照以下的基本步骤去分析电路中的零输入响应。电路分析基本步骤:

(1)确定换路前电路中的 $u_C(0_-)$,若电路较复杂,可先画出 $t = 0_-$ 时刻的等效电路,再根据电路分析方法求解。

(2)由换路定律确定 $u_C(0_+)$。

（3）画出 $t=0_+$ 时的等效电路。

（4）根据戴维南定理，求解电容移出电路时所剩二端口网络的戴维南等效电阻。

（5）把移去的电容与戴维南等效电阻串联连接，此时电路就变成一阶简单 RC 动态零输入响应电路，根据式（5-4-8）、式（5-4-9）和式（5-4-10），直接求解电容支路电压、电流响应表达式。

（6）在 $t=0_+$ 时的等效电路中，根据电路分析方法求解电路中其他响应。

【例 5.4.4】 在例 5.4.2 中，如果开关 S 之前闭合，在 $t=0$ 时断开，求开关 S 断开后电容电压 u_C 和电阻 R_2、R_3 中电流 i_{R2}、i_{R3}。

解 步骤一：开关闭合后等效电路，如图 5.4.19（a）所示。

$t=0_-$ 时，电路已经处于稳态，根据例 5.4.2 题，可知
$$u_C(0_-)=u_C(0_+)=5\text{V}$$

步骤二：$t=0_+$ 时等效电路，如图 5.4.19（b）所示。

移去电容 C，求出二端口网络的戴维南等效电阻 $R=\dfrac{R_2\times R_3}{R_2+R_3}=\dfrac{10\times 5}{10+5}=\dfrac{10}{3}\text{k}\Omega$。

步骤三：把电容 C 与戴维南等效电阻 R 连接，如图 5.4.19（c）所示。

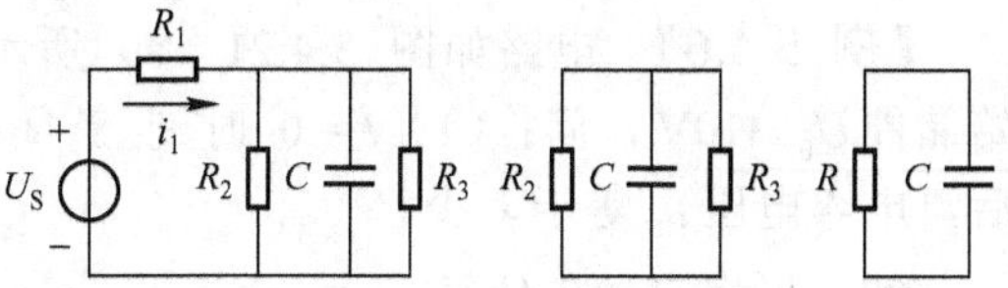

故根据式（5-4-8）可知
$$u_C=u_C(0_+)\mathrm{e}^{-\frac{t}{\tau}}=5\mathrm{e}^{-\frac{t}{\tau}}=5\mathrm{e}^{-3t}\text{V}$$

式中 $\tau=\dfrac{10}{3}\times 100\times 10^{-3}=\dfrac{1}{3}\text{s}$

图 5.4.19 例 5.4.4 图

步骤四：把电容 C 重新接入图 5.4.19（b）中，则
$$i_{R2}=\frac{u_C}{R_2}=\frac{5\mathrm{e}^{-3t}}{10}=0.5\mathrm{e}^{-3t}\text{mA}，\quad i_{R3}=\frac{u_C}{R_3}=\frac{5\mathrm{e}^{-3t}}{5}=\mathrm{e}^{-3t}\text{mA}$$

【例 5.4.5】 在例 5.4.3 中，如果开关 S 之前闭合，在 $t=0$ 断开，求开关 S 断开后电容电压 u_C 和电阻 R_2 中电流 i_{R2}。

解 步骤一：$t=0_-$ 时，电路已经处于稳态，根据例 5.4.3，可知
$$u_C(0_-)=u_C(0_+)=12\text{V}$$

步骤二：$t=0_+$ 时等效电路，如图 5.4.20（a）所示。

移去电容 C，如图 5.4.20（b）所示，求出二端口网络的戴维南等效电阻 $R=\dfrac{R_1\times R_2}{R_1+R_2}=5\text{k}\Omega$。

步骤三：把电容 C 与戴维南等效电阻 R 连接，如图 5.4.20（c）所示。

故根据式（5-4-8）可知 $u_C=u_C(0_+)\mathrm{e}^{-\frac{t}{\tau}}=12\mathrm{e}^{-\frac{t}{\tau}}=12\mathrm{e}^{-2t}\text{V}$

式中 $\tau=5\times 100\times 10^{-3}=0.5\text{s}$

步骤四：把电容 C 重新接入图 5.4.20（b）中。

则 $i_{R2}=\dfrac{u_C}{R_2}=\dfrac{12\mathrm{e}^{-2t}}{10}=1.2\mathrm{e}^{-2t}\text{mA}$

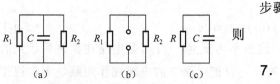

图 5.4.20 例 5.4.5 图

7. 一阶电路的全响应

当电路中既有外加激励的作用，又存在非零的初始值时所引起的响应叫全响应。下面我们以 RC 串联电路为例加以说明。

如图 5.4.21（a）电路中，电容的初始电压为 U_0，在 $t=0$ 时闭合开关 S，接通直流电源 U_S，这是一个线性动态电路，可应用叠加原理将其全响应分解为如图 5.4.21（b）所示电路的零状态响应和如图 5.4.21（c）所示的零输入响应的形式。即

全响应 = 零状态响应 + 零输入响应

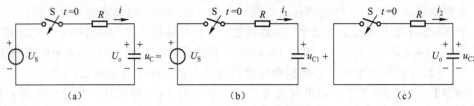

图 5.4.21 RC 一阶全响应电路

该结论对任意线性动态电路均适用。

根据叠加原理，电容两端电压 u_C 的全响应可表示为

$$u_C = u_{C1} + u_{C2} = U_S(1-e^{-\frac{t}{RC}}) + U_0 e^{-\frac{t}{RC}} \tag{5-4-11}$$

把式（5-4-11）化简后，可以转换成另一种形式为

$$u_C = U_S + (U_0 - U_S)e^{-\frac{t}{RC}} \tag{5-4-12}$$

【例 5.4.6】 电路如图 5.4.21（a）所示，已知 $U_S = 20\text{V}$，$R = 2\text{k}\Omega$，$C = 2\mu\text{F}$，电容器有初始储能 $U_0 = 10\text{V}$，问：（1）$t = 0$ 时刻 S 闭合后，电容电压 u_C 的表达式？（2）S 闭合 10ms 以后，电容电压 u_C 等于多少？

解 根据已知条件得

$$U_0 = 10\text{V}, \quad \tau = RC = 2\times 10^3 \times 2\times 10^{-6} = 4\times 10^{-3}\text{s} = 4\text{ms}$$

于是，代入式（5-4-12）有

$$u_C(t) = 20 + (10-20)e^{-\frac{t}{4\times 10^{-3}}} = 20 - 10e^{-250t}\text{V}$$

S 闭合 10ms 后，电容电压

$$u_C = 20 - 10e^{-250\times 10\times 10^{-3}} = 20 - 10e^{-2.5} = 19.18\text{V}$$

8. 一阶电路的三要素分析法

1）三要素法的概念

观察式（5-4-12）不难发现，式中只有将稳态值 U_S、初始值 U_0 和时间常数 τ 确定下来，u_C 的全响应也就随之确定。如果列出 u_R 和 i 的表达式，同时可以发现这个规律。可见，初始值、稳态值和时间常数是分析一阶电路的三个要素。根据这三个要素确定一阶电路全响应的方法，就称为三要素法。

2）一阶电路全响应公式

如果用 $f(0_+)$ 表示电路中某电压或电流的初始值，用 $f(\infty)$ 表示它的稳态值，τ 为电路的时间常数，那么，一阶电路的全响应可表示为

$$f(t) = f(\infty) + [f(0_+) - f(\infty)]e^{-\frac{t}{\tau}} \tag{5-4-13}$$

式中 $f(0_+)$ 的计算方法前面已经做了介绍，这里不再重复。$f(\infty)$ 是电路在换路后达到的新稳态值，当电路在直流电源作用下，达到稳态时，可以把电路中的电感视作短路，电容视作开路，然后根据电路分析方法求解；至于反映过渡过程持续时间长短的时间常数 τ，则由电路本身的参数决定，而与激励无关。

3）三点说明

（1）三要素法只适用于一阶电路。

（2）利用三要素法可以求解电路中任意一处的电压和电流。

（3）三要素法不仅能计算全响应，也可以计算电路的零输入响应和零状态响应。零输入响应可视作全响应电路在 $f(\infty)=0V$ 时的特例。零状态响应可视作全响应电路在 $f(0_+)=0V$ 时的特例。

知识学习内容 3　晶闸管触发延时信号电路分析

如图 5.4.22 所示，是晶闸管 VT 的触发延时信号电路。当 $u_{AK}>0$ 时，VT 门极 G 和阴极 K 之间电阻 R_g 两端电压 $u_{Rg}>0$，且达到 VT 的触发电压 u_g 时，晶闸管 VT 导通。VT 导通后，若 $u_{AK}\leqslant 0$，则 VT 关断。

当开关 S 闭合时，根据例 5.4.3 可知，电容两端电压 u_C，无暂态直接进入稳态，故 $u_C=U_S$，此时 PNP 型三极管 VT_1 发射极 e 和基极 b 正向偏置，三极管开关导通，电阻 R_g 两端电压 $u_{Rg}\approx U_S$，此时当 $u_{AK}>0$ 时，根据晶闸管导通条件可知，晶闸管 VT 导通。VT 导通后，若 $u_{AK}\leqslant 0$，则 VT 关断；若关断后，u_{AK} 又重新恢复为大于 0，则 VT 又重新导通。

当开关 S 闭合后打开，电容 C 开始放电，电容两端电压 u_C 逐渐减小，只要 u_C 不小于三极管 eb 之间的正向偏置导通电压（约 0.7V），则三极管 VT_1 就继续导通，电阻 R_g 两端电压 $u_{Rg}\approx U_S$，只要 u_{AK} 仍然大于 0，VT 就继续导通；直至 u_C 小于三极管 eb 之间的正向偏置导通电压，则三极管 VT_2 关断，$u_{Rg}=0$，此时只要 u_{AK} 一旦等于或小于 0，VT 就关断，关断后，即使 u_{AK} 又重新恢复为大于 0，VT 也不会导通。开关 S 打开后，电容 C 放电过程分析可参考例 5.4.5。由例 5.4.5 可知，电容 C 放电的时间由电阻 R_1、R_2 和电容 C 的大小决定。

如果把图 5.4.22 中的开关 S 换成任务三图 5.3.6 所示的三极管触摸采用放大电路，则电路如图 5.4.23 所示。当人手指触摸金属块 M 时，人体电压使三极管 VT_2 导通，三极管 VT_1 也导通，电阻 R_g 两端电压 $u_{Rg}\approx U_S$，此时当 $u_{AK}>0$ 时，晶闸管 VT 就导通。当人手指离开 M 时，三极管 VT_2 关断，由 RC 电路延时 t 时间后，VT_1 关断，此后只要 $u_{AK}\leqslant 0$，晶闸管 VT 就关断。

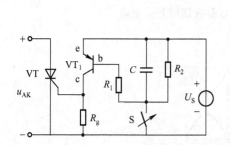
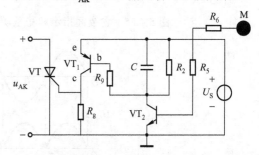

图 5.4.22　晶闸管 VT 的触发延时信号电路　　图 5.4.23　含触摸采样电路的晶闸管 VT 触发延时信号电路

在图 5.4.23 基础上，我们把图 5.2.15 所示的由二极管单相桥式整流电路构成的照明灯控制回路中的开关 S 换成图 5.4.23 中的晶闸管开关 VT，则电路变成如图 5.4.24 所示，工作过程不再赘述。

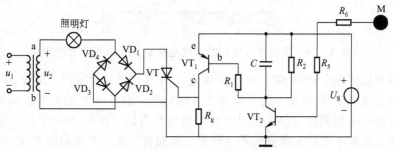

图 5.4.24　照明灯触摸延时开关电路

如果我们继续分析图 5.4.24 所示电路，可以发现这样的设计电路投入实际应用还存在三点不足：

（1）整流变压器的存在既增加了触摸延时开关的体积，也增加了经济成本，同时照明灯电压低于 220V，照明灯无法获得足够的亮度。

（2）直流电源 U_S 实际应用中并不能直接获得，要另外增加直流电源 U_S 形成电路，同样既增加了触摸延时开关的体积，也增加了经济成本。

（3）在夜间楼梯道，该开关没有开关所处位置的指示，给行人带来不便。

针对上述三点不足，我们对图 5.4.24 所示电路结合图 5.2.19 所示电路改进如下：

（1）去除整流变压器，直接接入 220V 的市电。

（2）整流输出端接入图 5.2.19 所示的稳压管并联型稳压电源及发光指示电路。

改进后的一种触摸开关延时电路，如图 5.4.25 所示。在人手指未触摸金属块 M 时，晶闸管开关 VT 关断，输入市电 u 的波形如图 5.4.26（a）所示，此时 u_{AK} 的波形如图 5.4.26（b）所示，稳压管 VD_Z 两端电压 U_Z 波形如图 5.4.26（c）所示，LED 指示灯发光指示，开关处于待工作状态，由于此时触摸延时控制电路的工作电流很小，这么小的电流流过照明灯，不足以使照明灯发光。

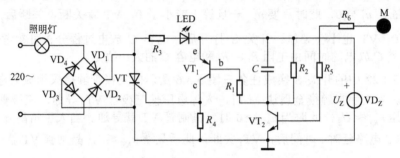

图 5.4.25　含夜间指示和稳压源的照明灯触摸延时开关电路

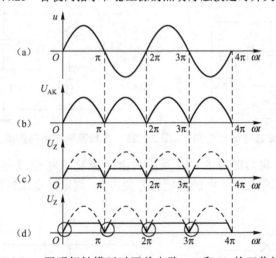

图 5.4.26　照明灯触摸延时开关电路 u_{AK} 和 U_Z 的工作波形

当人手触摸金属块 M，或触摸过 M 后手移走，电容 C 的放电延时，均使三极管 VT_1 处于正向偏置，晶闸管开关 VT 被触发导通，照明灯开始发光。由于 VT 的导通，两端电压约 1V 左右，故触摸延时信号电路停止工作。当电源变化的每个周期，在图 5.4.26（d）所圈视的由正半波到负半波的零点或负半波到正半波的零点附近，晶闸管开关 VT 要短时关断，即过零点之前约 0.012ms（根据 $u = 220\sqrt{2}\sin\omega t$ V 可知，此时 u 约为 1V 左右），过零点之后约 0.122ms（根据

$u = 220\sqrt{2}\sin\omega t$ V 可知,此时 u 约为 12V 左右)之间,但关断的时间很短只有 0.134ms,人由于视觉暂留(约 0.1~0.4s),并不会感觉到照明灯的闪烁。

二、任务实施

1. 设计触摸开关触发延时电路,绘制电路原理图,并正确选用元器件完成电路连接

实施要求:

1)根据晶闸管应用电路工作特点,参照图 5.4.22,设计触摸开关触发延时电路原理图。

2)各项目小组在预先准备的元器件中选用电路的组成器件,并讨论分析选用的理由,写出书面设计选用过程。

3)应用万用表测试判断元器件的极性和质量好坏(主要指小电流晶闸管、三极管的管脚和质量好坏、电阻器阻值误差大小等)。

4)在面包板上完成电路元器件的连接。在任务二、任务三调试电路完成的基础上,在面包板剩余空间部位,连接制作所设计的触摸开关触发延时电路。连接制作时,把小电流晶闸管 VT 的阳极 A 和阴极 K 并接在任务三调试电路的单极开关 S 两端,把单极开关 S 拆除并把它接入触摸开关触发延时电路开关 S 的位置。电压源 U_S 用稳压管 VD_Z 两端电压代替。

2. 触摸开关触发延时电路调试

在触发延时电路连接完成的基础上,先从 a、b 两点断开触摸采样控制电路,如图 5.4.27 所示完成电路调试。

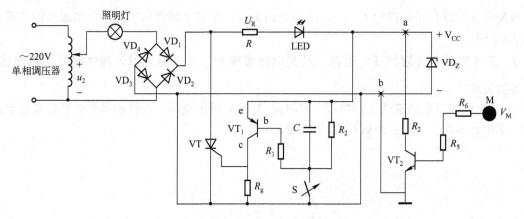

图 5.4.27 触摸开关触发延时电路调试电路图

1)单极开关 S 断开

开关 S 断开,接通调压器电源,调节调压器输出,使稳压管 VD_Z 两端电压为 12V。观察照明灯和 LED 二极管指示灯是否发光。用万用表分别测量晶闸管 VT 阳极 A 和阴极 K 两端电压 u_{AK}、稳压管 VD_Z 两端电压 V_{CC}、电容 C 两端电压 u_C、电阻 R_g 两端电压 U_{Rg}、单极开关 S 两端电压 U_S,并记录在表 5.4.4 中。分析比较测量值和理论值有何不同。

表 5.4.4 触摸开关触发延时电路调试记录表

电压与发光状态 开关状态	u_{AK} (V)	V_{CC} (V)	u_C (V)	U_{Rg} (V)	U_S (V)	灯亮与否	LED 指示灯发光与否
S 断开							
S 合上							

2）单极开关 S 合上

开关 S 合上，观察照明灯和 LED 二极管指示灯是否发光。用万用表分别测量晶闸管 VT 阳极 A 和阴极 K 两端电压 u_{AK}、稳压管 VD_Z 两端电压 V_{CC}、电容 C 两端电压 u_C、电阻 R_g 两端电压 U_{Rg}、单极开关 S 两端电压 U_S，并记录在表 5.4.4 中。分析比较测量值和理论值有何不同。

注意观察分析开关 S 合上前后两次测量值有何不同，若有不同，试分析原因。

3）单极开关 S 合上再断开

在上述单极开关 S 合上后再断开，观察照明灯和 LED 二极管指示灯是否发光，用秒表（无条件学校可用手表等）记录发光的时间。用万用表分别测量晶闸管 VT 阳极 A 和阴极 K 两端电压 u_{AK}、稳压管 VD_Z 两端电压 V_{CC} 记录在表 5.4.5 中。用万用表分别测量观察电容 C 两端电压 u_C、电阻 R_g 两端电压 U_{Rg}、单极开关 S 两端电压 U_S 等的变化趋势，并记录在表 5.4.5 中。

表 5.4.5　开关 S 合上再断开时触发延时电路调试记录表

电路参数			测量值与发光状态 u_{AK}（V）变化趋势	V_{CC}（V）变化趋势	u_C（V）变化趋势	U_{Rg}（V）变化趋势	U_S（V）变化趋势	照明灯			LED 指示灯		
C（μF）	R_1（kΩ）	R_2（kΩ）						状态	灯状态持续时间（s）		状态	LED 状态持续时间（s）	
									理论值	测量值		理论值	测量值
100	100	1000											
100	100	2200											
100	150	5100											
100	220	5100											

注：表中电路参数是参考取值，调试过程中，可根据实际情况取值。

改变图 5.4.27 所示电路中 C、R_1、R_2 等电路参数，重复上述调试过程，并把测量的结果记录在表 5.4.5 中。

3. 设计触摸开关触摸延时电路，绘制电路原理图，并正确选用元器件完成电路连接

实施要求：

1）在完成调试电路基础上，参照主教材图 5.4.25 所示电路，设计触摸开关触摸延时电路原理图。图中元器件参数可按照延时 60 秒选定。

2）在面包板上完成电路元器件的连接。在完成调试电路的基础上，在面包板上连接制作触摸开关触摸延时电路。连接制作时，把图 5.4.27 所示的触摸采样控制电路三极管 VT_2 的集电极 C 和发射极 E 并接在调试电路的单极开关 S 两端，把单极开关 S 拆除，VT_2 集电极电阻 R_2 由延时电路 R_2 取代。金属片 M 若没有，可在 R_6 悬空的一端接一根导线代替。调试电路的连接可参照图 5.4.28 所示。

4. 触摸开关触摸延时电路的调试

参照主教材图 5.4.28，按照 2 的调试过程进行，把手指触摸和没触摸金属片 M 时观察和测

量的结果记录在表 5.4.6 中，把手指触摸 M 后移走时观察和测量的结果记录在表 5.4.7 中。

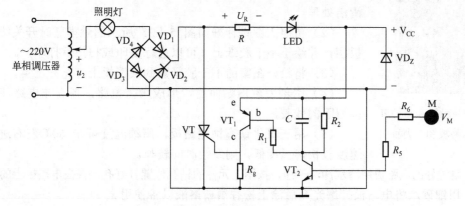

图 5.4.28　触摸开关触摸延时电路调试电路图

表 5.4.6　触摸开关触摸延时电路调试记录表（1）

电压与发光状态 手指状态	u_{AK} (V)	V_{CC} (V)	u_C (V)	U_{Rg} (V)	U_S (V)	灯亮与否	LED 指示灯发光 与否
手指未触摸 M							
手指触摸 M							

分别与表 5.4.4 和表 5.4.5 中观察和测量记录进行比较，若有不同，试分析原因。

表 5.4.7　触摸开关触摸延时电路调试记录表（2）

测量值与发光状态 电路参数			u_{AK} (V)	V_{CC} (V)	u_C (V)	U_{Rg} (V)	U_S (V)	照明灯灯状态持续 时间（s）			LED 指示灯状态持续 时间（s）		
C (μf)	R_1 (kΩ)	R_2 (kΩ)	变化 趋势	变化 趋势	变化 趋势	变化 趋势	变化 趋势	状态	理论值	测量值	状态	理论值	测量值

注：表中电路参数可根据实际情况选取。

5. 电路制作和调试注意事项

（1）组装前要分清三极管、晶闸管的极性和管脚，不要接错。
（2）接插面包板导线，要求长度合适，导线线路连接要贴近面包板，要求横平竖直。
（3）元器件连接完成，要认真检查，以确保导线连接可靠，方能接入调压器通电调试。
（4）测试时，调压器输出电压从零开始逐渐增加到需要值。电压增加过程中，电路若出现冒烟、焦味、异声等异常现象，同组同学应立即切断调压器电源开关，并让调压器回零。
（5）测试完毕，开关 S 断开，并切除调压器电源后，才可操作电路。

6. 触摸延时开关印制电路板的制作和开关装配

有条件的学校可组织各项目训练小组根据以下触摸和声控开关制作和装配过程仿照实施。

1）印制电路板的制作

印制电路板的制作方法很多，业余条件下可采用油漆描板、刀刻、不干胶粘贴、热转印制板等方法，下面以不干胶制板为例进行说明。

图 5.4.29 触摸和声控开关印制电路板图（背面）

（1）将敷铜板裁成电路图 5.4.29 所需尺寸（42mm×40mm）并进行清洁处理。

（2）仿照上图设计好如图 5.4.25 所示的触摸延时开关线路的印制板图，并绘于不干胶纸上（可以进行复印或扫描后打印）。

（3）将绘好图案的不干胶紧贴到敷铜板上，充分压实。

（4）用刻刀刻透贴面层，形成所需电路，揭去非电路部分，清理掉留下的残胶。

（5）用三氯化铁腐蚀电路板，腐蚀温度可在 60℃左右进行，腐蚀速度较快，温度低，则腐蚀时间较长。

（6）腐蚀好的电路板用清水冲洗干净，按图上元件的钻孔位置打好孔，揭去电路板上的不干胶。

（7）用细砂纸将电路板打磨光亮后涂上松香酒精溶液以备使用。

2）制作与使用

按照装配工艺可参照如下步骤进行认真焊接：

（1）安装二极管 $VD_1 \sim VD_4$，电阻 $R_1 \sim R_6$。均采用卧式安装，元件紧贴印制板，二极管字应朝上，电阻色环顺序从左至右，由下到上。引脚直立焊接，焊接时注意焊料适量，确保焊点光亮，无虚焊、漏焊等不良焊点。剪脚位与焊点平齐或高出焊点 0.5mm。

（2）安装三极管 VT_1、VT_2，晶闸管 VT，发光二极管 LED，稳压管 VD_Z，电容 C。采用直立式安装，VT_1、VT_2、VT 底面离印制板 5～8mm，C 尽量贴近印制板，发光二极管 LED、稳压管 VD_Z 根据外壳尺寸留取适当的长度。

（3）安装触摸片 M：触摸片 M 用软导线与电路板相连，焊接要可靠，注意该导线不能与电路板其他地方相连，防止出现触电的可能。

（4）连接灯泡：对照原理图和装配图，认真检查电路，确认无误后可连接灯泡，通电试机。

（5）试机成功后，可将电路板装入外壳，外壳可以采用成品开关改造。可参照按照图 5.4.30 (a)、(b)、(c)、(d) 顺序安装开关。

(a) 准备印制电路板安装盒及盒盖　　(b) 印制电路板嵌入盒中　　(c) 盖上盒盖　　(d) 压上开关面板

图 5.4.30 触摸和声控开关装配步骤

3）触摸延时开关制作过程中的故障维修

本电路的功能是充当一个开关使用，它所产生的故障有灯长亮、不亮、灯亮度异常等几种。其检修方法很多，可以根据原理测量电阻或电压、短路法、焊开元件法等方法灵活运用。以下列出常用检修方法，供学习时参考。

（1）灯长亮

灯长亮说明开关的主回路处于导通状态，可以短路晶闸管 VT 的 G、K 脚，若还亮，则故障在 VT 击穿和二极管 $VD_1 \sim VD_4$ 有一只短路。反之则为控制电路发生故障，可能的原因有 VT_1、VT_2 的 ce 极击穿，使晶闸管 VT 的 G、K 之间触发电压不为 0，可以通过测量 VT_1、VT_2 的 ce 极之间的电压很快确认，若 ce 极间电压始终很低约 0.3V，则为 VT_1 或 VT_2 损坏。

（2）灯不亮

根据原理图，可以用短路法逐级进行查找。首先短路 VT 开关输入端，灯不亮说明故障在开关以外的电路，如灯泡损坏，连线不良等，反之为本电路有故障。

(3) 灯亮度不正常

灯长亮，但亮度不够，能够受触摸片控制，说明 $VD_1 \sim VD_4$ 有一只二极管开路。可以通过直接测量在线电阻的方法很快确定具体是哪一只二极管损坏。

4）制作和装配注意事项

（1）本电路设计是采用国际标准的二线制接线方式，安装时火线进开关。

（2）可一个开关负载多个灯泡，也可多个开关并联负载一个灯泡。

（3）如灯光点亮时间很短，是零线接入开关所致，拆下零线，把火线正确接入开关即可。

（4）本开关严禁短路及超载使用（单个开关负载总功率不能大于 100W）。

（5）本开关底板带电，通电后不能用手触摸电路板的任何部位，以防触电。检修时可以使用调压器或 1:1 的隔离变压器，以确保安全。

三、工作评价

（一）知识答卷

参见《电工基础技术项目工作手册》项目五中工作任务四的知识水平测试卷。

（二）知识学习考评成绩

知识学习考评表类同表 1.2.10，参见《电工基础技术项目工作手册》项目五中任务四的知识学习考评表。

（三）任务实施过程评价

工作过程考核评价表类同表 1.2.11，参见《电工基础技术项目工作手册》项目五中任务四的工作过程考核评价表。

任务五 成果验收、验收报告和项目完成报告的制定

一、任务准备

任务实施前师生根据项目实施结果要求，拟定项目成果验收条款，作好成果验收准备。成果验收标准及验收评价方案如表 5.5.1 所示。

表 5.5.1 项目五成果验收标准及验收评价方案

序号	验收内容	验收标准	验收评价方案	配分方案
1	触摸开关电路功能	触摸开关电路通电 220V 控制 40W 照明灯时，满足以下三个功能要求： （1）未触摸金属片时，照明灯不亮，LED 指示灯亮； （2）触摸金属片时，照明灯亮，LED 指示灯不亮； （3）触摸金属片后移开手指，照明灯持续亮，LED 指示灯不亮，60s 后，照明灯、LED 指示灯状态逆转，恢复为常态	（1）触摸开关电路通电后出现冒烟、焦味、异声等故障现象，以及电路短路造成电路不能正常工作，本项验收成绩为 0 分； （2）验收标准第（1）项功能不能完全实现，验收成绩扣 15 分； （3）验收标准第（2）项功能不能完全实现，验收成绩扣 15 分； （4）验收标准第（3）项功能不能实现，验收成绩扣 20 分，实现功能不全，验收成绩扣 10 分	50
2	线路工艺	（1）元器件安装牢固不松动，接触良好； （2）元器件布局合理；	（1）元器件布局不合理，与电路其他功能模块混杂，每个元器件扣 5 分； （2）元器件安装松动，与面包板接触不良，每个元器件扣 5 分；	25

序号	验收内容	验收标准	验收评价方案	配分方案
2	线路工艺	（3）接线正确、美观、牢固，连接导线横平竖直、不交叉、不重叠	（3）导线接线错误，每处扣10分；（4）导线连接松动，每根扣5分；（5）导线不能横平竖直，且交叉、重叠。私拉乱接情况严重者，本项成绩为0分，情况较少者，每处扣3分	
3	技术资料	（1）触摸开关电路各功能模块设计的电路原理图制作规范、美观、整洁，无技术性错误；（2）元器件选用分析的书面报告齐全、整洁；（3）电路调试过程数据和观测现象的记录表以及结论分析记录完整、整洁	（1）电路原理图制作不规范，绘制符号与国标不符，每份扣5分，有技术性错误，每份扣10分，电路原理图制作不美观、整洁，每份扣5分；每缺一份扣10分；（2）元器件选用分析的书面报告不齐全，每缺一份扣10分，不整洁每份扣5分；（3）记录表以及结论分析记录不完整、不整洁，每份扣5分，每缺一份扣10分	25

二、任务实施

1．成果验收

项目工作小组之间按照标准互相进行成果验收评价，并制定验收报告。第 n 组对第 $n+5$ 组评价，若 $n+5>N$（N 是项目工作小组总组数），则对第 $n+5-N$ 组进行成果验收评价。

2．成果验收报告制定

项目验收报告书同表 1.5.2，参见《电工基础技术项目工作手册》项目五中任务五的项目验收报告书。

3．项目完成报告制定

项目验收报告书类同表 1.5.3，参见《电工基础技术项目工作手册》项目五中任务五的项目完成报告书。

三、工作评价

任务完成过程考评表同表 1.5.4，参见《电工基础技术项目工作手册》项目五中任务五的任务完成过程考评表。

知识技能拓展

知识技能拓展 1　一阶 RL 串联电路的暂态响应分析

1．RL 串联电路的零状态响应

如图 5.6.1 所示的电路，电感中无初始电流，在 $t=0$ 时闭合开关 S。下面分析 S 闭合后电路中电流 i 和电压 u_L、u_R 的变化规律。

1）物理过程

S 闭合瞬间，由换路定律得 $i(0_+)=i(0_-)=0$，故电阻上电压为 $u_R(0_+)=Ri(0_+)=0$。

此时电源电压全部加在电感线圈两端，u_L 由零突变至 U_S，以后随着时间的推移，i 逐渐增大，u_R 也随之逐渐增大，与此同时 $u_L=U_S-u_R$ 逐渐减小，直到电路达到新的稳态。

在上述过程中，只要电感线圈两端的电压 $u_L \neq 0$，电路中的电流 i 就不为稳态值 U_S/R，过渡过程就要继续，直到 $u_L=0$ 时为止。可见当电路达到稳态时，电感相当于短路，且 $u_L=0$，$u_R=U_S$，$i=U_S/R$。

电路中各量的数值见表 5.6.1。

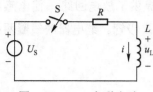

图 5.6.1 RL 串联电路

表 5.6.1 RL 零状态电路各物理量比较

物理量	换路后初始值	稳态值
i	0	U_S/R
u_R	0	U_S
u_L	U_S	0

2)暂态分析

如图 5.6.1 所示的电路,S 闭合后,由 KVL 得 $u_R + u_L = U_S$,其中

$$u_L = L\frac{di}{dt}, \quad u_R = iR$$

于是

$$iR + L\frac{di}{dt} = U_S$$

求解该方程,并将 $i(0_+) = 0$ 代入,有

$$i = \frac{U_S}{R}(1 - e^{-\frac{t}{\tau}}) \tag{5-6-1}$$

式(5-6-1)中 $\tau = L/R$ 为电路的时间常数,与 RC 电路同理,反映电路暂态响应变化的快慢。U_S/R 为电路达到稳态时,电路中的电流,此时电感可视为短路。

由式(5-6-1)可知,此时电路电感电压 u_L 和电阻电压 u_R 可表示为

$$u_L = L\frac{di}{dt} = U_S e^{-\frac{t}{\tau}} \tag{5-6-2}$$

$$u_R = Ri = U_S(1 - e^{-\frac{t}{\tau}}) \tag{5-6-3}$$

换路时 i、u_L 和 u_R 随时间变化的曲线如图 5.6.2 所示。

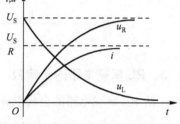

图 5.6.2 RL 串联电路零状态响应曲线

以上是简单 RL 串联电路的暂态响应,对于含有一个电感 L 的较复杂动态电路的分析,可以参照较复杂 RC 电路的分析方法,先求出移去电感 L 后二端口网络的戴维南等效电路,然后再按照式(5-6-1)、式(5-6-2)求出电感 L 的电流、电压响应。电路中其他响应的求法,与较复杂 RC 电路同理,这里就不再赘述。

2. RL 串联电路的零输入响应

1)暂态分析

如图 5.6.3(a)所示电路,开关 S 原来在断开位置,S_1 在闭合位置,电路已处于稳态,$i(0_-) = I_0$。

在 $t = 0$ 时将开关 S 闭合,开关 S_1 断开,由换路定律知 $i(0_+) = i(0_-) = I_0$,电感电流将以 I_0 为起点逐渐衰减,当电感中储存的磁场能量全部被电阻消耗时,电路中的 i、u_L 和 u_R 都为零,电路达到新的稳态。电路中 i、u_L 和 u_R 的变化曲线如图 5.6.3(b)所示所示,电路中各量的初始值和稳态值见表 5.6.2。

2)RL 串联电路的断开

如图 5.6.4 所示电路,S 断开前电路已处于稳态,此时电感电流 $i_L(0_-) = U_S/R$。$t = 0$ 时突然断开开关 S,由换路定律可知,电感电流的初始值 $i_L(0_+) = i_L(0_-) = U_S/R$,因电路已断开,所以电感电流 i_L 将在短时间内由初始值 U_S/R 迅速变化到零,其电流变化率 di/dt 很大,将在电感线圈两端产生很大的自感电动势 ε_L,常为电感电压 u_L 的几倍。这个高电压加在电路中,将会在开关触点处产生弧光放电,使电感线圈间的绝缘击穿并损坏开关触点。为了防止换路时电感线圈出

现高电压，人们常在其两端并联一个二极管，如图 5.6.5 所示，在开关闭合时，二极管不导通，原电路仍正常工作；在开关断开时，二极管为自感电动势 ε_L 提供了放电回路，使电感电流按指数规律衰减到零，避免了高压的产生。这种二极管常称为续流二极管。继电器的线圈两端就常并联续流二极管，以保护继电器。

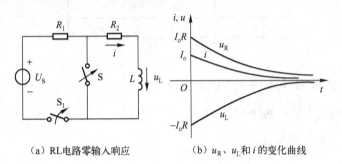

(a) RL电路零输入响应　　(b) u_R、u_L 和 i 的变化曲线

图 5.6.3　RL 电路的过渡过程

表 5.6.2　电路中各量的初始值和稳态值

物理量	换路后初始值	稳态值
i	I_0	0
u_R	RI_0	0
u_L	$-RI_0$	0

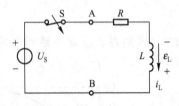

图 5.6.4　RL 电路的断开

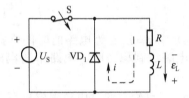

图 5.6.5　续流二极管的应用

3. RL 串联电路的全响应

一阶 RL 串联电路的全响应分析方法同一阶 RC 电路的全响应分析方法相同，这里不再重复。

知识技能拓展 2　　三极管放大电路的发明

1906 年，德·福雷斯特发明了三极管，正是在这一发明的基础上，经过几代人的努力，才使晶体管、集成电路等电子器件接连不断地问世，开发出一代又一代的通信产品与计算机产品。

德·福雷斯特发明的三极管的栅极能迅速控制电流的通断，控制速度比继电器要快 1 万倍。

1910 年，德·福雷斯特使用三极管播放意大利著名歌唱家卡鲁索演唱的歌曲，一举成功。

1911 年，他受聘到美国加利福尼亚州的一个联邦电报公司工作。第二年，他因与一个案件有牵连而陷入困境，但他摆脱了烦恼，全力以赴地努力钻研，获得很大的成功，他一生取得的专利超过了 300 项。

在上述案件尚未结案时，德·福雷斯特排除干扰继续从事研究，希望能找到一种加快电报信号传送速度的方法。一次，他把一个三极管与电话送话器等连接在一起，再接到耳机上去。当把一块手表放在电话送话器前面时，居然出现了一件意想不到的事：手表的"嘀嗒"声被放大了。

德·福雷斯特和他的助手找到了一种可以控制三极管放大作用的方法：减弱所需放大的电流，而把几个三极管连接起来使用，使一个三极管的输出，成为下一个三极管的输入，这样就能使放大效果大大增强。德·福雷斯特在三极管放大的原理上，取得了突破性的进展，使得制造功率放大器的设想有了成功的可能。

德·福雷斯特为了使三极管的放大作用迅速投入实际应用，曾到纽约去推销他的发明成果。在等待有关公司答复意见的那段时间里，他还专程前往新泽西州，扯开嗓子向几乎耳聋的爱迪生介绍自己的这一项发明。爱迪生对此十分感兴趣，因为正是在他本人所发明白炽灯的基础上，才导致了三极管的出现。

1912年，美国通用电气公司的化学家兰茂尔（他在1932年荣获诺贝尔奖）和美国电话电报公司的阿诺德，在各自的公司，分别研制出高真空的电子三极管，使三极管的放大倍数大幅度提高，工作性能更加稳定。从此，电子三极管进入了实用阶段。

1913年，奥地利物理学家梅斯涅尔获得了一种电子管振荡发生器的专利。同年，美国的阿姆斯特朗、兰茂尔与富兰克林等人用三极管产生了持续的高频振荡。

三极管的放大、振荡作用的发现，促使无线电通信事业迅速发展起来。1915年，在旧金山国际博览会上，德·福雷斯特公司的展台与美国电话电报公司的展台相隔不远。美国电话电报公司的参展人员，通过头戴式耳机，与纽约进行长途电话的演示吸引了大批观众，但只字不提德·福雷斯特和他发明的三极管。第二天，德·福雷斯特公司在展台前悬挂了一条3米长的横幅，上面写着："经许可，美国电话电报公司采用德·福雷斯特的三极管放大器制成了电话中继器，使横贯大陆的电话通信成为可能！"

1918年，前苏联科学家布鲁叶维奇研制出电子管触发器。第二年，英国物理学家爱克尔斯与乔丹，把两个三极管和两个电阻连接起来，也制成了一种触发电路。

触发电路可以形象地比喻成一种电子跷跷板。因为一个触发器，是由两个电子管"搭"起来的，所以在某一时刻，只有一个电子管接通，正像在某一特定时刻，跷跷板只有一头朝上跷一样。

一个触发电路，可以存储一个二进制数，若干个触发电路，可以组成寄存器。寄存器是计算机在工作时暂时存放数据或指令的一种装置。触发电路的发展，为计算机技术的发展创造了条件。

许多发明家对电子管及其电路做了明显的改进，推动了电子技术的发展，为无线电报、无线电话、长途电话等通信业务的商业化奠定了基础。电子管的出现，促进了有线通信、无线通信的发展，并出现了一门新兴的工业——电子工业。

知识技能拓展3　RC积分和微分电路的应用分析

一、任务准备

（一）教师准备

（1）教师准备好RC积分和微分电路的演示课件。

（2）任务实施场地检查、任务实施器材、仪器仪表等准备、技术和技术资料准备、组织管理措施、任务实施场所安全技术措施和管理制度等参考任务一。

（3）任务实施计划和步骤：① 任务准备、学习有关知识；② 电路参数固定，改变输入信号频率，观察、分析、总结微积分电路响应波形的变化规律；③ 输入信号固定，改变电路参数，观察、分析、总结微积分电路响应波形的变化规律；④ 工作评价。

（二）学生准备

（1）衣着整洁，穿戴好劳保用品；无条件的学校，由学生自行穿好长袖衣、长裤和皮鞋等。

（2）掌握好安全用电规程和触电抢救技能。

（3）准备并检查实验仪器和器材。在实验员指导下，每个项目小组按照表5.6.3准备好实验仪器和器材，并检查好实验仪器和器材等物资是否正常和合乎使用标准，对不能正常使用和不符合使用标准的应予以更换。

表 5.6.3 实验仪器和器材

序号	名　称	型号与规格	数量	备　注
1	函数信号发生器		1	
2	双踪示波器		1	
3	动态电路实验板	DGJ-03，电工实验台	1	若条件不具备，每组可按表中 5、6、7、8 准备实验器材
4	实验台连接导线	与电工实验台配套	若干	
5	电阻	1/8W 普通碳膜电阻 10kΩ	1	若不具备 3 时，准备
6	电容	普通纸介质电容 0.01μF、0.047μF、0.1μF、1μF 各 1 只	4	若不具备 3 时，准备
7	短接桥和连接导线	P8-1 和 50148	若干	若不具备 3 时，准备
8	实验用 9 孔插件方板	297mm×300mm	1	若不具备 3 时，准备

（4）学生准备好《电工基础技术项目工作手册》、波形纸、记录本以及铅笔、圆珠笔、三角板、直尺、橡皮等文具。

（三）实践应用知识的学习

知识学习准备　RC 积分电路和微分电路的工作原理

RC 电路的充电规律在电子技术、自动控制系统和计算机技术等领域应用十分广泛。如在电子技术中，常用 RC 串联电路组成微分电路和积分电路，以实现脉冲波形的变换。下面我们来分析矩形脉冲作用下的 RC 串联电路，来掌握微分电路和积分电路的工作原理及其作用。

1. 微分电路

1）微分电路实验

为了更形象地说明微分电路的信号变换功能，我们先来做一个实验。如图 5.6.6 所示的电路，将双踪示波器的一组探头接在电阻 R 两端，另一组探头接在输入端 A、B，然后打开信号源，将调整好的方波信号 u_i（幅值 3V，频率 200Hz）加在输入端。观察输入和输出波形变化情况。如图 5.6.7 所示为测量结果，其中上面是输入的 u_i 方波，下面是输出的 u_o 尖脉冲。

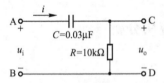

图 5.6.6 微分实验电路

2）实验结果原因分析

何以会出现这样的结果？观察电路结构不难发现，该电路 $\tau = RC = 0.3\text{ms}$，方波宽度 $t_p = T/2 = 2.5\text{ms}$（T 是方波周期），即 $\tau \ll t_p$。当方波脉冲刚刚作用在输入端的一瞬间，即 $t = 0$ 时，由于电容电压 u_C 不能突变，故电阻 R 上的电压瞬间升至最大值 3V，随后电容开始充电，由于 τ 很小，充电过程很快就可完成，电容上电压迅速达到电源电压 3V。与此同时，电阻上电压从 3V 迅速衰减到零，在示波器上表现为一个正的尖脉冲。在 $t = 2.5\text{ms}$ 时刻，电容上电压不突变，$u_C = 3\text{V}$，输入脉冲 $u_i = 0$，输入端相当于被短路，此时输出电压 $u_o = -u_C = -3\text{V}$。随后电容通过电阻 R 迅速放电，电阻上电压按指数规律迅速变化到零，形成一个负的尖脉冲。在输入方波周期性的作用下，即可得到如图 5.6.7 所示的周期性正、负尖脉冲。

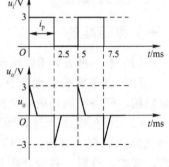

图 5.6.7 微分实验电路波形

3）输入信号 u_i 与输出信号 u_o 之间的关系

选定电路中各电流和电压的参考方向如图 5.6.6 所示。由 KVL 定律和电容元件的伏安特性得：

$$u_i = u_C + u_o \quad u_o = u_R = Ri = RC\frac{du_C}{dt}$$

由于 $\tau \ll t_p$，电容的充、放电进行得很快，电容两端电压 u_C 近似等于输入电压，即 $u_i \approx u_C$，

于是有:
$$u_o = RC\frac{du_i}{dt} \tag{5-6-4}$$

上式表明,该电路的输出信号与输入信号的微分成正比。我们把这种从电阻端输出,且满足 $\tau \ll t_p$ 的 RC 串联电路称为微分电路。在脉冲电路中,常应用它产生的尖脉冲作触发信号。可以归纳 RC 电路产生尖脉冲触发信号的条件:① 输入 u_i 是周期为 T 的方波;② u_o 从电阻 R 端输出;③ 时间常数 $\tau \ll t_p = T/2$。满足这三个条件时,u_i、u_C、u_R 三者的波形如图 5.6.8(a)所示,可见若从 R 端输出,此时 u_o 为尖脉冲。图 5.6.8(b)所示,$\tau < t_p = T/2$,但 τ 与 t_p 具有可比性,此时在 u_i 方波正半波时,u_C、u_R 满足一阶 RC 动态零状态响应,在 u_i 方波为零时,满足一阶 RC 零输入响应。

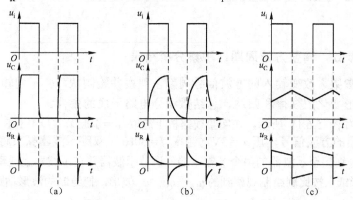

图 5.6.8 在 τ 与 t_p 满足不同要求时 u_i、u_C、u_R 三者波形比较

2. 积分电路

1)积分电路实验

按图 5.6.9 连接电路,将双踪示波器的两组探头分别接在 A、B 和 C、D 两端,然后打开信号源,将调整好的方波信号 u_i(幅值 3V,频率 200Hz)加在输入端,观察输入和输出信号的波形,得到如图 5.6.10 所示的曲线,其中图(a)为输入曲线,图(b)为输出曲线。

2)实验结果原因分析

在图 5.6.9 中,我们发现,该电路的时间常数 $\tau = RC = 15\text{ms}$,而方波宽度 $t_p = 2.5\text{ms}$,即 $\tau \gg t_p$,当输入信号开始作用后,电容两端电压 u_C 从零缓慢上升,u_C 还未达到稳态值,脉冲电压即消失。电容又进入放电过程,由于时间常数 τ 很大,放电进行得同样缓慢,放电过程还未结束,新的脉冲再次来临,这样周而复始,形成了如图 5.6.10 的锯齿波形。

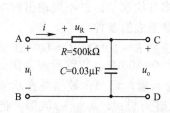

图 5.6.9 积分实验电路

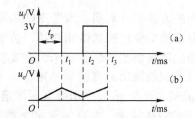

图 5.6.10 积分实验电路输入、输出波形

3)输入信号 u_i 与输出信号 u_o 之间的关系

再来看输入信号 u_i 和输出信号 u_o 之间的关系,根据 KVL 定律和电容元件的伏安特性得:

$$u_i = u_R + u_o, \quad u_o = u_C = \frac{1}{C}\int \frac{u_R}{R}dt$$

由于 $\tau \gg t_p$，电容的充、放电进行得很慢，输入电压 u_i 几乎全部加在电阻 R 上，因此，$u_R \approx u_i$，于是

$$u_o = u_C = \frac{1}{C}\int \frac{u_i}{R}dt = \frac{1}{RC}\int u_i dt \tag{5-6-5}$$

即输出信号 u_o 与输入信号 u_i 的积分成正比。我们把这种从电容端输出，且满足 $\tau \gg t_p$ 的 RC 串联电路叫做积分电路。在脉冲电路中，常用它产生三角波，作为电视的接收场扫描信号。可以归纳 RC 电路产生三角波信号的条件：① 输入 u_i 是周期为 T 的方波；② u_o 从电容 C 端输出；③ 时间常数 $\tau \gg t_p = T/2$。满足三个条件时，u_i、u_C、u_R 三者的波形如图 5.6.8（c）所示，可见若从 C 端输出，此时 u_o 为三角波。

二、任务实施

1. 固定 RC 参数，调整方波周期，观察分析结果

固定 RC 电路参数，改变输入的方波信号周期，观察并绘制 R、C 不同输出时电路的输出响应波形，并分析波形变化的规律和归纳、总结微积分电路形成的条件。

1）实验线路板如图 5.6.11 所示，在实验线路板上选取 $R=10\text{k}\Omega$，$C=0.1\mu\text{F}$ 组成 RC 充放电电路，信号发生器输出的方波信号电压 $u_i=3\text{V}$，频率 $f=50\text{Hz}$，双踪示波器探头将激励源 u_i 和响应 u_o（u_C 或 u_R）的信号分别接至示波器的两个 Y 输入端，调节示波器并在示波器上观察激励与响应波形的变化规律，并在波形纸上按比例绘制观察到的 u_i、u_C、u_R 波形，把绘制的波形粘贴在表 5.6.4 处。

表 5.6.4 RC 固定时 u_i、u_C、u_R 波形分析记录表

$R=$ _____ ，$C=$ _____ ，$\tau=RC=$ _____

信号	t_p				
u_i					
u_C					
u_R					
结论分析：					

2）保持幅值不变，改变信号发生器输出的方波信号电压 u_i 的频率 f，使 f 分别为 200Hz、500Hz、5kHz，按 1）中所示步骤和要求，完成实验过程。

3）分析表 5.6.4 中所绘制的波形，把分析结论填写在表中。

2. 固定方波周期，调整 RC 参数，观察分析结果

固定输入的方波信号周期，改变 RC 电路参数，观察并绘制 R、C 不同输出时电路的输出响应波形，并分析波形变化的规律和归纳、总结微积分电路形成的条件。

（1）实验线路板如图 5.6.11 所示，在实验线路板上选取 $R=10\text{k}\Omega$，$C=0.01\mu\text{F}$ 组成 RC 充放电电路，信号发生器输出的方波信号电压 $u_i=3\text{V}$，频率 $f=500\text{Hz}$，双踪示波器探头将激励源 u_i 和响应 u_o（u_C 或 u_R）的信号分别接至示波器的两个 Y 输入端，调节示波器并在示波器上观察激励与响应波形的变化规律，并在波形纸上按比例绘制观察到的 u_i、u_C、u_R 波形，把绘制的波形粘贴在表 5.6.5 处。

（2）保持方波信号电压 u_i 的频率和幅值不变，改变 RC 电路参数，使 R、C 分别为三组：① $R=10\text{k}\Omega$，$C=0.047\mu\text{F}$；② $R=10\text{k}\Omega$，$C=0.1\mu\text{F}$；③ $R=10\text{k}\Omega$，$C=1\mu\text{F}$，按（1）中所示步骤和要求，完成实验过程。

（3）分析表 5.6.5 处所绘制的波形，把分析结论填写在表中。

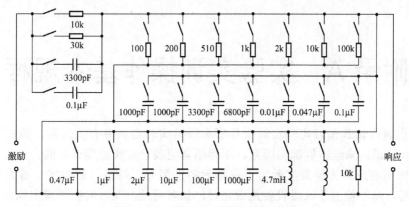

图 5.6.11 微积分电路实验线路板

表 5.6.5 T 固定时 u_i、u_C、u_R 波形分析记录表

T = ＿＿＿＿＿＿＿＿ 幅值＿＿＿＿＿＿＿＿

信号	τ	R = C =	R = C =	R = C =	R = C =
u_i					
u_C					
u_R					
结论分析：					

3. 实验注意事项

（1）电路实验线路板使用前，注意检查各元件开关应处于断开位置。

（2）电子仪器的调节，动作要平缓，用力要适度。实验前需温故双踪示波器的使用，用双踪示波器观察波形时，要特别注意开关、旋钮的操作与调节。

（3）信号源的接地端与示波器的接地端要连在一起（称共地），以防外界干扰而影响测量的准确性。

（4）示波器的辉度不应过亮，尤其是光点长期停留在荧光屏上不动时，应将辉度调暗，以延长示波管的使用寿命。

三、工作评价

（一）知识答卷

参见《电工基础技术项目工作手册》项目五中知识技能拓展三的知识水平测试卷。

（二）知识学习考评成绩

知识学习考评表类同表 1.2.10，参见《电工基础技术项目工作手册》项目五中知识技能拓展三的知识学习考评表。

（三）任务实施过程评价

工作过程考核评价表类同表 1.2.11，参见《电工基础技术项目工作手册》项目五中知识技能拓展三的工作过程考核评价表。

思考与练习

参见《电工基础技术项目工作手册》项目五思考与练习。

附录 A 实验实训操作基本规程

（1）实验实训前认真预习实验实训指导书和学习实验实训室有关规则。按时到达实验实训室，不得迟到和早退，未经主管部门同意，不得随意更改已定实验实训时间。

（2）实验实训前应首先检查实验实训仪器设备的型号、规格、数量等，看是否与实验实训要求的设备相符，然后检查各仪器设备是否完好，如有问题，及时向教师提出以便处理。

（3）实验实训必须以严肃的态度进行，严格遵守实验实训室的有关规定和仪器设备的操作规程，出现问题应立即报告指导教师，不得自行处理，不得随意挪用与本次实验实训无关的设备及实验实训室的其他仪器设备。

（4）实验实训电路走线、布线应简洁明了、便于检查和测量。接线原则一般是先连串联支路或主回路，再接并联支路或辅助回路。导线的长短粗细要合适、尽量短、少交叉，防止连线短路。接线处不宜过于集中于某一点，一般在一个连接点上尽量不要超过三条线。

（5）所有的实验实训仪器设备和仪表，都要严格按规定的接法正确接入电路（例如，电流表及功率表的电流线圈一定要串接在电路中，电压表及功率表的电压线圈一定要并接在电路中）。实验实训中要正确选择测量仪表的量程，一般使指针处在量程的 1/3 或 1/2 以上。正确选择各个仪器设备的电流、电压的额定值，否则会造成严重事故。实验实训中提倡一个同学把电路接好后，同组另一位同学仔细复查，确定无误后，方可进行实验实训。必要时还必须经过指导教师的检查和批准后才能将电路与电源接通。

（6）实验实训操作时同组人员要注意配合，尤其做强电实验实训时要注意：手合电源，眼观全局，先看现象，再读数据。将可调电源电压缓慢上调到所需数值，一有异常现象（例如有声响、冒烟、打火、焦臭味及设备发烫等）应立即切断电源，分析原因，查找故障。

（7）读数前要弄清仪表的量程及刻度，读数时注意姿势正确，要求"眼、针、影成一线"。注意仪表指针位置，及时变换量程使指针指示于误差最小的范围内，变换量程时一般要在切断电源情况下操作。

（8）所有实验实训测量数据应记在原始记录表上，数据记录尽量完整、清晰，力求表格化，使阅读者能够一目了然。在严格尊重原始记录的情况下合理取舍有效数字，实验实训报告上不得随意涂改，绘制表格和曲线要求用尺子或绘图工具，锻炼自己的技术报告书写能力，培养工程规范意识。

（9）完成实验实训后，要在实验实训室核对实验实训数据是否完整和合理，确定完整和合理后，交指导教师审阅后才能拆除实验实训线路（注意要先切断电源，后拆线），并将仪器设备、导线、实验实训整理归位，做好台面及实验实训环境的清洁和整理工作。

附录 B 电气照明装置施工及验收规范

（GB 50259—1996）

1 总则

1.0.1 为保证电气照明装置施工质量，促进技术进步，确保安全运行，制订本规范。

1.0.2 本规范适用于建筑物、构筑物中电气照明装置安装工程的施工及验收。

1.0.3 电气照明装置的安装应按已批准的设计进行施工。当修改设计时，应经原设计单位同意，方可进行。

1.0.4 采用的设备、器材及其运输和保管应符合国家现行标准的有关规定；当设备和器材有特殊要求时，尚应符合产品技术文件的规定。

1.0.5 设备及器材到达施工现场后，应按下列要求进行检查：

1.0.5.1 技术文件应齐全。

1.0.5.2 型号、规格及外观质量应符合设计要求和本规范的规定。

1.0.6 施工中的安全技术措施，应符合本规范和国家现行的标准及产品技术文件的规定。

1.0.7 电气照明装置施工前，建筑工程应符合下列要求：

1.0.7.1 对灯具安装有妨碍的模板、脚手架应拆除；

1.0.7.2 顶棚、墙面等抹灰工作应完成，地面清理工作应结束。

1.0.8 电气照明装置施工结束后，对施工中造成的建筑物、构筑物局部破损部分，应修补完整。

1.0.9 当在砖石结构中安装电气照明装置时，应采用预埋吊钩、螺栓、螺钉、膨胀螺栓、尼龙塞或塑料塞固定；严禁使用木楔。当设计无规定时，上述固定件的承载能力应与电气照明装置的重量相匹配。

1.0.10 在危险性较大及特殊危险场所，当灯具距地面高度小于 2.4m 时，应使用额定电压为 36V 及以下的照明灯具，或采取保护措施。

1.0.11 安装在绝缘台上的电气照明装置，其导线的端头绝缘部分应伸出绝缘台的表面。

1.0.12 电气照明装置的接线应牢固，电气接触应良好；需接地或接零的灯具、开关、插座等非带电金属部分，应有明显标志的专用接地螺钉。

1.0.13 电气照明装置的施工及验收，除应符合本规范的规定外，尚应符合国家现行的有关标准规范的规定。

2 灯具

2.0.1 灯具及其配件应齐全，并应无机械损伤、变形、油漆剥落和灯罩破裂等缺陷。

2.0.2 根据灯具的安装场所及用途，引向每个灯具的导线线芯最小截面应符合表 2.0.2 的规定。

2.0.3 灯具不得直接安装在可燃构件上；当灯具表面高温部位靠近可燃物时，应采取隔热、散热措施。

表2.0.2 导线线芯最小截面

灯具的安装场所及用途		线芯最小截面(mm²)		
		铜芯软线	铜线	铝线
灯头线	民用建筑室内	0.4	0.5	2.5
	工业建筑室内	0.5	0.8	2.5
	室外	1.0	1.0	2.5
移动用电设备的导线	生活用	0.4	—	—
	生产用	1.0	—	—

2.0.4 在变电所内，高压、低压配电设备及母线的正上方，不应安装灯具。

2.0.5 室外安装的灯具，距地面的高度不宜小于3m；当在墙上安装时，距地面的高度不应小于2.5m。

2.0.6 螺口灯头的接线应符合下列要求：

2.0.6.1 相线应接在中心触头的端子上，零线应接在螺纹的端子上。

2.0.6.2 灯头的绝缘外壳不应有破损和漏电。

2.0.6.3 对带开关的灯头，开关手柄不应有裸露的金属部分。

2.0.7 对装有白炽灯泡的吸顶灯具，灯泡不应紧贴灯罩；当灯泡与绝缘台之间的距离小于5mm时，灯泡与绝缘台之间应采取隔热措施。

2.0.8 灯具的安装应符合下列要求：

2.0.8.1 采用钢管作灯具的吊杆时，钢管内径不应小于10mm；钢管壁厚度不应小于1.5mm。

2.0.8.2 吊链灯具的灯线不应受拉力，灯线应与吊链编叉在一起。

2.0.8.3 软线吊灯的软线两端应作保护扣；两端芯线应搪锡。

2.0.8.4 同一室内或场所成排安装的灯具，其中心线偏差不应大于5mm。

2.0.8.5 日光灯和高压汞灯及其附件应配套使用，安装位置应便于检查和维修。

2.0.8.6 灯具固定应牢固可靠。每个灯具固定用的螺钉或螺栓不应少于两个；当绝缘台直径为75mm及以下时，可采用一个螺钉或螺栓固定。

2.0.9 公共场所用的应急照明灯和疏散指示灯，应有明显的标志。无专人管理的公共场所照明宜装设自动节能开关。

2.0.10 每套路灯应在相线上装设熔断器。由架空线引入路灯的导线，在灯具入口处应做防水弯。

2.0.11 36V及以下照明变压器的安装应符合下列要求：

2.0.11.1 电源侧应有短路保护，其熔丝的额定电流不应大于变压器的额定电流。

2.0.11.2 外壳、铁心和低压侧的任意一端或中性点，均应接地或接零。

2.0.12 固定在移动结构上的灯具，其导线宜敷设在移动构架的内侧；在移动构架活动时，导线不应受拉力和磨损。

2.0.13 当吊灯灯具重量大于3kg时，应采用预埋吊钩或螺栓固定；当软线吊灯灯具重量大于1kg时，应增设吊链。

2.0.14 投光灯的底座及支架应固定牢固，枢轴应沿需要的光轴方向拧紧固定。

2.0.15 金属卤化物灯的安装应符合下列要求：

2.0.15.1 灯具安装高度宜大于5m，导线应经接线柱与灯具连接，且不得靠近灯具表面。

2.0.15.2 灯管必须与触发器和限流器配套使用。

2.0.15.3 落地安装的反光照明灯具，应采取保护措施。

2.0.16 嵌入顶棚内的装饰灯具的安装应符合下列要求：

2.0.16.1 灯具应固定在专设的框架上，导线不应贴近灯具外壳，且在灯盒内应留有余量，灯具的边框应紧贴在顶棚面上。

2.0.16.2 矩形灯具的边框宜与顶棚面的装饰直线平行，其偏差不应大于5mm。

2.0.16.3 日光灯管组合的开启式灯具，灯管排列应整齐，其金属或塑料的间隔片不应有扭曲等缺陷。

2.0.17 固定花灯的吊钩，其圆钢直径不应小于灯具吊挂销、钩的直径，且不得小于6mm。对大型花灯、吊装花灯的固定及悬吊装置，应按灯具重量的1.25倍做过载试验。

2.0.18 安装在重要场所的大型灯具的玻璃罩，应按设计要求采取防止碎裂后向下溅落的措施。

2.0.19 霓虹灯的安装应符合下列要求：

2.0.19.1 灯管应完好，无破裂。

2.0.19.2 灯管应采用专用的绝缘支架固定，且必须牢固可靠。专用支架可采用玻璃管制成。固定后的灯管与建筑物、构筑物表面的最小距离不宜小于20mm。

2.0.19.3 霓虹灯专用变压器所供灯管长度不应超过允许负载长度。

2.0.19.4 霓虹灯专用变压器的安装位置宜隐蔽，且方便检修，但不宜装在吊平顶内，并不宜被非检修人员触及。明装时，其高度不宜小于3m；当小于3m时，应采取防护措施；在室外安装时，应采取防水措施。

2.0.19.5 霓虹灯专用变压器的二次导线和灯管间的连接线，应采用额定电压不低于15kV的高压尼龙绝缘导线。

2.0.19.6 霓虹灯专用变压器的二次导线与建筑物、构筑物表面的距离不应小于20mm。

2.0.20 手术台无影灯的安装应符合下列要求：

2.0.20.1 固定灯座螺栓的数量不应少于灯具法兰底座上的固定孔数，且螺栓直径应与孔径匹配。

2.0.20.2 在混凝土结构中，预埋件应与主筋焊接。

2.0.20.3 固定无影灯底座的螺栓应采用双螺母锁紧。

2.0.21 手术台无影灯导线的敷设应符合下列要求：

2.0.21.1 灯泡应间隔地接在两条专用的回路上。

2.0.21.2 开关至灯具的导线应使用额定电压不低于500V的铜芯多股绝缘导线。

3 插座、开关、吊扇、壁扇

3.1 插座

3.1.1 插座的安装高度应符合设计的规定，当设计无规定时，应符合下列要求：

3.1.1.1 距地面高度不宜小于1.3m；托儿所、幼儿园及小学校不宜小于1.8m；同一场所安装的插座高度应一致。

3.1.1.2 车间及试验室的插座安装高度距地面不宜小于0.3m；特殊场所暗装的插座不应小于0.15m；同一室内安装的插座高度差不宜大于5mm；并列安装的相同型号的插座高度差不宜大于1mm。

3.1.1.3 落地插座应具有牢固可靠的保护盖板。

3.1.2 插座的接线应符合下列要求：

3.1.2.1 单相两孔插座，面对插座的右孔或上孔与相线相接，左孔或下孔与零线相接；单相三孔插座，面对插座的右孔与相线相接，左孔与零线相接。

3.1.2.2 单相三孔、三相四孔及三相五孔插座的接地线或接零线均应接在上孔。插座的接地端子不应与零线端子直接连接。

3.1.2.3 当交流、直流或不同电压等级的插座安装在同一场所时，应有明显的区别，且必须选择不同结构、不同规格和不能互换的插座；其配套的插头，应按交流、直流或不同电压等级区别使用。

3.1.2.4 同一场所的三相插座，其接线的相位必须一致。

3.1.3 暗装的插座应采用专用盒；专用盒的四周不应有空隙，且盖板应端正，并紧贴墙面。

3.1.4 在潮湿场所，应采用密封良好的防水防溅插座。

3.2 开关

3.2.1 安装在同一建筑物、构筑物内的开关，宜采用同一系列的产品，开关的通断位置应一致，且操作灵活、接触可靠。

3.2.2 开关安装的位置应便于操作，开关边缘距门框的距离宜为 0.15～0.2m；开关距地面高度宜为 1.3m；拉线开关距地面高度宜为 2～3m，且拉线出口应垂直向下。

3.2.3 并列安装的相同型号开关距地面高度应一致，高度差不应大于 1mm；同一室内安装的开关高度差不应大于 5mm；并列安装的拉线开关的相邻间距不宜小于 20mm。

3.2.4 相线应经开关控制；民用住宅严禁装设床头开关。

3.2.5 暗装的开关应采用专用盒；专用盒的四周不应有空隙，且盖板应端正，并紧贴墙面。

3.3 吊扇

3.3.1 吊扇挂钩应安装牢固，吊扇挂钩的直径不应小于吊扇悬挂销钉的直径，且不得小于 8mm。

3.3.2 吊扇悬挂销钉应装设防振橡胶垫；销钉的防松装置应齐全、可靠。

3.3.3 吊扇扇叶距地面高度不宜小于 2.5m。

3.3.4 吊扇组装时，应符合下列要求：

3.3.4.1 严禁改变扇叶角度。

3.3.4.2 扇叶的固定螺钉应装设防松装置。

3.3.4.3 吊杆之间、吊杆与电机之间的螺纹连接，其啮合长度每端不得小于 20mm，且应装设防松装置。

3.3.5 吊扇应接线正确，运转时扇叶不应有明显颤动。

3.4 壁扇

3.4.1 壁扇底座可采用尼龙塞或膨胀螺栓固定；尼龙塞或膨胀螺栓的数量不应少于两个，且直径不应小于 8mm。壁扇底座应固定牢固。

3.4.2 壁扇的安装，其下侧边缘距地面高度不宜小于 1.8m，且底座平面的垂直偏差不宜大于 2mm。

3.4.3 壁扇防护罩应扣紧，固定可靠，运转时扇叶和防护罩均不应有明显的颤动和异常声响。

4 照明配电箱（板）

4.0.1 照明配电箱（板）内的交流、直流或不同电压等级的电源，应具有明显的标志。

4.0.2 照明配电箱（板）不应采用可燃材料制作；在干燥无尘的场所，采用的木制配电箱（板）应经阻燃处理。

4.0.3 导线引出面板时，面板线孔应光滑无毛刺，金属面板应装设绝缘保护套。

4.0.4 照明配电箱（板）应安装牢固，其垂直偏差不应大于3mm；暗装时，照明配电箱（板）四周应无空隙，其面板四周边缘应紧贴墙面，箱体与建筑物、构筑物接触部分应涂防腐漆。

4.0.5 照明配电箱底边距地面高度宜为1.5m；照明配电板底边距地面高度不宜小于1.8m。

4.0.6 照明配电箱（板）内，应分别设置零线和保护地线（PE线）汇流排，零线和保护线应在汇流排上连接，不得绞接，并应有编号。

4.0.7 照明配电箱（板）内装设的螺旋熔断器，其电源线应接在中间触点的端子上，负荷线应接在螺纹的端子上。

4.0.8 照明配电箱（板）上应标明用电回路名称。

5 工程交接验收

5.0.1 工程交接验收时，应对下列项目进行检查：

5.0.1.1 并列安装的相同型号的灯具、开关、插座及照明配电箱(板)，其中心轴线、垂直偏差、距地面高度。

5.0.1.2 暗装开关、插座的面板，盒(箱)周边的间隙，交流、直流及不同电压等级电源插座的安装。

5.0.1.3 大型灯具的固定，吊扇、壁扇的防松、防振措施。

5.0.1.4 照明配电箱(板)的安装和回路编号。

5.0.1.5 回路绝缘电阻测试和灯具试亮及灯具控制性能。

5.0.1.6 接地或接零。

5.0.2 工程交接验收时，应提交下列技术资料和文件：

5.0.2.1 竣工图。

5.0.2.2 变更设计的证明文件。

5.0.2.3 产品的说明书、合格证等技术文件。

5.0.2.4 安装技术记录。

5.0.2.5 试验记录。包括灯具程序控制记录和大型、重型灯具的固定及悬吊装置的过载试验记录。

参 考 文 献

1 俞成. 无线电装接工（中级）实训与考级. 北京：机械工业出版社，2011.
2 潘剑锋. 电工基础. 南京：东南大学出版社，2009.
3 姚正武. 电工与钳工实训. 北京：电子工业出版社，2009.
4 郝万新，荆珂. 电路基础. 大连：大连理工大学出版社，2008.
5 杨静生，邢迎春.电工电子技术基础. 大连：大连理工大学出版社，2008.
6 孙友.电工基础及实训. 北京：电子工业出版社，2007.
7 王建，马伟.维修电工（初中级）国家职业资格证书取证问答. 北京：机械工业出版社，2005.